人工智能
伦理与安全

沈寓实　徐 亭　李雨航／主编

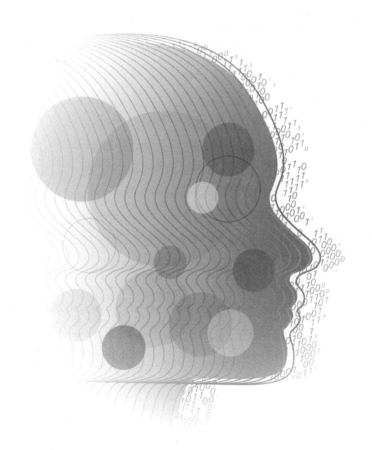

清华大学出版社
北京

内 容 简 介

本书从四个角度对人工智能伦理与安全的相关议题进行了深入探讨：①研究人工智能伦理与安全的必要性和紧迫性，涉及我国人工智能发展战略解读、人工智能伦理准则，以及安全法规的产生背景与发展脉络；②业界在人工智能伦理与安全领域的研究思路与理论成果，包含安全可信人工智能、人工智能时代的隐私与监控、人工智能与信息安全等内容；③人工智能技术对各行各业产生的社会性影响与相应的应对之策，涵盖人工智能与就业机会、人工智能系统的偏见、无人驾驶的法律责任、人工智能造假与欺骗，以及人工智能武器化等角度；④人类与强人工智能、机器人之间的相处风险与规避建议，主要从机器人的"人权"与道德、人工智能技术奇点这两个方向展开讨论。

本书既为行业从业者提供了前瞻性视野和产业应用观，也兼顾教学要求，提供了基础知识及行业应用的系统体系，为读者树立了产业观、职业观、技术观、价值观，同时跟进了近年来人工智能发展的最新成果、最新思维及面临的社会伦理问题与安全挑战，填补了业内对人工智能伦理与安全领域系统研究的空白。

本书内容系统化、知识覆盖面广、思考有深度、建议可操作，对广大人工智能行业从业者、学者及在校学生大有裨益。

图书在版编目（CIP）数据

人工智能伦理与安全/沈寓实，徐亭，李雨航主编. —北京：清华大学出版社，2021.12
ISBN 978-7-302-59663-9

Ⅰ.①人… Ⅱ.①沈… ②徐… ③李… Ⅲ.①人工智能－技术伦理学－研究 ②人工智能－安全管理－研究 Ⅳ.①TP18 ②B82-057

中国版本图书馆 CIP 数据核字(2021)第 244071 号

责任编辑：白立军　常建丽
封面设计：刘　乾
责任校对：刘玉霞
责任印制：丛怀宇

出版发行：清华大学出版社
　　　　网　　址：http://www.tup.com.cn, http://www.wqbook.com
　　　　地　　址：北京清华大学学研大厦 A 座　　　　邮　　编：100084
　　　　社 总 机：010-62770175　　　　　　　　　　　邮　　购：010-83470235
　　　　投稿与读者服务：010-62776969，c-service@tup.tsinghua.edu.cn
　　　　质量反馈：010-62772015，zhiliang@tup.tsinghua.edu.cn
　　　　课件下载：http://www.tup.com.cn,010-83470236
印 装 者：三河市铭诚印务有限公司
经　　销：全国新华书店
开　　本：185mm×230mm　　　印　张：22.25　　　字　数：397 千字
版　　次：2021 年 12 月第 1 版　　　印　次：2021 年 12 月第 1 次印刷
定　　价：69.80 元

产品编号：089875-01

《人工智能伦理与安全》编委会名单

高级顾问团：

何积丰　　郭毅可　　杨　强　　付子堂　　时建中
王春晖　　章玉贵　　卢建新

编委会主任：

沈寓实　　徐　亭　　李雨航

编委会成员（按章节次序）：

徐贵宝　　刘志毅　　王　彬　　王晓玲　　王祥丰
金　博　　童咏昕　　范力欣　　白云朴　　李　果
王安宇　　于　乐　　袁　野　　唐秋勇　　袁初成
刘　畅　　侯东德　　雍　晨　　梁　正　　田　天
陈　亮　　王卓然　　吴启锋　　周冬祥　　王苗苗
梁诗悦　　王　坤　　董　浩　　张世光　　王丁桃
董　振　　刘星妍　　许木娣

PREFACE

序　一

　　无处不在的人工智能已深入人们的日常生活，人工智能被希望遵循"以人为本"的主旨通过技术解放生产力，然而安全问题不容忽视。特斯拉由于智能算法未能识别道路清扫车而导致首例自动驾驶致死事故；聊天机器人被黑客教会种族主义；达芬奇手术机器人因血溅摄像头导致机器人"失明"，从而引起手术事故。类似的事故屡见不鲜。引起这些问题的原因有很多，智能技术是不可忽略的因素。智能系统的安全可信性受"内忧"和"外患"的影响，"内忧"通常表现为样本不均衡、数据偏倚，以及侵犯用户隐私等问题，而"外患"通常表现为被外部环境对抗攻击、信息安全隐患，以及场景受限等问题。

　　基于我们对高可信软件技术的长期研究，在 2017 年 10 月 S36 次香山科学会议上，我们指出可信技术在人工智能系统中的重要性，并提出"可信人工智能"的概念。随后的几年里我们看到，人工智能的安全可信与伦理治理开始受到各国政府和机构的高度重视，例如欧盟的《可信 AI 伦理指南》和《算法责任与透明治理框架》、美国国防创新委员会提出军用 AI 伦理原则、中国人工智能学会提出 AI 伦理体系规划等。全球各大公司也非常重视安全可信人工智能技术，微软公司提出负责任的人工智能、百度公司提出 AI 伦理四原则、腾讯 AI 实验室提出 AI 技术伦理概念等相关理念和举措。

　　安全可信人工智能包括技术安全可信、应用安全可信，以及法律政策保障等。我国在人工智能安全治理政策方面也早有布局，在 2017 年《新一代人工智能发展规划》中强调"在大力发展人工智能的同时，必须高度重视可能带来的安全风险挑战，加强前瞻预防与约束引导，最大限度降低风险，确保人工智能安全、可靠、可控发展。"2019 年，上海成立上海市人工智能产业安全专家咨询委员会，并发起了《人工智能安全发展上海倡议》《中国青年科学家 2019 人工智能创新治理上海宣言》等关于安全可信人工智能的倡议，提出在安全攸关产业中引领安全可信人工智能技术的应用，形成基础理论与共性关键技术支撑下的产业应用示范平台，探索人工智能伦理道德规范及相关法律制度。

　　安全可信人工智能急需实现安全攸关行业的大规模可信人工智能基础设施与生态体系建设,推进人工智能系统及产品的安全可信能力全面提升,构建高效、互信、和谐的人机协作型社会。

何积丰

中国科学院院士

可信人工智能概念提出者

中华人民共和国工业和信息化部新一代人工智能

标准与应用重点实验室学术委员会主任委员

2021 年 8 月

PREFACE

序　二

人工智能的伦理与安全是当今世界值得每一个人高度关注的时代命题,尤其值得人工智能研究人员普遍关注和深入思考。

众所周知,技术工具是人类用以增强自身能力的一类产物。从这个意义上来说,人类所创造的各种技术工具应当都是对人类有益的。那么,为什么又说技术工具是一把"双刃剑"呢?

考察发现,技术工具的"双刃剑"性质有两方面来源:一方面,技术工具本身可能存在不完善性,这些不完善性可能对人类造成伤害和损失;另一方面,人类本身实际上存在不同(甚至对立)的利益相关方,以致某种技术工具对某一利益相关方有益,却对另一利益相关方不利。从这两个根源可以看出,技术工具"双刃剑"性质的根源不在技术本身,而在技术的投资者、研究者、设计者、使用者。这就是技术伦理与安全问题的实质:表面上看是对技术本身的约束,实质上是对技术背后的人类的约束。

由此引出的另一个问题是:锄头或镰刀、汽车或轮船、人工智能,同样都是人类创造的技术工具,为何人们只讨论后者的伦理与安全问题,而很少涉及其他技术的伦理与安全问题?

其实,如前所言,所有技术工具本质上都存在伦理与安全问题。不过,锄头或镰刀这类扩展人类体质能力的技术工具,以及汽车或轮船这类扩展人类体力能力的技术工具,都是在人类驾驭和控制之下工作的,经过学习和培训的人类劳动者知道怎样防止、控制和消除它们可能造成的各种危险,因此不会引起人们过分担心。相对而言,人工智能扩展的是人类的智力,因此,它们既拥有远超人类的坚韧体质能力和远胜人类的强大体力能力,又具有不可小觑的智力,而且人类往往希望它们可以高度自主地与人类合作,甚至在许多场合能够无须人类控制而独立工作。显然,这样的技术工具如果与人为害,将是超乎想象的严重,这就是为什么人们必须高度重视人工智能的伦理与安全问题的道理。

当然,目前的人工智能研究还处于初级阶段,人们对人工智能的基础理论、工作机制和能力边界的认识也处在探索和深化中。因此,能够提出的人工智能伦理与安全的政策措施也会随着认识的深化而改进。但是,以目前阶段的人工智能而论,它的伦理与安全问题已经迫在眉睫。正因为如此,在 2021 年 11 月 24 日的联合国教科文组织第 41 届大会上审议通过了《人工智能伦理问题建议书》,由此也印证了本书出版的巨大的现实意义和长远的战略意义。为此,我祝贺《人工智能伦理与安全》一书在清华大学出版社出版,并向广大读者大力推荐。

钟义信

中国人工智能学会原理事长

国际信息研究学会 2021—2023 年主席

济南大学人工智能研究院院长

中科华数信息科技研究院高级咨询委员会主席

2021 年 11 月

FOREWORD

前　　言

　　人工智能的发展关乎全社会、全人类的未来。面对科技的迅猛发展,我国政府制定了《新一代人工智能发展规划》,将人工智能上升到国家战略层面,并提出:人工智能产业要成为新的重要经济增长点,而且要在 2030 年达到世界领先水平,让中国成为世界主要人工智能创新中心,为跻身创新型国家前列和经济强国奠定重要基础。科学技术是中性的,可用于造福人类,也可用于危害人类。要避免人工智能技术创新治理陷入"科林格里奇困境",就必须预先研判,提前布局。尽管人们对人工智能未来将走向何方众说纷纭,但对人工智能加以伦理规制和安全管控,已经成为一个世界范围的基本共识。欧盟、英国、日本等国际组织和国家,均发布了人工智能的伦理准则。

　　近年来,中国人工智能产业高速发展,世界已经有目共睹。人工智能作为一类"赋能"技术,与经济发展、社会治理息息相关,更重要的是,广大民众在追求美好和公平健康的生活时会提出新的要求。在此时代背景下,从人工智能伦理与安全入手,构建人工智能技术与行业的规范化治理已刻不容缓。治理是一个长期且不断演化的过程,本书为弥补人工智能伦理与安全领域空白,从人工智能研究领域的伦理、公平和包容性、透明性、隐私性,人和 AI 系统之间的合作,以及相关技术的可靠性与鲁棒性等角度,覆盖信息科学及伦理、哲学、法律等社会学科各界的先进思想与理论,为读者全面理解相关领域知识奠定基础。

　　人工智能发展的核心是安全可信人工智能,这一概念最早由我国提出,并在 G20 会议上获得多国认可。"安全"人工智能有三个方面的要求:一是技术安全,涵盖数据安全、网络安全、算法安全和隐私安全;二是应用安全,涵盖智能安防、舆情监测、金融风控和网络防护;三是伦理安全,涵盖伦理规范和法律法规。"可信"人工智能包含三个要素:人、信息、物理,要求强人工智能系统能够实现复杂的信息、物理与人的融合交互。简而言之,就是要求人工智能具备与人类智能类似的特质,包括对未知情况的鲁棒性、自我反省性、自适应性和公平性。人工智能的技术进步是可持续性的,只有同时兼顾安全、可信,才能实现人工智能的健康发展。

人工智能伦理问题发生在人工智能技术的应用场景中,即人工智能技术介入人与人之间,改变了原来的"人与人的关系"而引发新的伦理问题。人工智能伦理规范就是要探讨如何解决这些伦理问题,包括提出人工智能伦理准则,制定人工智能设计原则,约束从业人员职业规范等。当人工智能技术伤害到人类的人身安全、财产安全、信息安全、知识产权等一系列公民权利时,应该如何判定责任问题并采取何种处罚?建立人工智能法律法规迫在眉睫。

本书共14章:第1~3章从我国人工智能发展的战略定位与发展思路、人工智能的产生与发展、人工智能伦理的准则与概念这三个方面论述研究人工智能伦理与安全相关议题的必要性和紧迫性;第4~7章就安全可信人工智能、人工智能与社会治理、人工智能时代的隐私与监控、人工智能与信息安全这四个角度,阐明业界在人工智能伦理与安全领域的研究思路与理论成果;第8~12章从人工智能与就业机会、人工智能系统的偏见、无人驾驶系统的法律责任、人工智能造假与欺骗、人工智能武器化这五个方面,列举和说明了人工智能技术对各行各业产生的社会性影响及相应的应对之策;第13、14章,面向未来大胆预测,从机器人的"人权"与道德、技术奇点这两个角度,讨论人类与强人工智能/机器人之间的关系,并对如何规避相关风险给出建议。

本书由总顾问何积丰院士(中国科学院院士、可信人工智能概念提出者、中华人民共和国工业和信息化部新一代人工智能标准与应用重点实验室学术委员会主任委员)和郭毅可院士(英国皇家工程院院士、欧洲科学院院士、香港浸会大学副校长、中国人工智能学会名誉副理事长)最早提议,由徐亭会长(中国电子商会人工智能委员会联席会长、科技智库SXR(上袭公司)董事长兼首席数字官)牵头,并邀请沈寓实博士(清华海峡研究院智能网络计算实验室主任)、李雨航主席(云安全联盟(CSA)大中华区主席)共同组织成立了本书编委会。

本书编委会成员徐贵宝(中国信息通信研究院高级工程师)编写了第1章,刘志毅(数字经济学家、上海交通大学计算法学与人工智能伦理研究中心执行主任)及王彬(亿欧联合创始人)编写了第2、3、5章,王晓玲(华东师范大学计算机科学与技术学院教授)及团队成员王祥丰(华东师范大学计算机科学与技术学院副教授)、金博(华东师范大学计算机科学与技术学院副教授)编写了第4章的第1~3节,童咏昕(北京航空航天大学计算机学院教授、博士生导师)和范力欣(微众银行人工智能首席科学家)编写了第4章的第4节,白云朴(南京邮电大学信息产业发展战略研究院互联网竞争力研究中心主任)及团队成员李果编写了第 6 章,李雨航及团队成员王安宇(OPPO 终端安全总监兼安全工程部部长)、于乐(中国移动安全专家)编写了第 7 章和第 12 章,袁野(重庆邮电大学经济管理学院教授)和唐秋勇(法国里昂商学院全球人力资源组织创新研究中心主任)编写了第 8 章,袁初成(上海缔安科技股份有限公司创始人、董事长兼 CEO)及刘畅(上海缔安科技股份有限公司首席科学家)编写了第 9 章,侯东德(西南政法大学高等研究院院长)与雍晨(西南政法大学法学博士,人工智能法律研究院研究员)编写了第 10 章,梁正(清华大学公共管理学院教授,清华大学人工智能国际治理研究院副院长)和田天(北京瑞莱智慧科技有限公司 CEO)编写了第 11 章,陈亮(西南政法大学人工智能法学院院长)编写了第 13 章,沈寓实和王卓然(北京市"海聚工程"特聘专家)编写了第 14 章。

本书特别邀请了杨强(国际人工智能联合会(IJCAI)理事会主席、加拿大皇家科学院院士、加拿大工程院院士、微众银行首席人工智能官)、付子堂(西南政法大学党委副书记、校长,重庆市人大法制委员会副主任委员)、时建中(中国政法大学副校长)、王春晖(联合国世界丝路论坛副主席兼数字经济研究院院长)、章玉贵(上海外国语大学国际金融贸易学院院长)、卢建新(中科华数信息科技研究院联席院长)担任本书高级顾问,感谢他们为本书推荐作者并提供大量中肯的建议,特此致谢。

本书在编写过程中感谢清华大学出版社白立军及其团队成员的大力支持。本书编委会秘书组的周冬祥老师(SXR 上袭研究院执行副秘书长)、刘星妍老师、许木娣老师在本书统稿过程中非常敬业、专业、高效,保证了本书及时统稿完成,在此也特别感谢他们三位。

本书作为教材面向在校的人工智能相关专业的大学生,同时也面向企业和地方政府及所有关注人工智能发展的从业人士,为他们提供参考资料和发展方向。本书践行"产教融合"理念,既为行业读者提供了产业应用观,也兼顾教学要求,提供了基础知识的系统体系,为学校师生树立产业观、职业观、技术观,同时跟进近年来人工智能发展的新成果、新思维及面临的社会伦理问题、安全挑战。本书内容系统化,知识覆盖面广,表达方式"简明扼要、通俗易懂",兼具一定的前瞻性、先进性、科学性和通用性,吸收国内外相关研究成果,博采众长,深度适宜,同时突出学科特色,体现科技成就,反映研究成果,力求具有"新、特、深、精"的特点。希望本书对人工智能行业的从业人士、即将加入人工智能行业的学生,以及关心人工智能行业发展的各界人士有所助益。

　　本书研究和探讨的领域尚处于早期阶段,可借鉴和参考的资料有限,加之本书作者的研究领域、视野和水平所限,导致本书内容可能有疏漏甚至错误之处,恳请广大读者批评指正。

作　者

2021 年 6 月

CONTENTS
目 录

第 1 章

我国人工智能发展的战略定位与发展思路

人工智能（Artificial Intelligence，AI）概念自 1956 年在达特茅斯会议上提出至今，已有 60 多年的历史。期间技术经历三起三落，如今已经从实验室走出来，进入产业化阶段。为抓住难得的发展先机，世界上主要国家纷纷启动人工智能发展战略，加快人工智能技术创新、业务应用和产业布局，力争占领产业发展新的制高点，这也使得人工智能成为各国竞相角逐的主战场。截至 2019 年年底，包括美国、德国、法国、印度、丹麦等在内，全球已有 20 余个国家和地区发布了人工智能相关战略，加强国家层面的顶层设计，加快和持续发力推动人工智能产业发展。

我国政府一直非常重视人工智能的发展，近年来陆续发布多个相关的政策文件，并逐渐从宏观战略向战略落地转变。2016 年，中华人民共和国国家发展和改革委员会、中华人民共和国工业和信息化部、中华人民共和国科学技术部、中华人民共和国国家互联网信息办公室四部委联合发布了《"互联网＋"人工智能三年行动实施方案》，这是我国发布的第一个专门的人工智能政策文件。2017 年，中华人民共和国国务院发布了《新一代人工智能发展规划》，将人工智能正式上升为国家战略。2018 年，中华人民共和国工业和信息化部又发布了《促进新一代人工智能产业发展三年行动计划（2018—2020 年）》，中华人民共和国教育部发布了《高等学校人工智能创新行动计划》，积极推动人工智能战略落地。

中国共产党中央委员会政治局专门在 2018 年 10 月 31 日下午就人工智能发展现状和趋势举行第九次集体学习，集中体现了我国对人工智能的深刻认识和战略定位。习近平总书记在主持学习时强调，人工智能是新一轮科技革命和产业变革的重要驱动力量，加快发展新一代人工智能是事关我国能否抓住新一轮科技革命和产业变革机遇的战略问题。要深刻认识加快发展新一代人工智能的重大意义，加强领导，做好规划，明确任务，夯实基础，促进其同经济社会发展深度融合，推动我国新一代人工智能健康发展。

1.1　AI 的溢出带动"头雁"效应

在移动互联网、大数据、超级计算、传感网、脑科学等新理论、新技术的驱动下,人工智能加速发展,呈现出深度学习、跨界融合、人机协同、群智开放、自主操控等新特征,正在改变几乎所有行业原来发展的路径,催生新的业态和新的商业模式,形成新的发展空间,直至提升整个国家的综合竞争力,对经济发展、社会进步、国际政治和经济格局等方面产生重大而深远的影响,毫无疑问地成为当前科技创新和推动产业升级转型的焦点。因此,习近平总书记在讲话中强调,人工智能是引领这一轮科技革命和产业变革的战略性技术,具有溢出带动性很强的"头雁"效应。加快发展新一代人工智能是我们赢得全球科技竞争主动权的重要战略抓手,是推动我国科技跨越发展、产业优化升级、生产力整体跃升的重要战略资源。

人工智能的"头雁"效应主要表现在以下 4 方面。

(1) 人工智能自身正在快速发展,已经形成了独立的技术和产业体系。人工智能技术与产业体系如图 1-1 所示。其中,基础层为算法和技术的实现,以及整个产业的发展提供支撑能力,包括数据基础(主要是大数据)、计算基础(如芯片、云计算等)、网络基础(移动互联网、传感器与物联网等)。算法理论是人工智能技术与产业体系的核心层,包括集成算法、人工神经网络、深度学习、类脑智能、群体智能等。关键技术层包括将算法应用于智能感知、机器思考、智能行动等环节,用于实现人工智能所需的各项能力。智能感知环节包括机器听觉、机器视觉、机器嗅觉、机器味觉、机器触觉等;机器思考环节包括机器学习、机器思维、机器理解等;智能行动环节包括语音合成、情感控制、智能控制。应用与终端层包括人机博弈、语音交互、机器翻译、虚拟现实、信息安全、智能搜索等智能化应用,以及智能手机、智能助理、智能装备、智能机器人、智能可穿戴设备、智能家具、无人车、无人机、无人船等智能化终端。行业方案层包括智能制造、智能驾驶、智能交通、智慧医疗、智能农业、智能家居、智慧金融、智能城市、智慧能源、智能安防等。社会意识层包括促进政策、监管措施、法律法规、道德伦理等。安全部分包括设施安全、协议安全、信息安全、算法安全、终端安全、应用安全和人身财产安全等。

(2) 人工智能产业持续高速增长,体现出强大的示范作用。一方面,全球人工智能

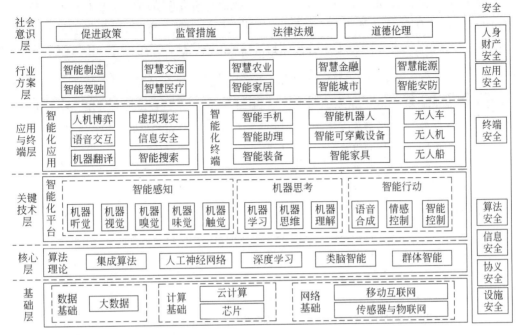

图 1-1　人工智能技术与产业体系

市场规模不断攀升。据统计数据显示,全球人工智能市场规模自 2015 年之后持续增长,2019 年约为 6560 亿美元,同比增长 26.5%。另一方面,各国政府不断增加资金投入。美国白宫提出的 2021 财年预算中,人工智能和量子计算项目的联邦研发资金总体增长了 6%,达到 1422 亿美元。其中,美国国防高级研究计划局(DARPA)将人工智能研发投入预算增加至 4.59 亿美元,远高于 2020 年 5000 万美元的预算。美国国防部联合 AI 中心的拟议预算增加了 4800 万美元,从 2020 财年的 2.42 亿美元增加到 2.9 亿美元。美国国家科学基金会(NSF)在人工智能研究的投资将比 2020 年增加 70%,达到 8.5 亿美元。德国内阁在 2020 年 12 月初发布的人工智能战略更新版本中也提出到 2025 年对人工智能的投资从 30 亿欧元增至 50 亿欧元。在中国,人工智能领域投资仍然是热点,2019 年中国人工智能市场规模达到 489.3 亿元,增长率为 27.5%。2019 年,多家企业的融资额度都创下了历史新纪录。2019 年 2 月,地平线机器人宣布获得 6 亿美金的 B 轮融资。2019 年 3 月,明略科技宣布完成 20 亿元人民币的 D 轮融资。2019 年 5 月,旷视科技宣布完成总额约 7.5 亿美元的 D 轮融资。2019 年 8 月,特斯联宣布完成 C1 轮 20 亿元人民币融资。这些企业所获得的投资是在全球投资整体下滑的形势下实现的,足以说明投资界对人工智能产业发展的信心,也表明随着技术的不断成熟,人工智能已经从实验室走出,并快速向各行各业渗透,成为行业发展转型升级的新动力。2019 年中国人工智能领域 Top10 融资情况见表 1-1。

表 1-1　2019 年中国人工智能领域 Top10 融资情况

序号	企业简称	领域	时间	轮次	融资金额
1	蔚来汽车	智能驾驶	2019 年 5 月 28 日	战略投资	100 亿元
2	旷视科技	机器视觉	2019 年 5 月 8 日	D 轮	7.5 亿美元
3	滴滴出行	智慧出行	2019 年 7 月 25 日	战略投资	6 亿美元
4	地平线机器人	芯片	2019 年 2 月 27 日	B 轮	6 亿美元
5	网宿科技	网络安全	2019 年 6 月 6 日	战略投资	35 亿元
6	苏宁	批发零售	2019 年 5 月 20 日	战略投资	4.5 亿美元
7	小鹏汽车	智能驾驶	2019 年 11 月 13 日	C 轮	4 亿美元
8	Geek＋	物流仓储	2019 年 7 月 10 日	C 轮	1 亿美元以上
9	普强信息	语音、NLP	2019 年 3 月 26 日	D 轮	1 亿美元以上
10	嘉楠耘智	芯片	2019 年 3 月 12 日	B 轮	数亿美元

　　(3) 人工智能带动其他产业发展,具有强大的溢出性。随着人工智能技术引爆点的临近,机器视觉、语音识别、人脸识别、指纹识别、自然语言理解、智能搜索、辅助决策、自动规划、智能控制等基础性应用技术,人机博弈、语音交互、专业机器人、信息安全、机器翻译等专业应用技术,无人驾驶、智能制造、智慧医疗、智慧农业、智慧交通、智能家居等综合应用技术,开始陆续进入实用性阶段,人工智能在各个领域都开始发挥出巨大的威力。尤其是智能控制、智能机器已经开始在工业生产中得到应用,智能计划排产、智能决策支持、智能质量管控、智能资源管理、智能生产协同、智能互联互通等陆续出现,智能化已经成为产业转型升级的新动力和新引擎,也成为继机械化、电气化、信息化三次工业革命之后新的产业特征,推动工业发展进入新的阶段,掀起了第四次工业革命的浪潮,如图 1-2 所示。

　　(4) 人工智能促进其他行业转型升级,提高总体经济贡献率。人工智能已经逐步开始在农业生产、工业制造、交通驾驶、医疗健康、文化传播、投资金融等各个领域进入商用化阶段,推动人类的生产、生活产生革命性变化。作为一种变革性技术,人工智能的进步带来数字技术装备的跨越式发展,如智能音箱不仅是音箱升级的产物,更是家庭消费者用语音进行上网的一个工具,既可以点播歌曲、网上购物、了解天气预报,也

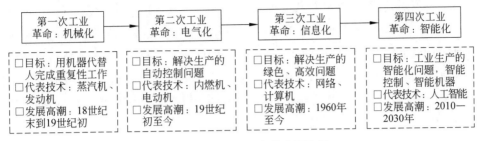

图 1-2　四次工业革命的主要特征

可以对智能家居设备进行控制。埃森哲预测，人工智能将使 12 个发达经济体年度经济增长率提高 1 倍，有潜力拉动中国经济增长率上升 1.6%。到 2035 年，人工智能可以给批发零售业带来超 2 万亿美元的额外增长，即额外增长 36%。如果说机器把人类从简单繁复的体力劳动中解放出来，那么人工智能则会把人类从简单繁复的脑力劳动中解放出来，我们完全可以期待人工智能推动世界开启一个新文明时代。

为进一步发挥人工智能的"头雁"效应，中国政府积极推动人工智能在各领域中的应用。在 2019 年全国两会上，国务院总理李克强代表国务院作《政府工作报告》时提出，要"打造工业互联网平台，拓展'智能＋'，为制造业转型升级赋能"。同时指出，"要促进新兴产业加快发展，深化大数据、人工智能等研发应用，培育新一代信息技术、高端装备、生物医药、新能源汽车、新材料等新兴产业集群，壮大数字经济"。

1.2　AI 需统筹谋划与协同创新

人工智能具有多学科综合、高度复杂的特征，必须加强研判，统筹谋划，协同创新，稳步推进，才能切实提高发展能力与水平。

从基础理论角度来看，人工智能涉及诸多学科。首先，人工智能需要哲学、逻辑学等基础理论研究来指导发展的方向。伦理学、宗教学、美学、逻辑学、心理学、语言学、科学技术哲学等研究，不仅能够为人工智能发展提供方法论的指导，还可以为制定人工智能社会规则、法律法规提供指南。计算机科学、数学、生物学、物理学等自然科学发展可以夯实人工智能发展的基础。生命科学、神经科学和脑科学的研究，可以加快类脑智能的发展速度；新材料及其先进处理工艺的研发，可以提高人工智能产品精准感知、灵敏控制的能力；基于光子、DNA 等新型芯片的研发，可以提高人工智能产品存储和计算的效能；下一代互联网、5G、量子通信的研发，可以保证人工智能相关数据的传送速度和质量；工程学研究与实践，可以提高人工智能产品的质量；运筹学、信息论、控制论、系统论等理论与技术发展，可以提高人工智能产品的灵敏性与协调性；人因工程研究，可以有效提高人机协同。

从框架体系来看，人工智能涉及诸多的技术和产业。人工智能框架可以分为支撑体系、技术体系、产业体系、应用体系、保障体系五大体系，它们各自发挥不同的作用。①支撑体系包括：云计算、芯片等计算基础，大数据等数据基础，以及移动互联网、物联网、工业互联网等网络基础。②技术体系包括：深度学习、类脑智能、群体智能、集成算法等算法基础，机器视觉、机器听觉、机器触觉、机器味觉、机器嗅觉智能感知技术，机器学习、机器理解、机器思维等机器思考技术，以及语音合成、智能控制、情感表达等智能行动技术。③产业体系包括：语音交互、智能搜索、人机博弈、机器翻译、虚拟现实、信息安全等智能化应用，智能手机、智能音箱、智能机器人、智能可穿戴设备、智能装备、智能家居、无人机、无人车、无人船等智能化终端。④应用体系包括：智慧城市、智能制造、智慧医疗、智慧交通、智慧金融、智慧农业、智慧环保、智能驾驶、智能家居等。⑤保障体系包括：设施安全、网络安全、信息安全、算法安全、终端安全、应用安全、产业安全等安全保障，以及法律法规、促进政策、监管措施、道德伦理等社会保障。

从产业发展协同方面来看，我国人工智能发展涉及部门协同、产业协同、政策法规协同等诸多方面。部门协同主要涉及产业主管部门、行业主管部门、财政主管部门、商业主管部门、技术主管部门、教育主管部门、法律法规主管部门等诸多部门的内外协同。例如，某个产业方向虽然前景广阔，但如果没有相应的人才支撑，也不可能在短期内取得巨大的进展。产业协同涉及信息通信业、制造业、金融保险业、服务业等产业之间的协同，缺任何一个环节都不能保证人工智能平稳、快速、可持续发展。这就要求产业链各环节能够均衡发展，能够有效规避被"卡脖子"的风险。

加快发展新一代人工智能是事关我国能否抓住新一轮科技革命和产业变革机遇的战略问题，能否统筹规划做好顶层设计事关我国人工智能的发展速度和成败。因此，AI 统筹谋划与协同创新必须从以下几个方面入手。①正确认识自身的实力。综合分析我国人工智能发展面临的形势，正确认识我国人工智能在国际上的位置，明确成绩与不足。②积极研制适合我国国情的人工智能发展路线图。准确把握人工智能发展趋势,分析人工智能在当前与未来发展中所必需的关键因素,并从我国实际出发,确定我国人工智能发展路径,发挥长处,补齐短板,积极进行前沿理论与技术布局。③构建完善的创新与服务体系。自上而下地建设或整合各级创新中心、重点实验室、工程实验室等创新平台,建立政府部门、科研机构、企业之间和产业链上下游环节之间信息沟通的长效机制,发挥学会、协会、联盟、论坛、孵化器等行业组织和平台作用,促进创新成果产业化,打造创新活跃、技术领先、成果丰硕的人工智能创新与服务体系。

1.3　AI 的基础理论与算法研究应先行

相对于以往任何技术,人工智能属于一种具有强大颠覆性的通用技术。因此,必须把原始创新能力摆在更加重要的位置,努力实现更多"从 0 到 1"的突破,才能抓住人工智能发展机会,从而获得自主发展权。要实现"从 0 到 1"的突破,必须把基础理论研究摆在首位。因此,必须支持科学家勇闯人工智能科技前沿的"无人区",努力在人工智能发展方向和理论、方法、工具、系统等方面取得变革性、颠覆性突破,确保我国在人工智能这个重要领域的理论研究走在前面。

本轮人工智能浪潮的发展主要得益于 3 个因素:云计算的发展、大数据的进步和深度学习算法的改进。这些都是基于二三十年之前的科学理论和技术发展起来的,属于前期的潜能释放。无论是从技术上还是从应用上,人工智能仍然处于初级发展阶段,没有出现本质性的突破。而且,随着人工智能在各行各业应用的不断深入,目前基于深度学习的人工智能开始显现出诸多弱点。可见,人工智能发展已经进入瓶颈期,如果不进行理论创新,将很难再次取得突破性进展。因此,要发展下一代人工智能,必须要有科学家勇闯人工智能科技前沿的"无人区",先行开展人工智能的基础理论和算法研究,为迎接人工智能新时代奠定理论基础。

(1)目前,人工智能领域广泛流行的深度学习是基于统计学的方法,并不能保证随着层数的增多和训练数据集的增大而获得更高的精度。深度学习所学习到的内容是数据集的特征,而不是用户关心的知识。深度学习还存在黑箱问题,用户根本不知道深度学习分析的结果所为何来。深度学习是基于大数据的智能,无法解决小数据问题。深度学习限于其数据集的问题,还只能用于某个特定领域之内,无法解决常识性知识问题,因而也不具备通用智能。因此,Yann LeCun 在 2018 年年初就发出"深度学习已死"的警告。可以说,人工智能发展已经到达无人区边缘,必须要有理论上的创新和突破才能迎来新时代的曙光。

(2)理论对实践具有强大的指导作用。历史上,人工智能已经出现过符号主义、行为主义、连接主义等思想,它们从哲学和方法论角度对当时人工智能的发展起到了积极的促进作用。当前,这 3 种思想都已经不能独立完全承担起支撑人工智能跨越瓶颈的重任,必须探索新型的方法论。钟义信先生提出的机制主义就是一种有益的探索。吴文俊院士吸收古代中国数学的经典思想,凭借几何定理的机器证明成果,在 20 世纪 70 年代就已经成为国际自动推理界的领军人物。当前的深度学习吸收了神经学的理论成果,胶囊网络吸收了生物学的理论成果。

(3)数学理论与算法是人工智能发展的灵魂。人工智能算法从来没有离开过数学理论的支持。人工智能算法是数学理论的工程化结果,例如深度学习算法是基于概率论与数理统计方法的,生成式对抗网络算法是基于博弈论的,知识图谱、图网络算法是基于图论的,路径规划与优化算法是基于运筹学与控制论的。因此,要从事人工智能研发,首先要掌握这些必备的数学理论与算法,未来可能还需要拓扑几何、仿射几何、几何代数、调和分析等更为深奥的数学知识。计算问题是人工智能的一个重要起源。希尔伯特在 1900 年提出了著名的第十问题:是否能通过有限的机械步骤(算法)判定一般的丢番图方程存在有理整数解? 1902 年,罗素悖论为这一问题提出了反例。1931年,哥德尔的"不完备定理"证明了在数学公理体系内总会有一些不可计算的问题。这些理论激发了图灵的灵感,他于 1936 年提出图灵机的概念。此后,冯·诺依曼 1946年发明了计算机,图灵于 1948 年撰写了一个题为《智能机器》的内部报告,并在 1950年发表的文章《计算机与智能》中提出机器是否有思维的问题。在一系列数学家的工作基础上,"人工智能"一词 1956 年在达特茅斯会议上被正式提出。算法一直是人工智能发展的核心关键因素之一。人工智能第一次发展浪潮主要是解决单个概念的学习算法。布拉特 1957 年设计出感知器来模拟人脑的运作方式。1967 年,k 最近邻算法(k-Nearest Neighbor,kNN)出现,使得计算机可以进行简单的模式识别。人工智能在第二次发展浪潮中扩展到多个概念的学习算法。伟博斯在 1981 年提出神经网络反向传播(Back Propagation,BP)算法来实现多层感知器,斯卡皮亚在 1990 年构造出一种多项式级的 Boosting 算法在样本子集上训练生成一系列的基分类器。算法推动人工智能启动第三次发展浪潮并直接进入产业化阶段。Hinton 在 2006 年提出深度学习算法并进行了实证,开启了人工智能产业化的大门,AlphaGo、智能音箱、自动驾驶汽车等都得益于深度学习算法在语音识别、机器视觉等方面的良好应用效果。此外,知识图谱、思维导图和概念地图等之所以被做出来,在数学上几乎均受益于图论。

(4)算法将是人工智能未来发展的制胜法宝之一。人工智能中涉及的数学理论与算法已经越来越多,且越来越复杂。这一点可以从人工智能方向所获得的几次图灵奖中看出,如表 1-2 所示。目前,随着深度学习在工业、医疗、安防、交通等各行业中的深度应用,人们已经发现深度学习存在必须依赖大数据、不能举一反三、不能解释自己所做的决策等问题。要想达到强人工智能,必须要有能够理解常识的通用算法,因此必须寻找新型算法来解决这些问题。不论是继续完善深度学习,还是开拓全新算法,都必须依赖更为复杂的数学理论和算法。谁先找到合适的理论和算法,谁就有机会把握住下一轮人工智能发展的先机。

表 1-2　人工智能方向图灵奖获奖情况

年份	获奖者	获奖工作
2018	Geoffrey E. Hinton,Yann LeCun,Yoshua Bengio	深度学习
2011	Judea Pearl	贝叶斯网络
2010	Leslie Valiant	概率近似正确理论
1994	Edward Feigenbaum,Raj Reddy	专家系统
1975	Allen Newell,Herbert A. Simon	逻辑推理
1971	John McCarthy	LISP,逻辑推理
1969	Marvin Minsky	神经网络

(5)世界上的主要国家已经开始进一步强化在人工智能的基础理论与算法方面的布局。美国早在 1986 年就发表了《本科的科学、数学和工程教育》报告,明确提出"科学、数学、工程和技术"教育的纲领性建议。1996 年又发表了题为《塑造未来:透视科学、数学、工程和技术的本科教育》的报告,对学校、地方政府、工商业界和基金会提出了包括大力"培养 K-12 教育系统中 STEM(科学、技术、工程和数学)教育的师资问题"在内的明确政策建议。2006 年,《美国竞争力计划》中将培养具有 STEM 素养的人才作为知识经济时代教育目标之一,并称其为全球竞争力的关键。2007 年发表的《国家行动计划:应对美国科学、技术、工程和数学教育系统的紧急需要》报告中将 STEM 教育从本科阶段延伸到中小学教育阶段,并将 STEM 教育纳入《美国创造机会以有意义地促进技术、教育和科学之卓越法》(又称《美国竞争法》)。2020 年 10 月,美国人工智

能委员会向国会提出的 80 项人工智能相关建议中也指出,必须通过加强 STEM 教育等方式弥补人工智能领域科技人才的不足。此外,美国近年来还不断加大 STEM 教育投资,2006 年度总额达 31 亿美元,资助了 105 项联邦 STEM 教育项目。

　　基础理论与算法是人工智能领域创新发展的源泉之一。如果要彻底改变被动的局面,必须加强人工智能基础理论与算法的先行研究,尤其是数学理论与算法的研究。①加大对数学理论与算法研究的支持。充分发挥自然科学基金、国家科技计划、电子信息产业发展基金等项目,以及国家科技进步奖、吴文俊人工智能奖、未来科学大奖等国家或民间奖励的引导作用,提高数学理论与算法的占比,促进颠覆性创新、基础性创新产生。②加强数学学科建设。支持理论数学在代数学、代数几何、微分几何、动力系统、数值计算、偏微分方程、概率与数理统计、数学史等方面的研究与探索,提高数学科研人员的思维活力与创新动力。重视数学公共课程设计与教学,提高相关专业科研工作者与学生对领域专业问题的解决能力。鼓励类似 MATLAB 等基础数学工具软件的研发,提高数学科研效率。③注重数学人才培养。不仅要重视培养从事科研和教职人才,也要重视培养算法工程师,尤其是要重视培养既懂数学又懂工程的复合型人才,充分利用大学、科研院所及社会办学的力量,建立起合理的层次化人才梯队。创建宽松的人才成长环境,允许数学科研人员的"无为"、失败。提高相关科研、教职人员待遇,吸引更多的优秀人才进入数学领域。注重中小学生数学兴趣的培养,加大数学知识的社会普及力度。④加强数学界与国内外的沟通交流。推动数学界与产业界加强沟通,促进供需对接。加强与俄罗斯、印度,以及匈牙利、法国等欧洲传统数学强国和国际数学联合会、国际计算机协会等相关国际组织的沟通、交流与合作,积极主办、承办、参加国际数学家大会、国际工业与应用数学大会、纯数学与应用数学国际会议,以及世界计算机大会等具有较大国际影响力的会议。引进一批图灵奖、菲尔兹奖、沃尔夫奖、苏步青奖等奖项得主和知名数学家、学科带头人,加快我国的数学发展进程。

1.4　抓住关键核心技术占领制高点

　　无论哪个行业都一样,只有掌握核心技术,才能具有产业链的话语权。正如中国工程院院士陈薇所说的那样:"专利是我们的,原创是我们的,所以我们在任何场合都不用看任何人的脸色。"

要主攻人工智能关键核心技术,需要以问题为导向,全面增强人工智能科技创新能力,加快建立新一代人工智能关键共性技术体系,在短板上抓紧布局,确保人工智能关键核心技术牢牢掌握在自己手里。要抓住关键技术,首先要了解人工智能具体包括哪些关键技术。按照人工智能的定义及其与人类智能之间的关系,人工智能就是要模拟与实现人类智能,这就涉及机器在感知、思考、行动这 3 个主要环节的能力实现方面的关键技术。在感知环节,所涉及的关键技术包括机器听觉、机器视觉、机器嗅觉、机器味觉、机器触觉等;在思考环节,所涉及的关键技术包括机器学习、机器理解、机器思维等;在行动环节,所涉及的关键技术包括声音合成、情感计算、智能控制等。对于人类智能,即基于人脑的神经计算和控制,其能力和智力的提升主要依赖学习和理解,而学习与理解的核心是算法。

人工智能领域具有创新活跃、技术先进、发展迅猛等特点。要准确把握人工智能技术的发展趋势,并做好充分的技术和人才储备,才有可能在未来一段时间内获得关键技术的发展优势。例如,台积电之所以能够在芯片加工生产领域稳居王位,得益于其精准的前瞻性,2001—2004 年特聘鳍式场效应晶体管(FinFET)发明人、美国科学院院士胡正明为技术执行长,超前布局 FinFET 工艺,从而奠定了十年后该技术大规模应用时的优势地位。

短期来看,人工智能技术发展具有以下 3 方面的趋势。

(1) 高度关注类脑智能算法。深度学习是基于冯·诺依曼体系结构发展起来的。由于受到内存墙等相关方面的制约,因此难以达到较高的计算效率。为此,近些年来,IBM 公司等开始进行颠覆冯·诺依曼体系结构的类脑智能算法与技术的探索。类脑智能借鉴大脑中"内存与计算单元合一"等信息处理的基本规律,在硬件实现与软件算法等多个层面,对现有的计算体系与系统做出本质的变革,并实现在计算能耗、计算能力与计算效率等诸多方面的大幅改进。目前,随机兴奋神经元、扩散型忆阻器等已经在 IBM 公司、马萨诸塞州阿姆赫斯特大学、清华大学等机构研制成功,IBM 公司已经研制成功 TrueNorth 芯片,清华大学团队也成功研制出基于忆阻器的 PUF(physically unclonable functions,物理不可克隆函数)芯片。

(2) 智能部署从中心向边缘和终端扩散。随着智能装备和智能机器人等智能终端的逐渐增多,智能终端的快速反应及相互之间的协同行动需求将会越来越迫切,对智能服务的实时性要求将会越来越强烈。这就要求智能服务从云端向网络边缘甚至终端扩散,智能模型与算法需要部署在网络边缘或终端之上,就近提供网络、计算、存储、应用等核心能力,从而满足通信、业务、安全等各方面的关键需求。目前,英伟达、高通等公司都已经陆续开展了用于边缘网络或终端的 AI 专用芯片。随着 5G 网络的普遍部署,边缘智能将会获得快速的发展。

(3)深度学习通用平台和通用 AI 芯片将会出现。随着人工智能应用在生产、生活中的不断深入融合,智能终端的互联互通将成为必然趋势。由于跨框架体系开发及部署需要投入大量资源,因此尽管每个终端的智能模型可能不同,但深度学习计算框架的模型底层表示将会逐渐趋同,形成深度学习通用计算框架和平台。随着计算框架的整合,GPU(graphics processing unit,图形处理器)和 TPU(tensor processing unit,张量处理器)等芯片将可能被通用 AI 芯片替代。

不论现在还是将来,人工智能无疑都将是最消耗计算资源的业务和应用之一,计算效率也将是智能体永恒的追求目标。因此,不论何时,计算能力都是人工智能发展的关键技术之一。有研究显示,量子计算正在推动形成新一轮计算革命,它具有强大的计算能力和效率,已经成为全球公认的下一代计算技术。IBM 公司已经推出一个行业世界上第一个商用的通用近似量子计算系统里程碑 IBM Q System One,客户可以通过互联网使用这台量子计算机进行大规模的数据计算,为人工智能计算展示良好的前景。谷歌公司也取得了量子霸权的成果。

长期来看,人工智能发展趋势主要体现为融合化、类人化、个性化及泛在化。①融合化。可以看到,符号学派、控制学派和连接学派各有各的特点,但之前他们互不相容,现在他们之间已经开始陆续吸收对方的技术,相互之间正在融合,有可能形成一个新的学派。②类人化。从神经网络开始到深入学习、群体智能、类脑智能,人工智能正在从脑科学、神经科学、社会学等方面学习越来越多的知识,人工智能正在从结构、功能和行为各个方面向人类靠近。③个性化。现在的人工智能已经发展到人们日常使用的各个装备,包括眼镜、腕表等,未来将与人类有机融合,成为满足人体个性化需求的增强设备。④泛在化。目前人工智能已经开始向各个领域渗透,未来将会在人们的生产、生活中无处不在。

近年来,我国充分认识到人工智能关键核心技术在产业链中的重要价值,在 2016年发布的国内第一个人工智能产业促进政策《"互联网＋"人工智能三年行动实施方案》中,就明确提出要"贯彻落实创新、协调、绿色、开放、共享发展理念,以提升国家经济社会智能化水平为主线,着力突破若干人工智能关键核心技术,增强智能硬件供给能力"，随后中华人民共和国工业和信息化部还推出《新一代人工智能产业创新重点任务揭榜工作方案》，每年征集并遴选一批掌握关键核心技术、具备较强创新能力的单位集中攻关，重点突破一批技术先进、性能优秀、应用效果好的人工智能标志性产品、平台和服务。

1.5　加强人工智能与产业发展融合

人工智能只有与实体经济深度融合，才能发挥其应有的作用，并得以检验和发展。

（1）人工智能只有与产业发展融合才能发挥效力。人工智能与实体经济之间是互利共生的关系。人工智能赋能实体经济，推动实体经济开创新行业。如图 1-3 所示，人工智能与工厂相结合形成智能制造，与汽车行业相结合形成无人驾驶，与家庭相结合产生智能家居，与医疗相结合产生智慧医疗，与农业结合产生智慧农业，与环保结合产生智慧环保，与城市结合产生智慧城市，等等。人工智能为产业发展开辟了一条全新路径，也带来了新的发展空间，必将带来新的发展机遇。

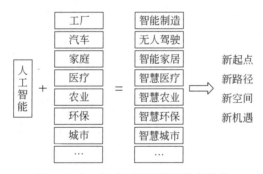

图 1-3　人工智能赋能实体经济的结果

（2）与产业融合也为人工智能带来了飞跃式的发展。18 世纪 90 年代，IBM 的 Via Voice 在处理语音输入时，需要用户自己至少输入 100 个例句，而且只能单机操作，中间不能中断，不能换人，才能勉强进行这个特定人的语音识别，而且识别准确率也就是 70% 左右。如今，云计算为人工智能提供了强大的算力，行业大数据为人工智能提供了足够的训练素材，有的语音识别系统能够识别几十种语言，甚至能够识别各种方言,还能够实现会议实时翻译,且识别准确率能够达到95％以上。不仅语音识别和理解方面取得了如此骄人的成绩,在图像识别方面2015年就将图像识别错误率降至3.57％,远远低于人眼辨识的错误率5.1％。现在,语音识别已经成为实现车载语音、智能家居、人机交互等应用的基础,声音识别、模式识别等在生产设备生命周期预测和故障诊断中发挥了很大的作用,图像识别已经在无人驾驶、人脸识别等领域获得广泛的应用。目前,我国经济已由高速增长阶段转向高质量发展阶段,正处在转变发展方式、优化经济结构、转换增长动力的攻关期,迫切需要新一代人工智能等重大创新添薪续力,必须充分发挥人工智能在产业升级、产品开发、服务创新等方面的技术优势,促进人工智能同一、二、三产业深度融合,为高质量发展提供新动能。

(3)国内外已经陆续开展人工智能行业应用。美国DARPA很早就开始长期扶持人工智能在各领域的应用。仅在1994—2014年这20年里,DARPA先后开展了战术机动机器人、机动自主机器人软件、分布式机器人及其软件、无人车等数十个与机器人相关的项目。2005年,DARPA启动了全球自动化语言情报利用项目,研究如何对标准阿拉伯语和汉语的印刷品、网页、新闻、电视广播等进行实时翻译。通过将人工智能研究贯穿于具体行业产品和应用,目前美国除奠定了人工智能发展的坚实基础之外,还在各个领域应用中具有领先优势。例如,OpenAI推出的GPT-3可以生成人类评估人员难以区分的新闻文章样本,谷歌旗下的Deepmind推出的AlphaFold可以使用基因序列预测蛋白质三维结构,等等。美国还将人工智能置于维护其全球主导军事大国地位的核心,并正在花费数十亿美元研发自动化、半自动化武器。我国近年来人工智能发展政策环境宽松,在推动人工智能与实体经济融合发展方面也取得了较好的成绩。在消费品行业,2017年机器翻译、无人超市、智能音箱销量就已破百万,面向消费者的产品和服务显著增加。在制造行业,工业机器人、自动化生产线在汽车、电子、机械、轻工等领域的应用逐渐普及和深化。在医疗健康行业,医学影像、药物挖掘、营养学、生物技术、健康管理等方面已经出现很多新的产品和服务,如科大讯飞与清华大学联合研发的人工智能"智医助理"机器人医学影像评测的诊断准确率达到94.1％,并于2017年8月刷新了医学影像权威评测LUNA的世界纪录。2020年11月,由华为公司与华中科技大学联合完成的一项成果发表在放射学领域的国际顶级期刊 *Radiology*(《放射学》)上,该成果运用AI帮助医生检测脑动脉瘤,灵敏度达到97.5％。在交通行业,涌现了如百度、驭势科技、图森互联等企业,例如百度在2017年7月推出自动驾驶开放平台Apollo计划,并于2020年在北京部分地区批量投入了无人驾驶出租车开始试运营。在金融行业,商汤科技推出证卡 OCR 识别、人证比对等技术,服务多家互联网金融公司、银行。在安防领域,智能视频分析技术在城市管理中得到广泛应用,大大提高了城市管理效率。

（4）必须加快发展先进制造业科技服务供给。《中共中央关于制定国民经济和社会发展第十四个五年规划和二〇三五年远景目标的建议》中提出,推动互联网、大数据、人工智能等同各产业深度融合,推动先进制造业集群发展,构建一批各具特色、优势互补、结构合理的战略性新兴产业增长引擎,培育新技术、新产品、新业态、新模式。制造业是实体经济的基础,是构筑未来发展战略优势的重要支撑。近年来,我国积极推动智能制造发展,中华人民共和国工业和信息化部持续推动《制造业与互联网融合发展试点示范项目》征集评审工作,2019 年包括"面向生产制造的智能化工业互联网平台""基于人工智能的工业车辆互联网平台"等在内的入选项目达到 137 个,涉及"重点行业工业互联网平台""信息物理系统（CPS）""工业互联网大数据应用服务"等六大类,面向数字孪生的数据管理能力建设等 14 个方向,使我国制造业大而不强的状况有了极大改观。然而,芯片等产业备受"卡脖子"之苦的现状依然没有根本性的改变。因此,人工智能与实体经济融合的首要任务是加快发展芯片、智能装备等先进制造业科技服务供给,为筑牢产业发展根基提供强大的技术支撑和服务保障。

1.6　AI 应当以保障和改善民生为主线

发展技术的根本出发点在于提高人类的生活水平。我国当前社会的主要矛盾是人民日益增长的美好生活需要和不平衡、不充分的发展之间的矛盾,因而我国发展人工智能的初心也是从造福人类出发,以保障和改善民生为主线。习近平总书记指出,要加强人工智能同保障和改善民生的结合,从保障和改善民生、为人民创造美好生活的需要出发,推动人工智能在人们日常工作、学习、生活中的深度运用,创造更加智能的工作方式和生活方式。要抓住民生领域的突出矛盾和难点,加强人工智能在教育、医疗卫生、体育、住房、交通、助残养老、家政服务等领域的深度应用,创新智能服务体系。要加强人工智能同社会治理的结合,开发适用于政府服务和决策的人工智能系统,加强政务信息资源整合和公共需求精准预测,推进智慧城市建设,促进人工智能在公共安全领域的深度应用,加强生态领域人工智能运用,运用人工智能提高公共服务和社会治理水平。

为把保障和改善民生落到实处,我国相关部委积极推动人工智能与民生领域深度融合。在国家发展和改革委员会、中华人民共和国科学技术部、中华人民共和国工业和信息化部、中华人民共和国国家互联网信息办公室联合发布的《"互联网＋"人工智能三年行动实施方案》中,推进重点领域智能产品创新任务把民生问题放在了首位,首先提出要"加快人工智能技术在家居、汽车、无人系统、安防等领域的推广应用,提升重大利益网络安全保障能力,提高生产、生活的智能化服务水平",并在智能家居示范工程中提出支持"在健康医疗、智慧娱乐、家庭安全、环境监测、能源管理等领域开展应用服务创新示范",在智能安防推广过程中提出支持"面向社会治安、公共安全,以及火灾、有害气体、地震、疫情等自然灾害智能感知技术的研发和成果转化,推动智能安防解决方案的应用部署"。在中华人民共和国工业和信息化部发布的《促进新一代人工智能发展三年行动计划》中,也将民生相关任务放在了首位,首先提出要"重点培育和发展智能网联汽车、智能服务机器人、智能无人机、医疗影像辅助诊断系统、视频图像身份识别系统、智能语音简化系统、智能翻译系统、智能家居产品等智能化产品,推动智能产品在经济社会的集成应用"。

2020年新冠肺炎疫情期间,人民的生命和健康安全成为最大的民生,大量人工智能产品快速推向市场,《"AI＋先进制造业"助力疫情防控新技术新产品新服务推荐目录》集中体现了人工智能在推动我国疫情有效防控、快速复工复产过程中所做出的巨大贡献。《"AI＋先进制造业"助力疫情防控新技术新产品新服务推荐目录》共推荐77家企业(第一批29家,第二批48家)六大类145个项目(第一批78项,第二批67项),为疫情防控和复工复产相关机构技术研究、产品研发、设备选型等提供了有益的参考。其中,医药、医疗工厂装备类所提供的技术、产品和服务主要用于医药、医疗相关的装备提供环节,包括为口罩、防护服、护目镜等生产企业提供生产制造装备的技术、产品与服务等。建设装备与工具类所提供的技术、产品和服务主要覆盖医院、医疗基础设施建设环节,包括医院等应急场所建设所需的工民建类相关技术、产品与服务等。信息化与智能类所提供的技术、产品和服务主要覆盖医疗服务环节所需,包括智慧医疗建设所需的医疗装备,以及制造这些医疗装备所需的工业云计算、大数据、软硬件平台与工具等,也包括医疗卫生行业为先进制造业提供的相关医疗和信息服务。无人装备与物流类所提供的技术、产品和服务主要覆盖辅助服务与物流配送环节,包括测温系统、消毒机器人、配送机器人等。生活服务用品类所提供的技术、产品和服务主要覆盖防控疫情期间社会服务与生活保障环节,包括门禁系统、预警平台等。另外,还有一些在防控疫情期间服务于先进制造业的保障安全生产、快速复工复产的其他技术、产品和服务。这些基于人工智能的新技术、新产品、新服务在全力保障疫情防控重要医用物资和生活必需品供应、坚决打赢疫情防控阻击战的同时,打造完善的先进制造业产业体系,提高整个国家和社会的生产效率与质量、应急能力和水平,不仅最大限度地降低了新冠肺炎疫情对生命健康的威胁和对经济的影响,还有效保障了经济稳定、可持续发展。

1.7　AI 发展的潜在风险研判和防范

技术的发展从来都是一把双刃剑。人工智能的发展使得人类经济社会的发展再上一个新台阶,但它在给人类带来便利的同时,也带来了新的安全问题与风险,必须充分认识这些安全问题和风险,并加以防范。

(1) 人工智能自身存在诸多内生安全问题。在模型与系统层面,TensorFlow、Caffe、PyTorch 等平台已经成为人工智能不可或缺的基础,这些平台存在的安全漏洞风险可能引发系统安全问题。目前,国内人工智能产品和应用的研发主要是基于谷歌、微软、亚马逊、脸书、百度等科技巨头发布的人工智能学习框架和组件。但是,这些开源框架和组件缺乏严格的测试管理和安全认证,可能存在漏洞和后门等安全风险,一旦被攻击者恶意利用,可危及人工智能产品和应用的完整性和可用性,甚至有可能导致重大财产损失和恶劣社会影响。国内网络安全企业的研究团队近年来曾屡次发现 TensorFlow、Caffe 等软件框架及其依赖库的安全漏洞,这些漏洞可能被攻击者利用进行篡改或窃取人工智能系统数据和信息,导致系统决策错误,甚至崩溃。在数据层面,数据是本轮人工智能浪潮兴起的关键因素之一,将会直接影响人工智能系统算法的安全性,逆向攻击就可以导致算法模型内部的数据泄露,进而威胁人工智能应用安全。例如,Fredrikson 等就在仅能黑盒式访问用于个人药物剂量预测的人工智能算法的情况下,通过某患者的药物剂量恢复了患者的基因信息,还进一步针对人脸识别系统通过使用梯度下降方法,实现了对训练数据集中特定面部图像的恢复重建。在算法方面,算法设计或实施有误可产生与预期不符,甚至伤害性结果。算法的设计和实施有可能无法实现设计者的预设目标,导致决策偏离预期,甚至出现伤害性结果。例如,2018年3月,Uber自动驾驶汽车因机器视觉系统未及时识别出路上突然出现的行人,导致与行人相撞致人死亡。此外,含有噪声或偏差的训练数据可影响算法模型准确性,对抗样本攻击还能够诱使算法识别出现误判漏判,产生错误结果,Nguyen等就成功利用改进的遗传算法产生多个类别图片进化后的最优对抗样本,对谷歌的AlexNet和基于Caffe架构的LeNet5网络进行模仿攻击,从而欺骗DNN实现误分类。

(2)人工智能风险滥用。一是利用深度伪造(Deepfake)技术产生不实内容,从而误导公众。深度伪造技术的出现,引起全球范围的关注,尤其是在色情、政治谣言等方面的应用,更是引起几乎所有人的恐慌。2017年,美国社交新闻网站Reddit的一个交流社区里一位名叫Deepfakes的用户将一个电影明星的脸嫁接到一部黄色电影女主角身上,还将视频上传至该网站;还有,美国演员用Deepfake技术扮演美国前总统奥巴马讲话。2019年8月底,国内的一款AI换脸App"ZAO"甫一上线,就引起疯狂下载,用户只上传一张个人正面清晰照片,就能把自己的脸"安"在明星脸上,实现自己担任偶像剧中男女主角的梦想。ZAO不仅公开收集公民个人信息,而且还在用户协议中提出,"在您上传和(或)发布用户内容以前,您同意或者确保实际权利人同意授予ZAO及其关联公司,以及ZAO用户在全球范围内完全免费、不可撤销、永久、可转授权和可再许可的权利",这将会给用户带来隐私权、肖像权等各方面的安全隐患。二是将人工智能技术应用于违反人类伦理纲常方面。美国2017年就曾经利用机器人警察接管旧金山动物倡导和宠物收养诊所SPCA的外部空间,以阻止无家可归的人在那里闲逛。亚马逊公司还建设并部署了一个人工智能的监工系统,用来监督员工是否达到了生产效率,如果有员工没有达到生产效率指标,这套人工智能系统就会自动解聘这些员工,有些员工只是因为去了一趟厕所,就被直接解雇了,因此导致后来许多员工为了避免被解聘的命运,在工作时间根本不敢去厕所。另外,还有广泛存在的大数据杀熟问题,就是在电子商务中,同样的商品或服务,老客户看到的价格反而比新客户要贵出许多。

(3)算法黑箱与数字茧房的问题。现阶段的人工智能主流算法是深度学习算法,而深度学习算法是完全基于大数据训练出来的。但是,深度学习并不是完全遵循数据输入、特征提取、特征选择、逻辑推理和预测这一过程,而是直接由系统从大数据中抽取出原始特征,然后利用隐层计算进行自动学习并生成结果。这就导致算法出现了人们无法认知的"黑箱",而这些"黑箱"中不可避免地隐藏了歧视和偏见、数字茧房等诸多问题。当这些带有歧视与偏见的人工智能算法被应用到需要进行风险识别和信用评估的信贷、保险、理财等金融领域和犯罪风险评估的司法审判领域时,将可能产生不公正的决策结果。例如,使用 Northpointe 公司开发的犯罪风险评估算法 COMPAS 时,黑人被错误地评估为具有高犯罪风险的概率两倍于白人。当这些带有歧视与偏见的人工智能算法被应用到个性化推荐、精准广告领域时,人们所看到的推荐信息只有某些被系统认为是与之直接相关内容,长此以往将会将用户认知限定在越来越狭窄的范围之内,导致用户思维固化、僵化,失去创新思维和能力。

(4)人工智能在军事领域的应用问题。随着人工智能在军事领域应用的不断深入,下一代战争已经充分展示出智能化战争的特点。目前,从指挥决策方面来看,智能化已经渗透兵棋推演综合处理参谋业务、情报分析、作战数据处理、军事运筹分析、战争模拟等环节;从系统方面来看,已经出现智能化战士机器人、人机混编作战、脑控技术应用;从平台方面来看,无人机、无人舰船、无人车等智能化作战平台陆续投入,并显现出由单装、零散运用向集群、规模运用转变的趋势;从弹药方面来看,利用具有自主飞行控制、态势感知、目标分配和智能决策的武器弹药实现精确制导,袖珍、隐形武器精准闪击成为可能;从战争空间来看,海陆空天网一体化已经初现端倪,利用智能化信息网络攻防机器人保护自身网络并攻击对方网络已经成为战争手段的选项,多维进攻、降维打击成为制胜法宝;从装备保障方面来看,装备、弹药的智能化生产、供应、管理及装备故障智能化诊断都在随着工业互联网等的发展逐渐得到应用;从后勤与物流方面来看,军事物流、仓储、餐饮、医疗等智能化正在付诸实践。近年来,美国多次成功利用智能化导弹实施了定点清除行动。委内瑞拉总统也险些被无人机暗杀。2020 年 10 月初发生在亚美尼亚和阿塞拜疆之间的战争,无人机正式投入战争前线,让人们见识了智能化武器装备的巨大威力,伊朗首席核科学家和革命卫队高级指挥官也在同年 11 月底遭到无人车和无人机的袭击而身亡。种种迹象表明,人工智能在带给人类诸多益处的同时,也在战争中显示了自己不可忽视的存在,给人类社会增添了诸多新式杀人武器。智能化战争时代已经来临,靠肉身到战争前线拼杀已经没有任何胜算。

(5)人工智能产业安全问题。近年来,我国的国际发展环境日益恶化,人工智能产业安全问题凸显。2019 年,我国人工智能在国际市场上的发展遭到前所未有的打击。美国以担心国家安全为由,对中国人工智能领域的优势企业进行打击,美国联邦政府宣布将其列入出口管制实体名单,禁止这些企业购买美国产品,导致这些企业在全球的业务开展遭到重挫。2019年,中国人工智能相关领域被列入美国"实体管制清单"企业将近150家。在5月和8月先后将华为及其114家关联企业列入"实体管制清单"。在6月将高性能计算、超算领域的六家中国企业列入黑名单。在10月将28家中国企业实体加入"实体管制清单"。这28家中国企业包括海康威视、大华科技、科大讯飞、旷视科技、商汤科技、依图科技等广为熟知的人工智能企业,另外还有美亚柏科、颐信科技等,业务范围涉及人脸识别、自然语言处理、安防监控等当下热门的人工智能科技领域。2020年,先后有云从科技、中芯国际、大疆创新等列入"实体管制清单"。被美国列入"实体管制清单"的企业除了被禁止购买美国产品之外,还由于美国长臂管辖的政策,与国际上其他国家的伙伴合作也受到较大的限制。这充分暴露出美国为了保证其在人工智能时代继续保持霸主地位,将采取政治、经济等各种可能的措施,从产业基础到应用的各个层面,全方位地、系统地、不择手段地打压任何可能的竞争者,使得我国人工智能产业安全发展面临着巨大威胁。

(6)人工智能造成的数字鸿沟问题。人工智能研发和应用不仅需要一定的经济基础,也需要一定的文化基础。对于一些落后国家和地区的人们来讲,无法以均等的机会与发达国家和地区的人们一样获得人工智能带来的益处。据国际机器人联合会发布的报告称,新加坡和日本每万名制造业雇员中分别有918和855台机器人,美国的这一指标达到228台,而非洲很多国家甚至连一台机器人都没有。老年人和儿童,与社会上其他人相比,会面临较大的数字鸿沟。2020年新冠疫情期间,我国就出现了老人、儿童由于没有手机或者手机上没有安装健康码应用,导致无法乘车或者无法进入公园游玩,人工智能给这些弱势群体的生活带来非常大的不便。

认识到人工智能发展可能带来新的安全风险,联合国以及世界上各主要国家都对此极为关注。联合国在2017年召开了首届人工智能造福人类全球峰会(AI for Good Global Summit),其中涉及人工智能用于战争的问题,2020年8月还专门举行了关于致命自主武器系统的讨论会,有70多个成员国的代表参加了这次正式的政府间关于武装冲突法和国际安全的讨论会。美国将人工智能应用于战争和防范他国人工智能攻击并重,Siri、大狗等世界知名的产品都是其国防部支持的众多项目的成果。美国2018年陆军训练和条令司令部(TRADOC)G-2部门的疯狂科学家计划发起了一项众包活动,探讨人工智能在未来战场上的可能性和影响,收到约115名参与者提交的意见书,这些参与者来自各军事单位、政府机构、私营科技公司、学术界,以及一些非国防部/政府机构等。已经被国会批准的 2021 财年《国防授权法案》甚至简化了联合人工智能中心的报告结构,此后人工智能办公室可以直接向美国国防部副部长报告相关领域的进展,而不用再通过美国国防部首席信息官进行上报。我国为避免人工智能技术滥用,针对 ZAO 等涉嫌侵犯用户权益的情况,中华人民共和国国家互联网信息办公室、文化旅游部、国家广播电视总局联合发布了《网络音视频信息服务管理规定》,对深度伪造图像与音视频内容的制作、发布与传播进行了规定;国务院办公厅还针对数字鸿沟问题发布了《切实解决老年人运用智能技术困难实施方案》,推动解决老年人在运用智能技术方面遇到的困难,让老年人更好地共享信息化发展成果。

1.8　在发展 AI 过程中解决伦理与安全问题

为有效推动我国人工智能发展,我国在 2017 年发布的《新一代人工智能发展规划》充分考虑了人工智能发展的战略态势和我国人工智能发展水平。在人工智能发展态势方面,我国人工智能发展已经进入新的发展阶段,成为国际竞争的新焦点、经济发展的新引擎,并在带来社会建设新机遇的同时,也可能带来改变就业结构、冲击法律与社会伦理、侵犯个人隐私、挑战国际关系准则等问题,将对政府管理、经济安全和社会稳定乃至全球治理产生深远影响。因此,在大力发展人工智能的同时,必须高度重视可能带来的安全风险挑战,加强前瞻预防与约束引导,最大限度降低风险,确保人工智能安全、可靠、可控发展。在人工智能发展水平方面,我国部署了智能制造等国家重点研发计划重点专项,印发实施了《"互联网＋"人工智能三年行动实施方案》,从科技研发、应用推广和产业发展等方面提出了一系列措施,在人工智能领域取得了重要进展,具有良好的发展基础,但整体发展水平与发达国家相比仍存在差距。

为把握新机遇,迎接新挑战,《新一代人工智能发展规划》提出以发展促解决的指导思想,深入实施创新驱动发展战略,以加快人工智能与经济、社会、国防深度融合为主线,以提升新一代人工智能科技创新能力为主攻方向,发展智能经济,建设智能社会,维护国家安全,构筑知识群、技术群、产业群互动融合和人才、制度、文化相互支撑的生态系统,前瞻应对风险挑战,推动以人类可持续发展为中心的智能化,全面提升社会生产力、综合国力和国家竞争力,同时提出在科技引领、系统布局、市场主导、开源开放的原则指导下实施三步骤战略,即到 2020 年人工智能总体技术和应用与世界先进水平同步,人工智能产业成为新的重要经济增长点,人工智能技术应用成为改善民生的新途径,有力支撑进入创新型国家行列和实现全面建成小康社会的奋斗目标;到 2025 年人工智能基础理论实现重大突破,部分技术与应用达到世界领先水平,人工智能成为带动我国产业升级和经济转型的主要动力,智能社会建设取得积极进展;到 2030 年人工智能理论、技术与应用总体达到世界领先水平,成为世界主要人工智能创新中心,智能经济、智能社会取得明显成效,为跻身创新型国家前列和经济强国奠定重要基础。

为确保实现上述目标,《新一代人工智能发展规划》中明确了六大任务。一是构建开放协同的人工智能科技创新体系,主要从前沿基础理论、关键共性技术、基础平台、人才队伍等方面强化部署。在前沿基础理论方面,突破大数据智能、跨媒体感知计算、人机混合智能、群体智能、自主协同与决策等应用基础理论瓶颈,前瞻布局高级机器学习、类脑智能计算、量子智能计算等跨领域基础理论,开展人工智能与神经科学、认知科学、量子科学、心理学、数学、经济学、社会学等相关基础学科的交叉融合,加强引领人工智能算法、模型发展的数学基础理论研究,重视人工智能法律伦理的基础理论问题研究。在关键共性技术方面,重点突破知识计算引擎与知识服务、跨媒体分析推理、群体智能、混合增强智能、自主无人系统智能、虚拟现实智能建模、智能计算芯片与系统、自然语言处理等技术,建立新一代人工智能关键共性技术体系。在基础平台方面,统筹建设布局人工智能开源软硬件基础平台、群体智能服务平台、混合增强智能支撑平台、自主无人系统支撑平台、人工智能基础数据与安全检测平台,强化对人工智能研发应用的基础支撑。在人才队伍方面,坚持培养和引进相结合,完善人工智能教育体系,加强人才储备和梯队建设,加快培养聚集人工智能高端人才。二是培育高端高效的智能经济,促进人工智能与各产业领域深度融合。大力发展智能软硬件、智能机器人、智能运载工具、虚拟现实与增强现实、智能终端、物联网基础器件等人工智能新兴产业,加快推进制造、农业、物流、金融、商务、家居等产业智能化升级,大规模推动企业智能化升级,推广应用智能工厂,加快培育人工智能产业领军企业,并打造人工智能创新高地。三是建设安全便捷的智能社会,全面提高人民的生活水平和质量。发展便捷高效的教育、医疗、养老等智能服务,推进行政管理、司法管理、城市管理、环境保护等社会治理智能化,提升社会综合治理、新型犯罪侦查、反恐、食品、自然灾害监测等公共安全保障能力,增强社会互动,促进可信交流。四是加强人工智能领域军民融合,强化人工智能对国家安全的支撑。五是构建泛在安全高效的智能化基础设施体系,提升基础设施的智能化水平及其对人工智能的支撑能力。大力推动网络、大数据、高效能计算等信息基础设施建设,形成适应智能经济、智能社会和国防建设需要的基础设施体系。六是前瞻布局新一代人工智能重大科技项目,满足我国人工智能发展的迫切需求。形成以新一代人工智能重大科技项目为核心、现有研发布局为支撑的"1+N"人工智能项目群。其中,1 是指新一代人工智能重大科技项目,聚焦基础理论和关键共性技术的前瞻布局;N 是指国家科技重大专项、科技创新 2030 重大项目、国家重点研发计划、国家自然科学基金、深海空间站重大项目、健康保障重大项目等国家相关规划计划中部署的人工智能研发项目,协同推进人工智能的理论研究、技术突破和产品研发应用。

《新一代人工智能发展规划》中还提出六条保障措施,以保障我国人工智能发展任务顺利完成。一是制定促进人工智能发展的法律法规和伦理规范。加强人工智能相关法律、伦理和社会问题研究,建立保障人工智能健康发展的法律法规和伦理道德框架。明确人工智能法律主体及相关权利、义务和责任,加快研究制定自动驾驶、服务机器人等相关安全管理法规,建立伦理道德多层次判断结构及人机协作的伦理框架,制定人工智能产品研发设计人员的道德规范和行为守则,并积极参与人工智能全球治理,深化在人工智能法律法规、国际规则等方面的国际合作。二是完善支持人工智能发展的重点政策。落实对人工智能中小企业和初创企业的财税优惠政策,支持人工智能企业发展;完善落实数据开放与保护相关政策,促进人工智能应用创新;完善适应人工智能的教育、医疗、保险、社会救助等政策体系,有效应对人工智能带来的社会问题。三是建立人工智能技术标准和知识产权体系。逐步建立并完善人工智能基础共性、互联互通、行业应用、网络安全、隐私保护等技术标准。加快推动无人驾驶、服务机器人等细分应用领域的行业协会和联盟制定相关标准。鼓励人工智能企业参与或主导制定国际标准。加强人工智能领域的知识产权保护,建立人工智能公共专利池。四是建立人工智能安全监管和评估体系。加强人工智能对国家安全和保密领域影响的研究与评估,加强对人工智能技术发展的预测、研判和跟踪研究,关注人工智能对就业和社会伦理的影响,实行设计问责和应用监督并重的双层监管结构,加大对滥用数据、侵犯个人隐私、违背道德伦理等行为的惩戒力度,加强人工智能网络安全技术研发,强化人工智能产品和系统网络安全防护,并开发系统性的测试方法和指标体系,建设跨领域的人工智能测试平台,推动人工智能安全认证,评估人工智能产品和系统的关键性能。

五是大力加强人工智能劳动力培训。在满足我国人工智能发展带来的高技能、高质量就业岗位需要的同时,确保从事简单重复性工作的劳动力和因人工智能失业的人员顺利转岗。六是广泛开展人工智能科普活动。通过全民智能教育、人工智能科普基础设施建设和完善、人工智能竞赛等方式,全面提高全社会对人工智能的整体认知和应用水平。

第 2 章

人工智能的产生与发展

2.1　人工智能的起源与发展

从被首次提出到成为下一代产业革命的核心驱动力,人工智能经历了激荡 60 余年的发展,已从实验室和论文之上的算法模型走向产业落地应用,并深度改造现有传统业态。以深度学习和大数据为主要驱动力的人工智能在过去十年间迅猛发展,现已成为引领未来发展的战略性技术并深刻改变人类社会生活,重塑技术价值与产业格局。从技术层面来看,机器人、自然语言处理(NLP)、计算机视觉与图像(CV)、语音识别、自动驾驶等技术领域是 AI 产业的热门分支,创业热情火爆,技术突破及应用创新层出不穷;从应用层面来看,现在应用型 AI 已经渗透各行各业,多种技术组合后打包为产品或服务,改变了不同领域的商业实践;同时,平台化进程加速,垂直领域 AI 商业化进程多点并发,人工智能正在掀起一场数字经济革命。

纵览人工智能的发展脉络,其算法发展方向不断变化:学术界早期研究重点集中在符号计算领域,彼时神经网络在人工智能发展早期被完全否定,而后神经网络的价值逐渐显现并被认可,直到今天成为引领人工智能发展的一大类主流算法并被广泛应用。

可以将人工智能的发展历程分为以下 5 个阶段:20 世纪 50 年代至 60 年代初,人工智能形成阶段;20 世纪 60 年代至 70 年代,也就是在达特茅斯会议之后,人工智能迎来发展黄金时代;20 世纪 70 年代后,人工智能技术受到多方面因素限制,经历第一次发展低谷与复苏;20 世纪 90 年代,人工智能又经历第二次发展低谷;进入 21 世纪,深度学习的问世引领人工智能进入第五个发展阶段——现代人工智能。

1. 形成阶段(1956—1961 年)

1956—1961 年是人工智能的形成阶段。在 1956 年达特茅斯学院的一次学术会议上,人工智能概念正式被确立。参会学者希望借此将人工智能认定为一门独立科学,从而确立其任务和发展路径。与会学者对外宣称有关人工智能的多项特征都可以被精准逻辑运算所描述,从而用机器模拟和实现。参与会议的专家学者包括 Trenchard More、John McCarthy、Marvin Minsky、Oliver Selfridge、Solomonoff 等,作为 AI 领域的开创者,他们在此之后的数十年间以 AI 领域研究的领军人物的身份深度参与人工智能技术发展并做出卓越贡献。

此次会议,"人工智能"这一术语第一次被提及并使用。参加会议的 Oliver Selfridge 和 Allen Newell 则代表了早期人工智能的两种技术实现。Oliver Selfridge 发表了一篇模式识别的文章,而纽厄尔探讨计算机如何模拟人类下棋,他们分别代表两派观点。神经网络鼻祖之一的皮茨(Pitts)作为当年本场讨论会的主持人,最后总结时说:"(一派人)企图模拟神经系统,而纽厄尔则企图模拟心智(Mind)……但殊途同归。"事实证明,皮茨的判断是正确的,人工智能随后几十年沿着符号计算和神经网络两个路径螺旋上升发展。

2. 黄金时代(1962—1973 年)

在达特茅斯会议结束之后的数十年,人工智能高速发展,这主要得益于,集成电路与分时操作系统的诞生带来计算机算力的提升与算法的成熟,解决了一系列数学公式与定理推导、统计分析与人机交互等问题。AI 的快速发展使得研究人员对其未来抱有乐观心态,参与研究的情绪高涨,认为具备人类思考能力的机器在不久的将来就会出现;与此同时,国防机构也对 AI 充满浓厚兴趣并对这一领域投入大量资金,希望借 AI 获得军备数字化技术上的领先,巩固军事实力。也正因为如此,这一时期与人工智能相关的研究成果呈井喷态势涌现。

1956 年,IBM 小组设计了一个具有自学习、自组织、自适应能力的西洋跳棋程序,这个程序可以像一个优秀棋手那样向前看几步下棋,并具有学习棋谱的能力,可以在分析大约 175 000 个不同棋局后对棋局走步进行预测,准确度达 48%。这是机器模拟人类学习过程卓有成就的探索,1959 年该程序曾战胜设计者本人,1962 年该程序击败了美国一个州的跳棋大师。

1957 年,由纽厄尔和赫伯特·西蒙(Herbert Simon)等人组建的心理学小组编制出一个称为"逻辑理论机 LT(The Logic Theory Machine)"的数学定理证明程序,这是世界上第一个人工智能程序,其有能力证明罗素和怀特海合著的《数学原理》第 2 章中的 38 个定理。

1958 年,麻省理工学院的麦卡锡(McCarthy)所建立的"行动计划咨询系统"及 1960 年明斯基(Minsky)所发表的论文《走向人工智能的步骤》对人工智能的发展都起了积极的推动作用;1959 年,麦卡锡发明的"函数式处理语言 LISP"成为人工智能程序设计的主要语言,并在日后长期垄断人工智能领域的应用开发,至今仍被广泛采用。1961 年,第一台工业机器人开始在新泽西州通用汽车工厂的生产线上运行。

基于以上人工智能领域的卓越成果和快速发展,1965 年,赫伯特·西蒙预测 20 年内计算机将能够取代人类智力。同年,费根鲍姆(Edward Feigenbaum)、布鲁斯·布坎南(Bruce G.Buchanan)、莱德伯格(Joshua Lederberg)和卡尔·杰拉西(Carl Djerassi)在斯坦福大学研发的 DENDRAL 系统成为人类历史上第一个专家系统,使有机化学的决策过程和问题解决得以自动化实现。

之后,机器人开始出现:日本早稻田大学在 1970 年造出第一个人形状机器人 WABOT-1。这些早期的成果充分表明人工智能作为一门新兴学科正在茁壮成长。表 2-1 为 1950—1972 年人工智能主要研究成果。

表 2-1　1950—1972 年人工智能主要研究成果

时间	主 要 事 件
1950 年	艾伦·图灵(Alan Turing)发表《计算机械与智力》一文,系统性提出甄别机器是否具有人类智能的"图灵测试"方法
1951 年	马文·明斯基(Marvin Minsky)和迪恩·爱德蒙德(Dean Edmunds)用 3000 个真空管模拟 40 个神经元规模的网络,建立了人类历史上第一个人工神经网络
1952 年	亚瑟·萨缪尔(Arthur Samuel)开发第一个计算机跳棋程序和第一个具有学习能力的计算机程序
1955 年	"人工智能"一词在一份由约翰·麦卡锡(达特茅斯学院)、马文·明斯基(哈佛大学)、纳撒尼尔·罗彻斯特(IBM)和克劳德·香农(Shannon)(贝尔实验室)联合递交的关于召开国际人工智能会议的提案中被首次提出
1955 年	赫伯特·西蒙和艾伦·纽厄尔(Allen Newell)开发出世界上第一个人工智能程序"逻辑理论家",证明了罗素和怀特海合著的《数学原理》第 2 章中的 38 个定理
1956 年	达特茅斯会议召开,人工智能概念正式确立

时间	主 要 事 件
1957 年	弗兰克·罗森布拉特(Frank Rosenblatt)开发出基于两层计算机网络能够进行模式识别的神经网络系统 Perceptron
1958 年	约翰·麦卡锡开发出编程语言 LISP,该语言成为人工智能研究中最流行的编程语言
1959 年	约翰·麦卡锡发表 *Programs with Common Sense*,提出 Advice Taker 概念,这个假想程序可以被看成第一个完整的人工智能系统
1961 年	第一台工业机器人 Unimate 开始在新泽西州通用汽车工厂的生产线上工作
1964 年	丹尼尔·鲍勃罗(Daniel Bobrow)在完成他的博士论文的同时开发了自然语言理解程序 STUDENT
1965 年	斯坦福大学研究出历史上第一个专家系统 DENDRAL,该系统能使有机化学的决策过程和问题解决自动化
1969 年	亚瑟·布莱森(Arthur Bryson)和何毓琦(Yu-Chi Ho)描述了反向传播作为一种多阶段动态系统优化方法,可用于多层人工神经网络
1970 年	日本早稻田大学制造了第一个人形状机器人 Wabot-1
1972 年	斯坦福大学开发出名为"M YCIN"的专家系统,其能够利用人工智能识别感染细菌,并推荐抗生素

注:数据来源于东北证券。

3. 第一次发展低谷与复苏(1973—1986 年)

1974—1980 年,人工智能第一次走进发展低谷。其实,在"黄金十年"期间,人工智能的理论基础和技术发展并没有获得实质性突破,这也使得人工智能技术经历了从1956 年开始的将近 20 年的高速发展之后遇到瓶颈,于 1974 年迎来第一次低谷期。

从发展的角度分析人工智能走入低谷的原因,其一是由于早期研究者对人工智能发展前景过于乐观,美国国防高级研究计划局对麻省理工学院、卡内基梅隆大学等高校的人工智能项目投入了大笔资金,但到后期逐渐发现无法实现之前的研发目标,严重打击了投资者和研究者,也使研发经费被削减;其二是学术界发现早期设计的逻辑器、感知器都只能完成简单且专业面很窄的任务,一旦遇到复杂环境,就捉襟见肘。人工智能领域先驱明斯基在《感知器》一书中指出,人工智能在数学基础上存在漏洞,神经网络不存在有效的学习方法,这种悲观论调与政府支持资金的缩减,最终使得人工智能的发展进入低谷。

从技术上分析人工智能走入低谷的原因,关键在于彼时整个学科理论基础和技术实现都面临很大短板,遭遇危机也无法避免,主要从以下 3 方面解释:首先,随着程序计算的复杂性攀升,当时依赖大规模集成电路的计算机其性能无法满足行业从业者与专家学者所提出的研究需求;其次,存储器的羸弱使得人工智能缺乏大容量的数据库支持,研究面临数据缺失的困境,专家学者无法找到足以支撑机器学习算法训练的大规模数据;最后,作为人工智能基础的数学理论还不够完善。这也从另一方面反映了人工智能作为一项交叉学科,其发展非常依赖包括数学、半导体与集成电路、通信、数据科学在内的众多基础学科领域的同步发展。

然而,这一次的低谷仅持续不到 7 年时间,人工智能便迎来又一个 7 年的复苏。推动此次复苏主要有以下两个标志性事件——20 世纪 80 年代初诞生的专家系统,以及第五代计算机的研究热潮。

1980 年,卡内基隆大学为 DEC 公司制造了一个专家系统,该系统每年可为公司节省 4000 万美元的开销,取得了巨大成功;此后很多公司和高校纷纷效仿,很大程度上为人工智能的发展争取了大量研究资源,专家系统的成功也重燃了整个社会对人工智能发展的信心;1981 年,日本“新一代计算机技术研究所”提出研发具有人工智能的第五代计算机,总投资预算达到 8.5 亿美元,并且组织富士通、夏普等著名企业参与,同期很多其他国家也启动了类似计划,投入大量资金开发第五代计算机(当时也被称为“人工智能计算机”),大举进军人工智能领域。表 2-2 为 1973—1986 年人工智能主要研究成果。

表 2-2 1973—1986 年人工智能主要研究成果

时间	主要事件
1973 年	詹姆斯·莱特希尔(James Lighthill)在英国科学研究委员会报告中对人工智能持悲观态度,政府大幅削减对 AI 研究的资金支持
1980 年	日本早稻田大学研制出 Wabot-2 机器人,其能与人沟通、阅读乐谱,并演奏电子琴
1980 年	卡内基梅隆大学为 DEC 公司制造了一个专家系统 RI,它能根据用户需求为计算机自动选择组件
1981 年	日本“新一代计算机技术研究所”提出研发具有人工智能的第五代计算机,并获得日本通产省 8.5 亿美元的经费支持。英、美等国家也投入巨资研发第五代计算机
1982 年	约翰·霍普菲尔德(John Hopfield)在 1982 年发明了一种能够模拟人类记忆的循环神经网络——Hopfield 神经网络
1984 年	罗杰·单克(Roger Schank)和马文·明斯基在年度 AAAI 会议上警告“AI 之冬”即将到来

续表

时间	主 要 事 件
1986 年	恩斯特·迪克曼斯(Ernst Dickmanns)指导建造第一辆无人驾驶奔驰汽车
1986 年	以鲁梅尔哈特(Rumelhart)和麦克利兰(McClelland)为首的科学家提出了 BP(back propagation)神经网络,证明了明斯基关于多层网络不存在有效学习方法的论断是错误的

注:数据来源于东北证券。

这一阶段人工智能迎来复苏,主要得益于政府对专家系统和第五代计算机研发的充沛资金支持,但这一次热潮的背后,人工智能在基础理论和技术创新上依旧原地踏步,这也为接下来人工智能热潮的第二次衰退埋下隐患。

4. 第二次发展低谷(1987—1992)

7 年的短暂复苏之后,1987 年人工智能的发展陷入第二次低谷。出现这一现象的导火索是"人工智能计算机"研发的失败,直接原因则是个人计算机(PC)的出现严重冲击了专家系统。

当时苹果、IBM 公司所开发的第一代个人计算机,以价格低廉、操作方便的特性迅速攻城拔寨并挤占了专家系统的市场,导致专家系统的需求急剧下滑;与此同时,被寄予厚望的第五代计算机——"人工智能计算机"在人机交互层面的关键技术没能实现突破,导致政府进一步削减支持人工智能研发的经费,致使人工智能研究在此期间一度陷入停滞。

具体分析处于这一阶段的人工智能,表面上是专家系统泡沫的破裂与个人计算机的冲击导致人工智能的发展陷入低谷,实际结合人工智能的发展轨迹与社会环境来看,其反映了人工智能发展的一系列深层次问题:首先,人工智能学科研究过于单一,尤其前期符号计算垄断了整个学科导致没有其他可分担风险的研究方向;其次,人工智能的研究资金大部分来自政府机构,不仅没有实现理想商业闭环,也没有在社会上形成健全的产业链,一旦政府关注焦点发生转移,人工智能的发展就会陷入经费不足的窘境。表 2-3 为 1987—1992 年人工智能主要研究成果。

表 2-3　1987—1992 年人工智能主要研究成果

时间	主 要 事 件
1988 年	罗洛·卡彭特(Rollo Carpenter)开发了聊天机器人 Jabberwacky,其能够模仿人进行幽默的聊天。这是人工智能与人类交互的最早尝试

续表

时 间	主 要 事 件
1989 年	杨立昆(Yann LeCun)和贝尔实验室的其他研究人员成功地将反向传播算法应用在多层神经网络,实现了手写邮编的识别
1991 年	德国学者赛普·霍克赖特(Sepp Hochreiter)第一次清晰地提出梯度消失问题并阐明原因,解释了从输出层反向传播时,每经过一层,梯度衰减速度极快,学习速度变得极慢,神经网络很容易停滞于局部最优。同时,算法训练时间过长会出现过度拟合(overfit),把噪声当成有效信号

注:数据来源于东北证券。

5. 现代人工智能(1993 年至今)

从 1993 年开始,数学工具的不断完善,加之摩尔定理的作用使得计算机的性能得到突飞猛进的提高,很多学术界想法得以实现;与此同时,人工智能的任务也开始明确和简化,也就是以实用为导向,关注技术的应用落地,促使人工智能重新走向繁荣。这一时期人工智能先后经历了知识管理、统计学习、机器学习,到现在深度学习成为人工智能最典型的技术范式,人工智能领域的创新性成果层出不穷,理论和应用层面均取得显著成果,包括大型图像数据库 ImageNet 的建立,以及谷歌和高校合作推出的多层神经网络。

千禧年之后,人工智能加速向重点领域渗透并持续探索商业化解决方案的实施。与此同时,中国科研团队开始在世界人工智能舞台上崭露头角并逐渐成为领军。在中国,提到人工智能,不得不提到一个人——汤晓鸥,现任香港中文大学信息工程系主任,兼任中国科学院深圳先进技术研究院副院长。2011 年,汤晓鸥率领实验室的几十个博士、教师开始研究深度学习。这是学术界最早涉猎深度学习的华人团队。2011—2013 年,在 CVPR(国际计算机视觉与模式识别会议)和 ICCV(国际计算机视觉大会)两大全球计算机视觉世界顶级学术会议上,29 篇涉及深度学习的文章中,有 14 篇出自该实验室。2014 年 6 月,汤晓鸥教授团队自主研发的人脸识别算法准确率达到98.52%,超过 Facebook 同期发表的 DeepFace 算法,实现了全球首次超过人脸识别的准确率,一举突破工业化应用红线;2016 年,其领军的中国人工智能团队与麻省理工学院、斯坦福大学等著名大学一道入选世界十大人工智能先锋实验室,成为亚洲区唯一入选的实验室;汤晓鸥教授同期联合创办了人工智能平台公司商汤科技,2015 年,在 ImageNet 2015 国际计算机视觉挑战赛中,商汤科技联合香港中文大学多媒体实验室组成的团队,在 30 个类别的物体识别准确率 PK 中获得 28 个胜利,以压倒性优势获得检测数量、检测准确率两项世界第一,成为首个夺冠的中国企业。表 2-4 为 1993 年至今人工智能主要研究成果。

表 2-4　1993 年至今人工智能主要研究成果

时间	主 要 事 件
1993 年	弗农·温格(Vernor Vinge)发表了 *The Coming Technological Singularity*,认为 30 年之内人类就会拥有打造超人类智能的技术,不久之后人类时代将迎来终结
1997 年	赛普·霍克赖特(Sepp Hochreiter)和尤尔根·施密德胡伯(Jirgen Schmidhuber)提出长短期记忆人工神经网络(LSTM)概念。这一概念指导下的递归神经网络在今日手写识别和语音识别中得到应用 IBM 公司研发的深蓝(Deep Blue)成为第一个击败人类国际象棋冠军的计算机程序
1998 年	杨立昆和约书亚·本吉奥(Yoshua Bengio)发表了关于神经网络应用于手写识别和优化反向传播的论文
2000 年	麻省理工学院的西蒂亚·布雷泽尔(Cynthia Breazeal)打造了 Kismet——一款可以识别和模拟人类情绪的机器人
2001 年	斯皮尔伯格的电影《人工智能》上映,电影讲述了一个儿童机器人企图融入人类世界的故事,引发社会对人类与人工智能关系的关注
2007 年	李飞飞和普林斯顿大学的同事开始建立 ImageNet。这是一个大型注释图像数据库,旨在帮助视觉对象识别软件进行研究
2009 年	谷歌开始秘密研发无人驾驶汽车。2014 年,谷歌汽车在内华达州通过自动驾驶汽车测试。斯坦福大学的 Rajat Raina 和吴恩达(Andrew Ng)合作发表论文《用 GPU 大规模无监督深度学习》,认为运行在 GPU 上的神经网络比 CPU 快数倍
2010 年	瑞士学者 Dan Ciresan 和合作者发表论文 *Deep Big Simple Neural Nets Excel on Hand Written Digit Recognition*,在 GPU 上实现了反向传播计算方法,速度比传统 CPU 快 40 倍
2012 年	2012 年,斯坦福大学研究生黎越国领衔和他的导师吴恩达,以及众多谷歌的科学家联合发表论文《用大规模无监督学习建造高层次特征》。黎越国的文章中使用了九层神经网络,网络的参数数量高达 10 亿,是 2010 年 Ciresan 论文中的模型的 100 倍,是 2009 年 Raina 论文模型的 10 倍。而人的大脑皮层接近 150 万亿神经突触,是黎越国模型参数数量的 10 万倍

注:数据来源于东北证券。

纵览人工智能的发展历史,驱使其不断进步的主要是学科技术研发的内部动力与社会目标驱动的外部动力,而社会对人工智能的期望能够带来比内部更为强大的发展驱动。当前人工智能不再局限于学术论文,而是在工业界实现全产业垂直赋能。一方面,当前各大企业正在努力打造人工智能完整产业链,而学科本身具备基础技术支持;另一方面,头部企业正在努力打破场景桎梏,以平台化应万变,实现更加完善而深刻的全场景赋能。

当前,人工智能的发展正从过去的学术牵引转化为工业牵引,例如 IBM 围绕沃森打造人工智能生态系统,谷歌斥资收购依靠 AlphaGo 击败人类围棋大师一战成名的DeepMind,以及包括特斯拉、奥迪、沃尔沃在内的整车厂商与滴滴、百度等科技公司在无人驾驶领域的布局。这些科技巨头投入的大量资源为人工智能的长足发展提供了充分的基础保障,与传统人工智能依赖政府经费支持相比优势明显,人工智能商业化步伐日趋稳健。

同时,人类社会发展到现在所积累的巨量数据具有非常可观的潜在价值,同时,新增数据规模也在呈指数级增长,如何充分利用这些数据的价值并改善现有社会面貌创造更加便捷美好的生活成为当前数据科学的终极命题;加之现有硅基半导体材料下算力的持续压榨与新世代计算技术(量子计算等)的不断成熟,人工智能可以说是深度发掘数据与算力价值的最佳技术体现。未来人工智能将不单单是简单的机器智能测试,更多是研发与人类社会相融合的智能系统,通过万物互联将人、计算机和其他外部事物连接起来,构建包括智慧城市在内的复杂数字生态系统。

2.2　人工智能的定义与流派

时至今日,还没有一个能够被大家广泛认同的精确的人工智能定义。目前比较常见的人工智能定义主要有以下两个:一个是明斯基提出的"人工智能是一门科学,是使用机器做那些人需要通过智能来做的事情";另一个是更专业的定义,由尼尔森给出,即"人工智能是关于知识的科学",所谓"知识的科学"就是研究知识的表示、知识的获取和知识的运用,也就是不受领域限制,适用于任何领域的知识,包括知识的表示、知识的获取,以及知识的应用的一般规律、算法和实现方式等,这也使得人工智能具有普适性、迁移性与渗透性。

理解人工智能的关键在于研究如何在一般意义上定义知识,但准确地定义知识本身就很复杂。人们最早使用的知识定义是柏拉图在《泰阿泰德篇》中给出的"被证实的、真的和被相信的陈述",简称知识的 JTB 条件。但这一延续 2000 多年的定义在 1963 年被哲学家盖梯尔所否定。盖梯尔提出一个著名的悖论,以说明柏拉图给出的知识的定义存在严重缺陷。虽然在此之后人们给出了很多知识的替代定义,但直到现在依旧没有定论。

我们从"如何才能让机器具有人工智能"这一命题出发,根据概念的不同功能给出人工智能的不同研究路线,包括逻辑主义(符号主义-Symbolists)、贝叶斯派(Bayesians)、联结主义(Connectionists)、行为类比主义(Analogizers)、进化主义(Evolutionaries),如图 2-1 所示。

图 2-1 人工智能的不同研究路线

2.2.1 逻辑主义

逻辑主义认为人工智能源于数理逻辑,也就是认知即计算,通过对符号的演绎和逆演绎实现结果预测。逻辑主义的代表算法是逆演绎算法(inverse deduction),典型应用为知识图谱。数理逻辑从 19 世纪末起得以迅速发展,并在 20 世纪 30 年代开始用于描述智能行为;而计算机的出现使得逻辑演绎系统在计算机上得以实现,其有代表性的成果为启发式程序逻辑理论家(LT),它证明了 38 条数学定理,同时表明了可以使用计算机模拟人类智能活动,研究人的思维过程。逻辑主义者早在 1956 年首先采用"人工智能"这个术语,后来又发展了启发式算法>专家系统>知识工程理论与技术。逻辑主义于 20 世纪 80 年代取得显著进步并成为主导流派,为人工智能的发展做出了重要贡献。逻辑主义的主导理论是知识工程,主要以服务器和大型机作为基础架构;尤其是专家系统的成功开发与应用,为人工智能走向工程应用和实现理论联系实际具有特别重要的意义。在人工智能的其他学派出现之后,逻辑主义仍然是人工智能的主流派别。该学派的代表人物有 Tom Mitchell、Steve Muggleton、Ross Quinlan 等。

2.2.2　贝叶斯派

贝叶斯派源于统计学,其核心思想在于主观概率估计,发生概率修正与最优决策,其代表算法是概率推理(probabilistic inference)。贝叶斯决策的基本思想是:已知类条件概率密度参数表达式和先验概率,利用贝叶斯公式转换成后验概率,根据后验概率大小进行决策分类。贝叶斯决策可在不完全情报下对部分未知的状态用主观概率进行估计,随后用贝叶斯公式修正这一概率,最后基于期望值和修正概率得出最优决策。基于概率统计的贝叶斯算法最常见的应用是概率预测与反垃圾邮件功能,代表人物有 David Heckerman、Judea Pearl、Michael Jordan。

贝叶斯流派于 20 世纪 90 年代至千禧年期间逐渐取代符号主义成为机器学习的主导学派。此时的贝叶斯网络主要建构在小型服务器集群之上,用于可扩展的比较或对比,这在当时来说已经可以满足许多任务的需求。

2.2.3　联结主义

联结主义认为人工智能源于神经科学,重点关注对人脑模型的研究,其核心思想是对大脑进行仿真,代表算法有反向传播算法、深度学习,代表应用包括机器视觉、语音识别等。联结主义是统合了认知心理学、人工智能和心理哲学领域的一种理论,其建立了心理或行为现象模型的显现模型——单纯元件的互相联结网络。联结主义有许多不同的形式,但最常见的形式利用了神经网络模型。联结主义代表性成果是 1943年由生理学家麦卡洛克(McCulloch)和数理逻辑学家皮茨创立的脑模型,即 MP 模型,开创了用电子装置模仿人脑结构和功能的新途径。这一发现从神经元开始进而研究神经网络模型和脑模型,开辟了人工智能的又一发展道路。20 世纪 60 年代至 70 年代,联结主义尤其是对以感知机(perceptron)为代表的脑模型的研究出现过热潮,由于受到当时的理论模型、生物原型和技术条件的限制,脑模型研究在 20 世纪 70 年代后期至 80 年代初期落入低潮。直到 Hopfield 教授在 1982 年和 1984 年发表两篇重要论文中提出用硬件模拟神经网络以后,联结主义才又重新抬头。1986 年,鲁梅尔哈特(Rumelhart)等人提出多层网络中的反向传播算法。

2010 年的早期至中期,建立在大型服务器农场之上的联结主义势头大振。基于联结主义实现的更加精准的图像和声音识别、翻译与情绪分析等,在神经网络的加持之下逐渐实现大规模商用落地。现在,业界对包括卷积神经网络在内的人工神经网络(ANN)的研究热情仍然较高,以 Yann LeCun、Geoff Hinton、Yoshua Bengio 为代表的联结主义派人物正努力推动神经网络实现工业环境下更高的准确度和鲁棒性。

2.2.4　行为类比主义

行为类比主义认为人工智能源于心理学,其核心思想在于新旧知识之间的相似性。行为类比主义将数据相互匹配的技术作为核心,根据约束条件优化函数。行为类比主义更多关注行为表现并且多用于一些泛化的处理,代表算法主要有内核机(kernel machines)与近邻算法(nearest neightor)等。最著名的类比器模型是 SVM 推荐算法,在 Netflix 当年举办的百万奖金竞赛中,有很多良好的算法都是基于 SVM 的。支持向量机(SVM)是由 Vapnik 领导的 AT&T Bell 实验室研究小组在 1995 年提出的一种分类技术,初期主要针对二值分类问题,成功应用子解函数回归及一类分类问题,并推广到实际存在的大量多值分类问题中。支持向量机作为一种监督学习模型,自诞生起便由于它良好的分类性能在机器学习领域广受欢迎,尤其是在解决小样本、非线性及高维模式识别中表现出许多特有的优势,并能推广应用到函数拟合等其他机器学习问题中。如果不考虑集成学习的算法与特定的训练数据集,SVM 在分类算法中的表现首屈一指。行为类比主义的代表人物有 Peter Hart、Vladimir Vapnik、Douglas Hofstadter 等。

2.2.5　进化主义

进化主义源于进化生物学,其核心思想是使用遗传算法和遗传编程模拟进化过程生成变化,然后针对特定目标得到最优解。代表算法是基因编程(genetic programming),典型应用是基于生物进化理论的"海星机器人"。该机器人由佛蒙特大学的 Josh Bongard 研发,基于内部模拟实现对自己身体各部件的"感知"与连续建模,使其能够在不依赖外部编程的情况下自主习得走路;当机器人外部受到诸如失去一条腿的破坏,其也能重新建模并习得一种新的行走方式以适应"断腿"。正如"海星机器人"所呈现的这样,进化的本质是自然选择,也就是舍弃预测不好的结果,并将那些预测结果较好的串实现互相匹配,这就是所谓的 DNA 算法。

以上五大流派在不同时期呈现出不同的演化结果,未来,算法融合将成为主流趋势。2020 年之后,基于云计算、雾计算等架构,联结主义、符号主义和贝叶斯等多种流派将共同支持当前机器学习的发展,此时的机器学习主要用以实现简单的感知、推理与行动,神经网络将在需要感知的时候发挥效能,而规则将指引推理与行动有序推进;这一逻辑统称有限制的自动化或人机交互。

展望 21 世纪中叶,算法融合将进一步为机器学习带来革新。此时无处不在的服务器将为垂直领域更加复杂多样的应用场景提供算力支持,最佳组合的元学习方案将成为主导理论为机器学习带来技术支持;此时的机器学习将不仅局限在简单的感知、推理与行动,而是实现复杂感知与主动响应,也就是基于通过多种学习方式获取知识或经验,针对命题采取行动并做出精准回应。

2.3　人工智能的细分领域

2.3.1　人工智能研究分支

随着人们对人工智能的研究不断深入,人工智能的研究领域也在不断扩大。纵观历史,人工智能研究出现了许多分支,包括专家系统、机器学习、进化计算、模糊逻辑、计算机视觉、自然语言处理、推荐系统等。但目前的科研工作都集中在弱人工智能,与电影中具有独立思考与情感的强人工智能相比难以望其项背,而这部分在目前的现实世界里也难以真正实现。

弱人工智能实现突破并成为当前人工智能的主流,主要归功于一种实现人工智能的方法——机器学习。

机器学习是一种使用算法解析数据并从中学习,然后对真实世界中的事件做出决策和预测的方法。与传统的为解决特定任务、硬编码的软件程序不同,机器学习是用大量的数据"训练",通过各种算法从数据中学习如何完成任务。

与机器学习相对应的是非机器学习,作为早期实现人工智能的方法,非机器学习最典型的应用是专家系统。机器学习来源于早期的人工智能领域,传统的模型结构包括决策树、聚类、贝叶斯分类、支持向量机、EM、Adaboost 等。从学习方法上来分,机器学习算法可以分为监督学习(如分类问题)、无监督学习(如聚类问题)、半监督学习、集成学习、深度学习和强化学习。

传统的机器学习算法在指纹识别、基于 Haar 的人脸检测、基于 HoG 特征的物体检测等领域的应用基本达到商业化的要求或者特定场景的商业化水平,但每前进一步都异常艰难,直到深度学习算法的出现。

深度学习是用于建立、模拟人脑进行分析学习的神经网络,并模仿人脑的机制解释数据的一种机器学习技术。深度学习的基本特点是在试图模仿大脑的神经元之间传递,处理信息的模式。最显著的应用是计算机视觉和自然语言处理(NLP)领域。"深度学习"与机器学习中的"神经网络"强相关,"神经网络"也是其主要的算法和手段。

深度学习又分为卷积神经网络(convolutional neural networks,CNN)和深度置信网(deep belief nets,DBN)。其主要思想是模拟人的神经元,每个神经元接收到信息,处理完后传递给与之相邻的所有神经元即可。

神经网络可以分为以下 3 类。

(1) 前馈神经网络。作为实际应用中最常见的神经网络类型,前馈神经网络的第一层是输入,最后一层是输出。如果有多个隐藏层,则称之为深度神经网络。前馈神经网络用于进行一系列的变换计算。每层神经元的活动都是前一层神经元活动的非线性函数。

(2) 递归神经网络。递归神经网络中存在着有向环,这意味着递归神经网络可以沿箭头方向回到开始的地方。递归神经网络具有非常复杂的动力学现象,因此很难训练。不过,递归神经网络更接近生物体中真实的神经网络实现。

(3) 对称连接网络。对称连接网络类似于递归神经网络,但是单元之间的连接是对称的(在两个方向上具有相同的权重)。对称网络比递归网络更容易分析,不过也受到更多的限制,因为它们需要符合能量函数。没有隐藏单元的对称连接网络被称为 Hopfiled 网络,包含隐藏单元的对称连接网络则被称为玻尔兹曼机(Boltzman machine)。

2.3.2　人工智能技术架构

人工智能产业链结构如图 2-2 所示,包括基础层、技术层和应用层 3 层。其中,基础层是人工智能产业的基础,主要是研发硬件及软件,如 AI 芯片、数据资源、云计算平台等,为人工智能提供数据及算力支撑;技术层是人工智能产业的核心,以模拟人的智能相关特征为出发点,构建技术路径;应用层是人工智能产业的延伸,集成一类或多类人工智能基础应用技术,面向特定应用场景需求而形成软硬件产品或解决方案。

资料来源: 前瞻产业研究院。

图 2-2　人工智能产业链结构

1. 基础层

基础层主要包括计算硬件(算力)、计算系统技术、数据。计算硬件不仅有提供算力的 GPU/FPGA、神经网络等运算芯片,还有获取数据的传感器,上述硬件作为人工智能技术的载体,共同提供了其必不可少的数据侦测与运算能力保障;而数据是人工智能的基础,其量级庞大、冗杂,质量参差不齐的非结构化与半结构化数据经过基础算法框架的采集、清洗、标注与分析、整理与存储,形成具有一定结构化特性的数据集,并在算力的支持下用于算法框架的训练;人工智能技术还需突破硬件本体的限制,才能进一步实现应用与落地,这就需要云计算、通信网络与数据存储流动的可靠支持和信息传输保障。

基础层基于应用场景以及相关元素,对异构数据进行集成处理,并构建本地数据库和远程共享数据库。其包括基础算力支持与必要计算系统技术。

2. 技术层

技术层是人工智能技术的核心,包括算法理论、开发平台与应用技术。

(1)算法理论最具代表性的是机器学习。机器学习与深度学习包括回归、聚类、贝叶斯等一系列算法,以及生成对抗网络、卷积神经网络与循环神经网络等;这些算法通过具备更多隐层节点的人工神经网络实现逐层特征变换与学习,解决了很多复杂的模式识别难题;按照算法设定的系统性训练方法,数据层的各类数据会被运算和分析并用于模型训练,以提高算法预测准确度。

(2)开发平台可以理解为对算法理论的进一步集成与封装,其包含基础开源框架与技术开放平台。目前发展较为成熟的基础开源框架有 TensorFlow、OpenMMLab、PyTorch 等;而技术开放平台则主要由各大企业所主导,包括商汤科技的 SenseParrots、微软的 Azure AI、百度的 AI 开放平台等。

(3)应用技术整合了计算机视觉、自然语言理解、智能语音、机器视觉等一系列人工智能技术。大致可分为两类:感知层与认知层。感知层是对文字、指纹、图像、人脸等一系列物体的识别,也包括语音的识别与合成;由于语音技术本身涉及的自然语言处理具有较高技术壁垒和较大落地难度,因此视觉识别商业化落地情况相对于语音技术更加出色;而在深度学习算法的辅助下,感知技术的应用前景也十分可观。认知层方面,现有认知层主要是自然语言理解、知识图谱、规划问题及情感计算;通过基于情感与学习态度的分析,实现面向学习者的自适应个性化学习,以及智能专家系统;作为未来发展的重要方向,认知层未来可能在特定领域内实现一定程度上的机器自主认知与推理能力,但同时也具有很高的技术门槛。

3. 应用层

应用层是人工智能产业的延伸,集成一类或多类人工智能基础应用技术,面向特定应用场景需求而形成软硬件产品或解决方案,主要包括医疗、金融、教育、交通、家居、零售、制造、安防、政务等领域。

2.4　人工智能的行业应用

当前人工智能主要在以下领域重点推广应用:智慧医疗、智慧金融、智慧教育、智慧交通、智能家居、智慧零售、智能制造、智慧城市、数字政务等。

下面选取其中最典型的智慧医疗、智慧金融、智慧教育与智慧城市 4 个应用场景深入分析。

2.4.1　智慧医疗

现阶段,人工智能在医疗领域中应用广泛,我们可以将国内医疗人工智能应用分为以下八大应用场景:虚拟助理、医学影像、辅助诊断、疾病风险预测、药物挖掘、健康管理、医院管理、辅助医学研究平台。

1. 虚拟助理

虚拟助理与健康管理面向医生与患者,主要作用为提升医生工作效率,优化患者就医体验,市场前景广阔。医疗领域中的虚拟助理基于特定领域的知识系统,主要将影像、病历、检查、监测等多模态数据进行整合,并借助人工智能中的自然语言处理,以及语音识别技术处理大量文本与语音信息,将疾病与患者信息标准化、结构化、统一化,并将患者的病症描述与标准的医学指南作对比。为用户提供医疗咨询、自诊、导诊等服务。

该场景下的产品主要有语音电子病历、智能导诊、智能问诊与推荐用药。其中,语音电子病历相较于手写病历可大幅提高医生的工作效率,也便于患者认识自身病情,未来市场规模可达千亿;医疗领域的智能导诊产品主要基于人脸识别、语音识别、远场识别等技术,通过人机交互执行包括挂号、科室分布及就医流程引导等功能;服务范围包括医院、银行、车站、商场、工厂,以及各类服务性场所,国内众多机器人制造厂商均有机会开发医疗市场,进入门槛较低,预期市场竞争激烈;智能问诊有效解决了医患沟通效率低下与医生供给不足两大难题,在医生端和用户端均发挥了较大的作用。在医生端,智能问诊可以辅助医生诊断;在用户端,人工智能虚拟助手能够帮助普通用户完成健康咨询、导诊等服务;推荐用药企业主要向线下药房开放。

2. 医学影像

医学影像面向医院影像科、放射科与医疗科研机构,主要作用是提升医学影像的判断准确率。人工智能在医学影像领域主要解决 3 种影像需求:病灶识别与标注、靶区自动勾画与自适应放疗,以及影像三维重建。其中人工智能的具体职能主要是影像分类、目标检测、图像分割与影像检索。

从临床需求来看,我国专业医生缺口大,工作烦琐重复,诊断效率低,服务模式亟待创新。尽管医学影像是目前人工智能在医疗领域最热门的应用场景之一,但目前产品研发落地较慢,基本成型的 AI+医学影像产品大多正处于医院试用阶段,且该领域公司基本没有盈利。从市场竞争格局来看,目前中国 AI 医疗影像领域百家争鸣,人工智能病灶识别准确率超过 90%,行业竞争激烈,尚未出现占据垄断性优势地位的企业。同时,中国医疗影像数据量巨大,但使用率较低,大量非结构化数据缺乏结构化梳理、标准化呈现与跨平台分享,可用价值不高。数据标注成本高,高质量数据获取难度大,AI 医疗影像企业在高质量数据获取和标注上存在较大挑战。从落地情况来看,目前中国 AI 医疗影像产品主要用于如肿瘤、肺癌等疾病的筛查。从商业模式来看,平台分成与技术解决方案两种商业模式还处在不断探索与尝试的过程中。

3. 辅助诊断

这里的辅助诊断狭义上来说是指基于医疗大数据,以及医疗人工智能的临床辅助决策系统与医疗机器人。其中,人工智能临床决策系统相当于一个不断更新的医学知识库,通过数据和模型辅助医生做出临床决策,帮助医生做出更加精准而高效的临床诊断。庞大可靠的临床知识库是人工智能临床决策系统的行业壁垒,医疗机构的数据分布零散且相对隔离,而企业拥有的知识数据库又难以满足临床医生的需求,因而这一领域往往入局困难;而医疗机器人(尤其是以达芬奇为代表的手术机器人)则直接参与诊断与治疗环节,已成为人工智能辅助诊断领域比较活跃的应用。但医疗机器人同样具有较高的技术壁垒,目前国内致力于手术机器人的公司主要采用两种业务模式:

①面向医院进行机器人产品的单独销售,并提供长期维修服务;②为医院提供手术中心整体工程解决方案。国内的医疗机器人技术正在不断升级,但若要在多领域逐渐打破进口机器人的垄断地位,依旧任重而道远。

4. 疾病风险预测

疾病风险预测主要通过基因测序与检测从基因层面获悉该个体未来罹患某种疾病的风险。基因检测的难度较高,我国只有不到 10％的公司有能力完成基因检测,其余停留在利用基因测序产品提供测序服务的水平(亿欧)。从市场来看,上游测序设备遭国外企业垄断,随着上游技术的不断进步,基因数量成倍增长,下一阶段产业重点将转移到基因数据的生物解读和大数据挖掘上,中游数据挖掘在产业中的地位将加速显现,中游市场规模有望得到较大增长。

5. 药物挖掘

药物挖掘主要包括新药研发、老药新用、药物筛选、药物副作用预测、药物跟踪研究等内容。人工智能在药物挖掘方面的作用主要体现在分析药物的化学结构与药效的关系,以及预测小分子药物晶型结构。传统医药研发周期长、成本高、成功率低,而人工智能因其算法与算力优势,可帮助解决新药研发的三大痛点。人工智能赋能医药研发,其自然语言处理、图像识别和深度学习的能力能够帮助科研工作者发现隐藏的药物与疾病或基因的关联;并通过对数据的深度挖掘、分析,构建药物、疾病和基因之间的深层联系;人工智能的强大算力,可以加速对候选化合物的虚拟筛选,更精准而高效地定位靶向药物,在节约成本的同时缩减研发周期。目前,北美地区 AI＋药物挖掘发展技术领先,而国内 AI＋药物挖掘尽管已经在逐步落地,但研发周期仍相对较长,且算法需要大量的时间和数据积累,短期内很难产生营收规模。

6. 健康管理

健康管理包括营养学、身体健康管理与精神健康管理,是以预防和控制疾病发生与发展,降低医疗费用,提高生命质量为目的,运用信息和医疗技术,在健康保健、医疗的科学基础上建立的一套完善、周密的个性化健康服务;筛选与健康及亚健康人群生活方式相关的健康危险因素,通过健康信息采集、健康检测、健康评估、个性化监督方案、健康干预等手段,对用户身体健康状况持续加以改善,帮助健康人群及亚健康人群建立有序健康的生活方式,降低患慢性疾病的风险。

传统的健康管理行业面临公众健康意识不足、行业标准不完善、数据关联性薄弱、人员专业性欠缺、支付机制不健全、服务与产业链条不完整等诸多痛点。而人工智能主要解决智能设备的数据关联性薄弱和健康管理人员专业性不足两大痛点。前者主要是打破采集、提取与趋势分析体征数据的可穿戴设备和智能家用医疗器械设备的数据孤岛,有效发挥数据的联合分析、自主分析作用,借助人工智能对数据进行交叉分析,学习历史医疗与健康数据并根据用户健康状况提供专业合理建议;而后者则有效解决了现有绝大多数健康管理人员非医学背景出身,良莠不齐,专业性欠缺的现状,利用拥有更为完整知识图谱的人工智能,通过从智能设备与体检平台上收集到的用户健康体征数据,借助强大算力分析处理数据得出关于用户健康状况的全面报告,并为用户制订一份科学合理的健康管理计划。人工智能通过高效计算与精准匹配,推动个性化、数字化健康管理逐渐系统与精细发展,其对身体健康状况的预测推理也更加准确。

7. 医院管理

医院管理主要是为医院等公共卫生机构建立统筹协调管理组织内部与组织间各项工作的数字化系统,包括病历结构化、分级诊疗、诊断相关分类智能系统、医院决策支持的专家系统等。人工智能在医院管理领域的应用主要由公共政策驱动,2009 年"新医改"政策的出台推动病历电子化与医疗数据产业化进程,随着深度学习的发展,自然语言处理技术使得医院病历结构化进程加速推进。

8. 辅助医学研究平台

辅助医学研究平台主要是利用人工智能技术辅助生物医学相关科研机构与研究者整合科研资源进行医学研究实现合作共赢的技术平台,主要应用场景是对现有临床研究论文等学术资源进行结构化梳理并借助人工智能加速推进数据收集、存储与统计分析、基因测序等生物信息分析,充分发掘现有商业与学术资源,在医疗与科研人员之间建立紧密联系;共享科研成果,实现行业共赢。

人工智能在多个医疗领域持续深入发展,正在重构现有生物医药与公共卫生体系。随着相关产业技术的不断推进,人工智能自身的复杂性与不确定性也伴随着其自身缺陷,让医学界承担越来越大的风险,而伦理风险则是不容忽视的一个重要部分。如何妥善处理人工智能技术带来的伦理问题,守住科技以人为本的底线,让人工智能更好地满足临床医务工作者、科研人员、患者等不同对象的实际需求,指导人工智能技术更出色地赋能医疗产业并帮助建立更高质量的医疗卫生服务体系,值得我们深入研究。

2.4.2　智慧金融

人工智能在处理大规模非结构化数据方面的降本增效优势明显。金融智能化的变革以场景作为切入点,从各个角度提升了整个金融行业的效率,为业务模式的创新提供了新思路和新方法;同时,人工智能对金融场景的创新不仅局限于商业金融业务领域,诸如量化交易、保险、信贷、财政税收及金融安全、金融教育、普惠式金融与民生工程等场景在人工智能、云计算、大数据等技术的赋能下实现重构再造。与之相对应的是,人工智能深度参与金融行业活动也使金融风险与管理面临更加复杂的局面,新立法保障、监管手段与政策需逐渐跟上技术的步伐。

1. 商业金融领域场景创新

商业金融领域场景创新主要有智慧银行、智能投研,二者的服务对象主要是通过商业金融机构执行财富管理与投资行为的个人与企业客户,旨在利用人工智能、大数据、区块链等技术,帮助个人与企业客户更加科学、高效、安全、稳健地实现财富增值,提升商业金融服务水平,增进用户体验,实现商业金融服务与运营的智能化变革;同时,有人工智能技术加持的互联网金融等新兴金融业态也打破了传统银行依托线下网点提供服务的限制,极大降低了公众参与金融活动的门槛,卓有成效地推动普惠式金融落地发展。

1) 智慧银行

随着人工智能技术赋能百业尤其是互联网金融的强劲势头,传统商业银行依赖人工服务的弊端尤为突出,客户需要花费大量的时间在银行网点排队,而客户经理本身的能力素养也直接影响到客户财富管理的决策与效果。在当前智能化趋势的背景下,银行以客户为中心,借助人工智能技术定位客户并分析客户需求,基于数据与画像为客户提供充分满足其需求的财富管理解决方案,并通过平台化产品改变用户习惯,影响客户对传统商业银行模式的认知,银行利用新兴技术可达到服务方式与业务模式的再造升级。

人工智能在银行业的相关应用场景多集中在智慧网点的建设,主要分为后台运营、后台决策分析与前台业务三大板块,其中后台运营主要有安防,包括员工签到、员工行为监控在内的员工管理,以及包括网点布局优化与网点资源配置在内的网点管理;后台决策分析主要有基于用户行为分析与智能获客在内的精准营销、智能风险控制,以及包含产品定价与流程决策在内的辅助决策;前台业务则主要有智能客服、智能自助终端,包括 VTM、在线应用等,以及智能身份鉴别与刷脸支付。

智慧银行具有智能化的感知和度量,以及资源和信息的全面互联互通两大特点。首先,与以往直接询问或根据历史服务数据做简单分析的方式不同,智慧银行通过一系列的智能化设备,在用户毫无察觉的情况下感知用户需求、情绪、倾向偏好等,从而为进一步的营销和服务提供支持。例如,在银行客户对服务质量及满意度评价的场景中,银行通过智能化设备对用户表情、肢体动作、语音语调的分析可迅速得到用户对本次服务的满意程度,而无须再专门采集用户的反馈意见;而营销型网点能够根据用户在网点不同产品区域的停留时间、行为轨迹等信息,捕捉用户的注意力焦点,从而发现用户的潜在需求。其次,智能化的感知和度量改变了银行采集信息的方式,将以往无法量化的信息按照某种规则进行量化分析,从而为资源的配置和优化提供决策支持。例如,银行通过对网点的排队情况、业务类型、业务量的监控分析,更全面地完成网点布局的优化;而对用户位置、需求信息及网点实时服务情况的获取,可帮助用户选择最优的网点等。

2) 智能投研

智能投研利用大数据和机器学习,将数据、信息和决策进行智能整合,并实现数据之间的智能化关联,从而自动化地完成信息的收集、清洗、分析和决策的投研过程,提高投研者的工作效率和投资能力。

传统投研主要有搜索与收集、数据和知识提取、分析研究与观点呈现 4 个过程。智能投研则是通过自动化手段优化以上 4 个步骤,实现从搜索到投资观点的跨越,提升投研效率和结果的精准度,强化投研过程的高效、智能和客观性。传统投研与智能投研比较如图 2-3 所示。

智能投研场景中最关键的一项技术是知识图谱,概念由谷歌在 2012 年正式提出,其本质是一张由知识点相互连接而成的语义网络的知识库,其中图的结点代表实体或者概念,而图的边代表实体/概念之间的各种语义关系。知识图谱在实现更智能的搜索引擎、智能问答、情报分析、反欺诈等应用中发挥着重要作用,其主要包括知识提取、知识表现、知识存储与知识检索四大分支,其中知识提取是利用自然语言处理、机器学

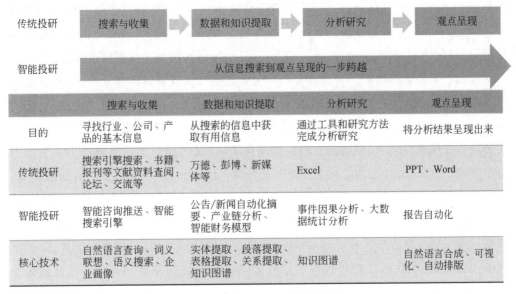

图 2-3　传统投研与智能投研比较

习、模式识别解决结构化数据的生成问题;而知识表现则是重新组织结构化数据,通过逻辑推理得出机器能够处理而人也能够理解的知识信息;知识存储则是在进行大量的结构化数据管理的同时,混合管理结构化与非结构化数据,如 RDF 数据库、图数据库等;知识检索则是用语义技术提高搜索与查询的精确度,为用户展现最合适的信息。结合知识图谱相关技术,机器可以从招股书、年报、公司公告、券商研究报告、新闻等半结构化表格和非结构化文本数据中批量自动抽取公司的股东、子公司、供应商、客户、合作伙伴、竞争对手等信息,并构建出公司的知识图谱。当某个宏观经济事件或者企业相关事件发生的时候,投资者可以通过知识图谱做更深层次的分析,从而做出更好的投资决策。例如某公司发布公告,公开某些经营数据之后,由机器自动抓取相关数据,更新该公司的知识图谱,生成相应的分析结果,以供投资者参考。知识图谱不仅可以进一步提高数据的丰富度和准确度,还可以加速数据标准化、关联化的建立,从而促进智能投研系统的建立和完善。

　　分析智能投研行业整体,从技术角度来看,智能投研在技术层面上的要求往往很高,这就使得数据服务商成为推动行业发展的核心技术力量;从数据角度来看,国内金融数据的丰富度和完整性相对于国外偏低,大量的数据标准化、关联关系的建立等问题急需解决;因此,国内数据服务商(如 Wind、东方财富、同花顺、恒生聚源等公司)可能是推动智能投研发展的核心力量;从行业角度来说,尽管智能投研吸引国内创业公司、基金公司和数据服务商纷纷入场,但鉴于智能投研的高技术门槛,目前来看我国智能投研虽然已开始崭露头角,但行业尚未形成规模,市场仍处于早期探索阶段。

智能投研领域典型的商业案例是美国金融数据分析服务提供商 Kensho 所开发的 Warren,这是一套通过自然语言搜索、可视化图形等为金融投资者提供数据分析能力的工具。该工具主要针对华尔街投资分析市场,利用大数据和机器学习将数据、信息、决策进行智能整合,并实现数据之间的智能化关联,从而预测事件对资产未来价格走势的影响。Warren 首先会寻找事件之间的关联,也就是具体事件对资产价格的影响,包括有无影响及影响程度的判断等;接下来,基于事件对资产未来价格的走势进行预测,也就是利用机器学习发现事件之间的相关性程度,同时基于准确的相关性分析预测资产未来的价格走势。Warren 的数据库覆盖大量的数据源,包括政治事件、自然事件等,基于这些大数据可能找到大量显著影响资产价格的变量,Warren 通过筛选变量、确定变量权重等一系列操作自动计算事件对价格的影响,包括价格波动区间及相关概率等,然后以图表形式呈现其预测的结果。

2. 量化金融交易场景创新

金融往往具有高度非线性的特点,而可以从本质上有效找到数据之间的关系并使用它预测(或分类)新数据的神经网络则不需要任何稳定性。这也使得人工智能正与量化交易投资紧密联系,传统以线性模型为主的量化多因子体系面对某些长期保持单调特性的因子可能具有一定效果,而面对那些非单调因子则难以纳入评估,且无法对市场风格变化做出及时反应。人工智能用于量化投资的优势在于不断地学习和反馈市场信息来调整因子和参数,以非线性算法动态调参模型适应市场背后隐含的监管环境和投资者结构改变引发的市场结构的变化——通过主动学习打破静态局限。

以 DetlaGrad 为例,这是一家成立于 2017 年 10 月的基于人工智能的量化投资公司,它将 AlphaGo 技术应用于量化投资领域,实现低风险、高收益的投资回报。DetlaGrad 的首个产品 A 股机器人"智富狗"已上线,应用于国内二级市场的投资。数据显示,智富狗实盘业绩显著,在 2017 年 11 月 A 股普跌的情况下(中证 1000 跌幅超 4%),智富狗依然实现了 5.23% 的收益,最大回撤控制在 2.7%,并在 2018 年 1 月底上证指数大跌 12% 的情况下,智富狗做到了提前清盘避险,业绩明显优于大盘。

从数据科学完整栈的角度给予人工智能的量化投资一般具有以下几个流程:提供

特征的数据采集,去除噪声,提高数据可用性与相关性的数据预处理,根据不同的场景目标设计与选取模型,交易策略中至关重要的是用以考察算法模型策略损益或准确性的交易策略与模型回测,以及最后为找到合适参数而做的优化。

3. 智能投顾

作为一种智能化的在线财富管理系统,智能投顾可以说是现代人工智能相关技术在财富管理领域的典型应用,旨在通过一系列智能算法综合评估用户的风险偏好、投资目标、财务状况等基本信息,并结合现代投资组合理论为用户提供自动化、个性化的理财方案,其实质是利用机器模拟理财顾问的个人经验。智能投顾的概念产生于美国并在 2014 年进入中国。机器理财在适应用户个性化需求、降低门槛限制、避免人为因素干扰等方面有明显的优势,因而越来越受到行业的关注;加之近期人工智能的火热,智能投顾迎来了发展的高峰。

智能投顾(见图 2-4)的核心是追踪市场变化和用户需求变动,并基于此进行配置优化与再平衡,环节包含用户画像、大类资产配置(投资标的的选择)与构建投资组合等,目标对象主要是选择 ETF 为主理财产品的个人投资者。智能投顾的优势在于,专业、高效,降低了客户理财准入门槛且避免了人为因素干扰。

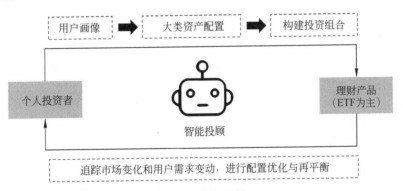

图 2-4　智能投顾

智能投顾的模式按照应用侧重的不同分为理财类智能投顾与辅助教育类智能投顾,其中前者主要以配置公募基金的卖方投顾模式为主,重点满足用户的产品配置需求;而后者则通过标的筛选与风险预警等功能辅助投资者的决策;按照人力参与程度,智能投顾又分为机器主导、人工有限参与的全智能投顾、人机结合的半智能投顾与机器只起有限辅助作用的以人为主的智能投顾。在智能投顾的发展前期,机器主导的全智能投顾占据了主流市场,其核心在于降低人力成本与服务门槛,但却忽视了高净值客户对服务质量的严苛要求,人工投顾仍有存在的价值,由此后续人机结合的智能投顾模式,尤其是以社交跟投和投资策略为形式的以人为主的智能投顾模式逐渐被重视,未来有望成为智能投顾的主流模式。例如嘉信理财于 2017 年 3 月推出的"Schwab Intelligent Advisory"即一种人机结合的智能投顾服务,投资者在使用智能投顾算法获得配置建议的同时,也可通过电话或视频获得真人理财顾问的专业建议。

随着中国中产阶层的崛起,中高收入人群理财需求日益旺盛。基金公司、商业银行等传统金融机构陆续布局智能投顾,且因牌照和客户资源等优势发展较快。综合来看,智能投顾在国内的发展整体向好,但短期来看,在监管牌照、数据与可配置的理财产品方面仍存在诸多阻碍。

4. 证券、期货金融服务创新

人工智能在证券金融服务方面的创新愈来愈成为当前 AI 金融场景创新领域的研究重点,其伴随着证券金融和服务创新发展的步伐——2010 年后证券行业发展脚步大大加快,创新业务层出不穷,随之而来的同质化业务竞争愈发激烈,证券行业逐渐进入艰难的转型与创新发展时期。在此期间,诸多证券公司开始从传统以经济业务为主的证券经纪公司向为客户提供一揽子综合金融服务的全能型投行的转型,金融科技在其中起着举足轻重的作用。在当前信息时代打造以用户为中心,提供全方位优质服务与产品的证券服务体系,并增大用户黏性,需要建设实现产品生产、内容分发、用户触达、服务唤醒、数据返回的完整运营闭环,而云计算、人工智能、大数据等技术在其中起到的关键推动作用不容小觑。

人工智能在证券金融服务方面的创新主要有基于大数据与人工智能对数据的结构化分析向客户提供精准化服务,并分析出用户使用产品或投资行为的关键信息,帮助证券机构有效找到客户兴趣需求,从而及时有效地调整个性化运营内容和形式,形成不断迭代的运营闭环,让证券机构的服务更加精准而匹配。

除此之外,人工智能可辅助构建量化交易策略,预测股票价格、大盘走势、CTA 交易策略,监测市场舆情与热点概念行业,同时优化交易信号。例如,用分类树的方法预测股票是否高周转,根据数据自动生成最优分类树;也可用来为证券、期货产品绘制画像、深度改造证券期货交易行为本体。量化交易机构可借助用户、产品、服务标签分析上市公司负债合理性,规避证券市场潜在的风险挑战;计算机视觉与生物特征识别技术可强化证券操作安全,并对交易适当性进行辅助控制;自然语言处理技术在运维服务台处理新事件等场景时快速得到最优的知识匹配,并制定最佳的响应方案,大幅提高处理效率和准确率;知识图谱可构建证券企业知识库,凸显信息相关性价值并广泛运用于内部协同赋能与管理层决策参考;自然语言处理、图像识别协助机器学习与深度学习则可充分发挥各自在处理海量非结构化数据方面的优势,实现对恶意欺诈行为的反制、异常交易行为分析、智能量化交易策略判断、智能证券市场运维与辅助证券行业业务分析预测;大数据与智能舆情分析实时洞察全行业与专业机构动态,随时记录反馈社会重大公共事件对证券期货交易、集团业务与品牌价值的影响。人工智能有效促使金融大数据处理能力提升,进一步助推量化交易决策的科学性。

5. 保险金融领域场景创新

人工智能在保险领域的场景创新渗透在保险价值链的每一个环节。①在产品设计和销售领域,人工智能可提高保险预防活动的多维度数据分析,更透明地度量产品风险,从而提升产品风险定价的精准度,提供差异化定价,实现产品创新和个性化定制;也可利用人工智能技术通过数据分析形成客户画像,采取多元化数据类型对客户进行特征分析,并为其定制专属产品与服务,与客户紧密相连并定向精准投放最合适的营销活动,实现个性化最佳客户体验。②在核保与欺诈检测方面,人工智能通过执行各种类型的数据检查与事实对照自动处理保单并进行智能化在线核保,在提高核保效率的同时精准筛查,杜绝人为作弊。③在索赔与售后层面,人工智能可极大优化索赔处理的性质与索赔路径,并提高处理流程的效率与准确性,极大地缩短索赔等待时间;售后方面,人工智能显著降低了人力资源成本,同时避免了人为传递信息所造成的失真,实现 7×24 小时全天候快速响应与风险因素主动提醒。

6. 财务管理场景创新

人工智能可显著提升企业财务核算的精准度与财务管理的效果。企业传统财务会计指在经济主体出现经济活动的时候,利用货币的形式进行明确和计量,对公司的受益者提供财务报告、现金流等一系列财务数据和资料。这些数据与资料可以帮助企业的经营者在企业的发展中进行更高水平的决策,并了解和掌握公司具体的财务情况,同时确保企业正常运营和管理,有效监督公司管理者,避免财务舞弊的情况出现。人工智能创新财务管理场景,实现系统自动识别票据,生成记账凭证,核算每一笔账务行为并对其合理性做系统性分析;同时,全天候流水线式管理与监测,避免信息数据滞后与人为失误,电子档案等便于流程化管理与过程追溯,人工智能系统也可对企业未来财务风险危机做进一步预警,提升管理层的决策水平,降低企业经营风险。

7. 涉税服务场景创新

人工智能背景下涉税服务的主要对象是政府税务部门与纳税人,AI 赋能与税收管理社会化协同促进税务管理模式的迭代更新,朝向更科学、多元、精细化的方向发展。人工智能为涉税服务机构带来的优化主要有数据信息的获取与服务结构的优化。

1) 人工智能技术拓展税务机构信息获取的渠道,提升信息处理的科学性

传统税务机构获取纳税人信息主要通过机构内部已经登记的纳税人申报信息与财务数据,以及少量有合作关系的涉税服务机构之间的共享数据,信息更新的速度缓慢,而数据本身质量与结构化梳理不足,处理难度较大。利用人工智能对海量非结构化数据的集约处理优势,税务机构可利用基于人工智能的智能爬虫与数据清洗技术实现对大量税务所需数据的自动采集、识别、归类、处理分析等;同时,基于大数据与云计算技术,税务机构可以动态掌握并整合企业基础信息,财务生产销售数据、运营状况等,基于对高质量数据信息的迅速提取和精确分配,税务机关可以更精确地了解纳税人与企业、政府三方的需求,并依据此结合当前经济形势与政策法规随时变化更新业务模式与税收范围,凸显税务合理性。

2) 人工智能技术推动涉税业务多元化、差异化发展

过去的税收服务往往缺乏个性化与多元化,涉税服务机构也往往缺乏设计新服务的创新力和参考数据,忽略不同群体纳税人需求和现状,人性化效果欠缺。而借助人工智能与大数据,涉税服务机构可根据海量数据的计量分析、并行计算与机器学习等可视化技术,全方位展现纳税人的个性画像,提高了涉税服务在多元化和差异化方面的能力的同时降低了涉税服务机关工作人员的应用难度。

3) 人工智能技术辅助涉税业务纵向延伸发展

传统税务数据往往冗杂庞大而价值密度较低,数据筛选需要耗费大量人力、物力;对于涉税服务中介商来说,可以借助人工智能赋能的数据提炼方法提升这一过程的效能。例如,通过人工智能技术提炼出与纳税人密切相关的涉税数据,借助数据分析结果准确定位纳税人的涉税需求,并逐步覆盖生产、经营的各个行业全税种,助推税务业务纵向延伸发展。

8. 智能信贷体系创新

智能信贷是通过大数据与人工智能深度赋能下的金融科技技术,对信贷业务与行为实行全流程监控与优化,从而降低维护成本,并提升风控能力与运营效率。传统的信贷业务从申请、信息采集与评估、信用审查到放款,需经过漫长冗杂的工作流程;同时,中间每个环节都需处理大量信息,仅靠人工或被动式数字化平台往往效率低下;而在互联网金融背景下,客户对效率的需求越来越高,尤其是在消费金融和 P2P 领域,用户花费在填写信息与审核等待上的时间越长,用户最终决定使用该信贷产品的意愿越低,用户损失在所难免。

基于此,智能信贷可通过对用户信息的智能化收集与筛选,及时定位有效数据并根据指标和变量的权重对这些数据再次进行分析、处理,最后通过决策引擎对某一笔借贷进行评估审批、额度定价判断等,覆盖整个环节的精细化、自动化操作与并行处理,实现信贷业务全流程的优化和风控管理,并让信贷审核与批准流程的耗时缩短到秒级,如图 2-5 所示。

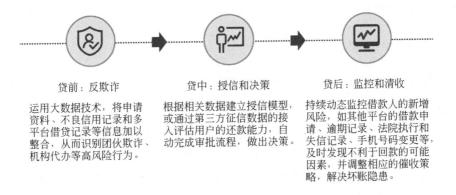

贷前:反欺诈

运用大数据技术,将申请资料、不良信用记录和多平台借贷记录等信息加以整合,从而识别团伙欺诈、机构代办等高风险行为。

贷中:授信和决策

根据相关数据建立授信模型,或通过第三方征信数据的接入评估用户的还款能力,自动完成审批流程,做出决策。

贷后:监控和清收

持续动态监控借款人的新增风险,如其他平台的借款申请、逾期记录、法院执行和失信记录、手机号码变更等,及时发现不利于回款的可能因素,并调整相应的催收策略,解决坏账隐患。

图 2-5　智能信贷体系创新

同时,人工智能与大数据也便于信用机构为客户绘制精准信用画像,如图 2-6 所示。大数据一定程度上缓解了信息的不对称性,并推动数据统计模型的架构完善,征信、授信与风险控制在此基础上愈发广泛而多维,动态且实时,无论是效率、维度,还是精度、时效,都有了显著提升。

最后,人工智能技术在征信领域的应用推动了传统信贷机构与第三方独立征信公司的合作,有效打破了信息孤岛与数据垄断。银行与各类互联网金融平台多年深耕于

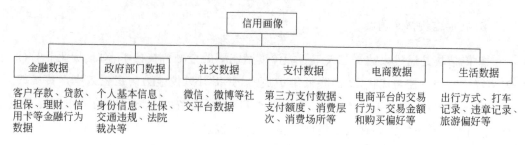

图 2-6 信用画像体系

金融服务,积累了大量的用户信贷行为数据、信用数据、地理位置、业务数据等,这些数据背后所蕴藏的价值难以估量,但由于这些企业机构往往缺乏高效处理这些数据的能力,因此难以将此有效利用或触及平台之外的其他信息。随着人工技术的不断发展,越来越多的金融机构开始与具有更强信息整合能力的第三方征信机构合作,直接将其基于人工智能所得的征信指标纳入征信评估数据。当前我国的征信体系就是以人民银行征信中心为主,民营征信机构为辅的混合经营格局,中国人民银行组织银行机构建成了覆盖全国的统一个人征信和企业征信数据库。

9. 金融安全情报创新

作为国家安全的重要构成部分,金融安全不仅是治国理政中的头等大事,更涉及社会各类主体的切身利益;同时,随着互联网向全行业的不断渗透,影响金融活动的风险因素也逐渐增多趋于复杂,传统的金融分析手段往往无法有效应对错综复杂的金融危机事件。尤其是在当前 2008 年次贷危机阴影未散,国际形势错综复杂的背景下,金本位制(gold standard,以黄金为本位币的货币制度)崩溃之后由布雷顿森林体系、"石油美元"体系所确立的美元霸权地位屡遭动摇,全球金融秩序动荡;而人民币国际化仍处于早期探索阶段,同时历史原因遗留下来的诸多货币顽疾也时刻动摇我国的金融体系;加之疫情导致的本轮全球经济衰退与供需矛盾,直接威胁我国经济社会发展,内外忧患的状况下,借助情报学思维,结合人工智能、大数据、区块链等技术对金融风险防范做系统性建构,强化对金融安全的重视与保卫力度刻不容缓。

从情报视角分析,以数据和信息作为切入点进行反思,造成诸如 2008 年次贷危机等重大金融危机严重后果的因由之一是数据的不完整、不完善、不准确、支离破碎、不可信、不充分,数据孤岛、信息孤岛严重妨碍了金融风险情报分析与金融危机预警和防备;以模型和方法角度作为切入点审视过去对金融危机的评估判断,数据质量直接影响模型质量,人类的决策相对于机器基于海量数据所得出的参考结论存在较大偏差与战略失误的可能,同样会造成对危机的抵御失效。

当前,人工智能、大数据、区块链等为金融风险防控带来全新的技术基础。通过构建完备的金融信息基础设施,引入可信大数据与可信人工智能情报分析,将量化模型与专家的主观直觉、经验推理、真知灼见等相融合,采用人类智慧与机器智能深度融合的情报分析理论、方法和技术;同时,借助区块链的"分布式数据存储、点对点传输、共识机制、加密算法"等计算机技术在互联网时代的创新应用模式,加强情报分析中的数据和信息的信度,从根本上提高数据和信息的质量。在避免金融量化分析中的"垃圾进、垃圾出"的同时,有效防范"黑天鹅"与"灰犀牛"事件发生;同时,突破数据与信息的局限性,构建金融信息技术设施架构与金融情报分析,使得金融安全得到更加稳固的守护。

10. 智能监管科技创新

随着金融业对人工智能等新兴技术的不断簇拥,金融科技(FinTech)向多元化深度融合发展的势头渐猛,与此同时,由技术缺陷、监管与司法保障缺失等带来的风险也影响其可靠性,尤其在互联网金融平台上的包括信用贷款、金融衍生产品交易等高风险业务,在缺少智能态势感知和预警系统保障下的大面积应用会对整个金融体系带来难以预估的系统性风险,造成个人财产难以估算的损失;与此同时,金融监管作为维护金融市场稳定秩序不可或缺的关键力量,需要随时应对金融行业未来的智能化发展;尤其是 2008 年金融危机之后,各国都加强了对本国金融市场货币环境的监管,金融机构因此不得不在合规领域投入前所未有的人力、物力,监管科技(RegTech)应运而生。监管科技的英文由监管(regulatory)和科技(technology)组成,作为金融科技的一个分支,监管科技可以视为科技与金融监管的全方位融合产物。科技维度的监管致力于依靠大数据、云计算、人工智能、区块链等技术构建科技驱动型监管体系。其以数据驱动监管为核心,构筑起分布式的平等监管、智能化的实时监管、试点性的监管沙盒为核心的金融监管体系,突破传统金融监管的固有困局,创新监管方式,保护金融消费者,维护金融稳定。

从职能上来说,监管科技是金融科技公司为金融机构提供的自动化、智能化解决方案,用以通过新技术更有效地解决监管合规问题。随着技术的进步,以及市场对金融产品的需求日益多样化,金融机构开发出大量金融业务创新与衍生产品,为了防范其中不容忽视的潜在风险,监管机构必须对金融机构业务与其背后的海量数据进行筛查审核,如此巨大的工作量、成本与技术门槛成为摆在每个监管机构面前的难题。数据显示,近几年全球金融服务行业的合规成本每年达 1000 多亿美元,2013 年美国最大的 6 家银行在法规遵循上花了 700 亿美元,比 2007 年的 340 亿美元多了 1 倍。基于此,金融机构开始主动引入监管科技产品,利用人工智能开展自动化内部流程管理与合规审查,在减少相应人力资源成本的同时,有效应对金融机构使用的大量技术,避免监管者与被监管者之间的信息不对称,继而形成更加隐蔽的监管套利行为和严重的系统性风险。

目前全球有 6000 多家小、中、大型企业提供治理、风险管理和合规解决方案,大部分领先的监管科技创业公司集中于英国和美国。总部位于伦敦的金融科技咨询公司 FinTech Global 发布的一项调查显示,伦敦是全球监管科技领域发展最为迅速的城市。2012—2016 年,伦敦共有 39 家监管科技公司获得融资,居全球所有城市之首;其后的 6 个城市都位于北美。数据显示,过去 5 年,监管科技初创企业已有 100 余家获得投资,投资金额超过 50 亿美元。其中,2016 年共有 70 家公司获得 6.78 亿美元的投资,2017 年的融资事件和融资金额分别为 148 笔和 12.9 亿美元。而 2012 年仅有 32 家监管科技公司获得融资,总金额为 1.85 亿美元。从金融科技公司获投地区来看,美国、英国是最热门国家。

中国监管科技发展仍处于探索阶段,2017 年 5 月 15 日,中国人民银行成立了金融科技委员会,旨在积极利用大数据、人工智能、云计算等技术丰富的金融监管手段,支持监管机构执行反洗钱、金融诈骗等高风险与非法活动,提升跨行业、跨市场交叉性金融风险的甄别、防范和化解能力,强化监管科技应用实践。中国也有不少金融科技类的公司和监管机构涉足监管科技领域。例如,北京市金融工作局在 2016 年开始构建以区块链为底层技术的网贷风险监控系统,使监管部门有能力记录所有网贷平台上报的数据,对异常交易进行快速识别并做出反应;人民银行正在建设反洗钱监测分析二代系统大数据综合分析平台。

2.4.3　智慧教育

人工智能现已广泛用于教育产业全场景并发挥卓越效能,主要职能可以简单概括为精准化教学、科学化管理、个性化学习与自动化评阅。其中,精准化教学与科学化管理主要面向教育者,个性化学习与自动化评阅则主要面向受教育者。精准化教学与个性化学习体现了教育人工智能的创新教学思维,而科学化管理与自动化评阅则体现了教育人工智能的评估决策能力。

细分场景来看,精准化教学包括的应用场景有智能助教、智能批改、学情分析与VR/AR 教学;科学化管理则包括智慧校园、智能排课、决策支持与校园监控;个性化学习作为直接接触 C 端用户的应用方向,有自适应学习、拍照搜题、游戏学习机与教育机器人;而自动化评阅则主要有机器组卷、机器阅卷、口语考评与试卷分析。

1. 面向受教育者

1) 个性化学习

(1) 拍照搜题。

拍照搜题是传统互联网场景下使用搜索引擎搜题行为的形式革新,主要基于各类垂直题库或者大型试题数据流量入口,用户使用手机摄像头拍下试题即可搜寻到相应答案与解析。随着内容检索和 OCR 技术发展的日趋成熟,以及智能手机的广泛普及,用户可随时随地以图片的形式存储题目信息,并利用 OCR 技术将试题图片识别成可编辑的文本信息,再以文本信息进行关键字搜索,从而得到试题及答案与解析,拍照搜题越来越多用于处理非自然语言或包含复杂图形与公式的试题并具有明显优势。目前,OCR 技术已趋于成熟,手写体识别准确率可达 90% 以上。

技术层面,拍照搜题的技术核心为图像识别与内容检索,而竞争壁垒在于题库规模与质量,建立有足够竞争壁垒的题库,需要依靠强大的人工标记处理与科学管理的组织生产,如图 2-7 所示。

产品与商业模式迭代方面,早期,拍照搜题主要作为产品引流的一项功能,吸引消费者使用平台中的背单词、同步教学练习等功能,积累学习工具的原始流量;随后,企业开始基于 OCR 与题库检索建立内容平台并借助深度学习与数据挖掘深挖内容价值;而现在,各类玩家基于拍照搜题衍生出不少增值服务,主要有一对一答疑、私人化个性化知识点体系梳理讲解、学习规划与评测等。平台也不断夯实题库,自研教学教研体系并弱化工具属性,深度发掘人工智能赋能下的表情识别、学情分析等教育辅助应用,强化内容服务的打造,尤其是对传统教育的渗透,全面提升教育质量。

市场方面,现阶段,拍照搜题主要针对高学龄阶段的学生群体,如在初高中学生群体中的渗透率超过 90%,而在小学渗透率超过 40%;未来 K12 学段渗透率的提升主要

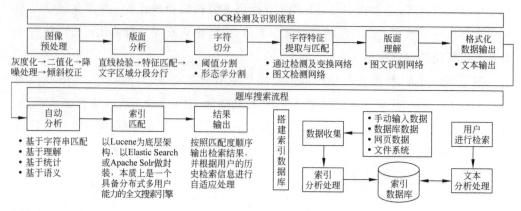

资料来源：艾瑞咨询。

图 2-7　拍照搜题技术流程

在小学低学龄段，其核心用户群主要是家长，比较常见的应用场景是家长对孩子小学阶段基础作业的批改，未来可考虑在拍照搜题产品中加入实时计算功能，以提高家长批改作业的效率，同时逐步开发基于主观题与应用题的批改功能。另一方面，从题库生产的逻辑上看，考试类教育领域的题库资源丰富，用户对搜题的需求也不少，但目前仍以手动输入的方式进行检索，后期如何提高拍照搜题的覆盖面与用户的接受程度是该应用场景未来的发展重点。

（2）人工智能自适应学习。

人工智能自适应学习是基于教育大数据并以人工智能技术为途径的，实现可规模化的个性化学习，主要指借助人工智能考虑并满足学习者个人需求的教学形式优化，为学习者建构一种符合其多样化学习需求的定制环境。主要功能包括：向学习者推荐个性化学习内容、优化学习者信息获取路径、制订科学学习策略、满足学习者个性化学习需求。其原理主要是：基于大数据挖掘与分析得到待训练样本，并用数据训练从而得到基于人工智能算法建构的，从学科、学生、教学方法三个维度建立的模型，最终基于该模型对各类自适应学习环节流程进行预测与推荐，并输出自适应学习内容、自适应评测与自适应教学序列，以传授知识，并考查学生是否掌握了教材大纲要求下的学习内容。

人工智能自适应学习主要通过认知智能助力基于教学过程和师生交互层面的精细化教学，而这背后不可或缺的要素是高质量有效的数据。获取数据面临诸多问题，如现阶段自然状态下教学过程的数据多为非结构化，且可挖掘的维度复杂多样，不限于测试成绩和作业情况,还包括学习路径、内容、速度、偏好、规律等深度数据;另外,不同数据之间的关系错综复杂,数据背后关联与其深层意义价值难以有效衡量;而对于如学生情感、教师授课态度等主观信息的考察,则难以通过客观数据量化,进一步提高了实现基于教学过程和师生交互层面的精细化教学的难度。

未来探索基于人工智能的自适应学习平台,需要秉持将技术作为手段而非目标的基本理念,回归教育产品的内容与教学效果。就目前教育发展模式来看,受限于传统教育理念的固化,无论是学生还是老师都尚未摆脱课堂听讲、课后作业的教学模式。我们希望通过技术手段打破这一桎梏并提供相对于"听课""刷题"更加精准高效的学习方式;其次,随着社会的发展,未来对人才的需求与评价标准也更加多元化,人工智能自适应教学将随着社会对人才认知的转变而引发教学内容体系的革命,实践化教学、沉浸式教学体验逐渐成为主流,所引领的新型教学模式将更深层次融入人工智能技术,并重构教学教研的意义。采取此方式培养而成的新时代人才将具备全面发展的潜力,未来很可能被企业、社会所追捧。

面向受教育者的个性化学习应用场景,除包括拍照搜题与人工智能自适应学习外,还有教育机器人与游戏学习机。后两项应用主要通过优化教学活动表现形式激发学生参与课堂的积极性,借助生动的课堂便于学生理解并运用所学知识。在弱人工智能阶段,教育机器人与游戏学习机多不直接参与课堂进程决策,而未来随着人工智能技术的发展成熟,具备一定自我意识的教育机器人(尤其是类人型人工智能教育机器人)则可能深度参与某些课程的部分教学环节,甚至直接替代教师。

2)自动化评阅

现阶段自动化评阅场景下最为人所熟知的应用是口语测评,包括朗读、复述、陈述、表达、演讲与问答。不同场景对应考查学生不同方面的语言素养且面对学生表达的主观灵活性逐渐提升。核心功能还是自动评分与口语纠正,也就是向学生同步其对不同口语的掌握素养与后续应当遵循的练习与表达方式。目前已有成熟的语音评分与口语训练系统。复述的标准相对灵活,即学生可以摆脱范文以进行转述,但这就要求机器能够"听懂"学生复述的整体内容,而非仅仅是逐词校对,目前复述题模型需要基于朗读题数据做自适应处理,以提升识别性能。

按照面向对象来分析,自适应口语学习与配音产品主要面向个人消费者,大多会嵌入现有的自适应口语学习产品和配音产品中,具有丰富的教学场景;而口语考评系统则主要面向企业组织消费者,随着中小学对口语表达的要求逐渐强化,由地方教育部门统一采购的英语口语考试评测系统成为各个学校考前突击的重要学习工具,根据行业主流考评系统供应商的反馈,目前口语考评系统已在大部分地区全面推行,并已经替代了教师的部分评阅工作,但仍需专家参与评阅过程。

从商业模式上来说,口语测评系统逐渐成为语言学习与考试的标配,具备较为成熟的商业模式和较高的技术渗透率。主流商业模式有面向个人消费者的口语学习,口语配音 App 会收取课程内容或会员权益费用,而面向学校与培训机构的智慧课堂与口语考评则会收取接口调用、方案服务等费用。

口语考评可以说是人工智能在自动化评阅场景中最成熟的落地应用,其他的自动化评阅应用还有试卷分析、机器组卷、机器阅卷等,后三者距离成熟落地与普及还有很长一段路。

2. 面向教育者

1)精准化教学

智能助教、智能批改、学情分析、VR/AR 等人工智能精准化教学应用可以统一称为AI 课堂。知识联系实际、自主合作学习、个性化学习是当代课堂教学的构建原则,而借助信息化手段辅助课前导学、同步备课、课中互动、在线检测、课后作业成为必然选择。早期,精准化教学人工智能产品主要以智慧课堂为具体应用形式,强调的技术思路主要是整合基础数据、利用大数据分析学生错题情况,兼有基础的语音朗读和评测能力;随后,通用人工智能技术逐渐渗透课堂,语音、视觉等模式识别开始进入课堂教学环节;现在已经基本实现人工智能课堂精准化教学可用。未来 AI 课堂将继续进阶,下一阶段 AI 辅助实现的策略化点播和发散性学习将是重点突破功能,如图 2-8 所示。

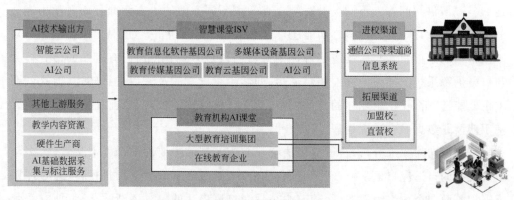

图 2-8　智慧课堂

从产业链角度来看,公立院校与私立教育培训机构都对人工智能课堂的应用抱有浓厚兴趣。其中公立院校的智慧课堂建设是教育信息化的一部分,目前呈现出普通智慧课堂与 AI 化智慧课堂混合建设的现状,其中达到 AI 化智慧课堂的比例约 10%。而教育培训机构则区分线上与线下应用场景,线上录播课场景中 AI 课堂功能的核心有课质监测与学习内容的个性化推荐,AI 对学员在学习中的问题进行分析,辅导老师可以针对性地跟进指导,部分产品还可提供师生智能匹配功能,相比而言,线上 AI 课堂数据实时采集的质量受环境噪声、摄像头角度影响小,普及难度稍低,较多机构已经参与尝试,未来的发展重心将结合学习资源的快速生产,如利用 AI 形成课程视频、测题集,解决生产力的问题。线下 AI 课堂的设置初衷是缓解三四线地区缺乏优质师资的问题,帮助线下培训机构以较低成本、较低收费提升学生课堂体验,推广刚刚起步。加盟校区较难统计,而从机构直营校区看,部分大型 K12 教育培训机构线下直营 AI 课堂教学中心渗透率仅 2%,如果将市场上不计其数的中小培训机构纳入核算,则渗透情况微乎其微,如图 2-9 和图 2-10 所示。

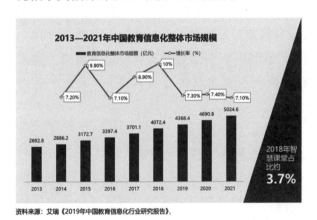

图 2-9　教育市场规模及智慧课堂分布

从技术角度来看,海量数据的获取与利用仍然是制约 AI 课堂发展最大的问题。一方面是我国教育人工智能产业还处于刚起步阶段,数据的积累与高质量数据的筛选需要经过一定周期才能高度可用;另外,我国教育产业中数据的获取与利用程度仍较为低下,更多的公立院校中人工智能精准化教学应用还处于试验阶段,单个学生用户在人工智能教育课堂系统中的使用频次和活跃度都不足以支持人工智能所需数据样本量,同时,不同机构之间的数据难以有效打通,高质量数据被行业头部院

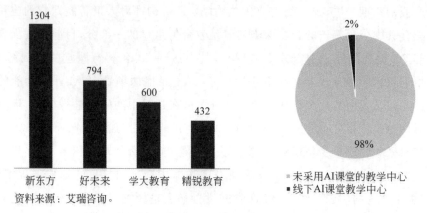

资料来源：艾瑞咨询。

图 2-10　2019 年部分大型 K12 培训机构直营教学中心数据及线下 AI 课堂渗透情况

校垄断,阻碍精准化教学进一步发展;从企业角度来看,现阶段能够有实力自研人工智能教育产品的企业仍屈指可数,而人工智能课堂作为综合解决方案往往涉及复杂研究方向,若想在真实教学场景中达到可用,大量的教学实践场景与经验必不可少,这是获取算法训练数据的主要来源,也是积淀实际场景需求理解的最好渠道;同时,AI 算法的突破依赖于大量的、稳定的研发团队,资金实力和品牌效应是保障。整体而言,AI 课堂的技术壁垒较高,只有少数企业真正具备自研先进 AI 课堂产品的能力。

2）科学化管理

智慧校园、智能排课、决策支持与校园监控则作为科学化校园管理应用,深度参与教育人工智能产业发展,其中校园监控为最典型的应用范例。早期校园监控系统可以在人工智能的辅助之下对陌生人出入、高空抛物等突发公共安全事件进行侦测与预警;而未来人工智能下的平安校园建设则深度集成人脸识别与视频分析,实现校园人员监控、非法闯入报警、宿舍教学楼访客管理、出入车辆限速与管理,以及校园暴力等严重安全事件的自动化侦测与危机干预,同样,基于人脸识别也能实现校园一卡通等功能,更便于校方掌握学校内外的动态并为学生提供更加安全的、秩序井然的校园环境。

2.4.4　智慧城市

智慧城市的概念最早由 IBM 公司在 2009 年提出,后由全球各地政府及组织机构逐渐传播、扩充、演变。总体上来说,智慧城市是通过推动深度整合信息通信技术的基础设施建设,运用云计算、大数据、人工智能等技术实现城市规划、建设与管理的升级再造。智慧城市中的各系统可实现互联互通,城市运营管理中的各类需求能得到智能化响应和决策支持,同时城市调度也更加高效合理,城市效率显著提升,市民生活质量得到进一步保障。

　　智慧城市的建设和发展为新兴技术提供了大量的应用场景,包括智慧政务、智慧交通、智能电网、智慧医疗、智慧物流、智慧安防、智慧教育、智慧企业等数十个场景。根据 IDC(互联网数据中心)数据,我国市场上,智慧城市的主要应用场景依次为智能电网、固定智能视频监控(智慧安防)及智慧公交系统(智慧交通),根据前瞻研究院的统计,2019 年三大应用场景投资规模约占总支出额的 43%。

　　智能电网的发展主要有以下特点,第一是安全性、智能化与科技化:人工智能、5G通信、大数据等技术在电网中的深度应用,推动当前智能电网的安全性显著提升,同时决策也有智能化辅助;第二是去中心化,也就是基于区块链、分布式能源系统等技术的应用,使得智能电网趋于去中心化;基于以上两点,智能电网已成为能源转型的关键支撑,推动我国能源向低碳化、清洁化、高效化提升。

　　智慧安防方面,"AI+安防"行业主要应用感知方面的计算机视觉技术和认知方面的知识图谱技术;在安防产品上应用的是视频结构化——对视频数据特征的识别和提取、生物识别——利用人体的生理特性和行为特征进行个人身份的鉴定、物体特征识别——如车牌、车型等技术。随着 AI 行业的发展和 AI 应用的逐步扩大,安防+AI 逐渐成为安防行业趋势,成为人工智能技术商业落地发展最快、市场容量最大的主赛道之一。根据艾瑞咨询数据,2018 年我国 AI+安防软硬件市场规模达到 135.3 亿元,相较于 2017 年增长接近 250%;2019 年行业规模增长至 350 亿元左右。其中视频监控是主要细分市场,在 2018 年 AI+安防软硬件市场约 135.3 亿元的产值中,视频监控份额占近 90%,成为 AI+安防的主赛道。

　　智慧交通方面,智慧交通是指通过智能信号控制、车辆监测、道路管理结合诱导系统对城市交通进行统筹管理与调度,在缓解城市拥堵的同时提升城市道路的通行效率,减少事故。从应用来看,智慧交通是率先突破数据应用瓶颈的一个技术领域;从技术来看,包括计算机视觉、大数据、云计算的技术架构,最先在智慧交通里落地;从使用者与应用者关联的角度看,交通的智能化最终会影响每一个人骑车、驾车、公交出行的感受。

2.5　探索下一代的人工智能发展方向

目前的人工智能技术主要是在深度学习、大数据和计算能力的推动下所形成的基于具体应用场景大数据的人工智能，是一种初级阶段的人工智能，它以大量的数据要素作为思考、决策和行动的基础，这种建立在大数据基础上的静态化的人工智能属于弱人工智能，其算法在虚拟环境中可能实现指数级性能的提升，但是现实数据环境下只能线性地实现性能进步，有一定的局限性。

因此，从底层技术范式、应用目标场景和基础芯片架构 3 个层面，对下一代人工智能的发展方向做以下前瞻性探索。

（1）基于动态实时的环境变化实现复杂计算的人工智能技术，其中包括大数据智能、群体智能、跨媒体智能、混合增强智能和智能无人系统，这些方向也是我国正在推动的新一代人工智能技术，其中混合增强智能与智能无人系统尤其值得关注，它们是基于新的底层智能化系统推动的人工智能技术落地。

（2）基于复杂目标下形成的新的应用范式的人工智能技术，这里的复杂目标是以城市群体为目标，建构智能化社会的人工智能技术，其中涉及城市全维度智能感知推理引擎的落地，以及面向媒体感知的自主学习等新的技术方向，目前比较典型的是丰田正在日本立项推动的"编织之城"，以及沙特正在推动的未来城市 Neom 等。

（3）基于新的芯片架构形成的变革性人工智能技术，目前 AI 芯片主流采用的冯·诺依曼架构中，由于计算与内存是分离的单元，因此存在内存性能的天花板，这导致处理器性能和能效比的增长空间有限，也导致了目前神经网络模型的计算能力对复杂场景处理的有效性。而新的芯片架构中采用内存内计算（Processing in Memory，PIM，是在内存中完成部分计算，在处理器中完成部分计算。相较于内存计算将计算所需的所有数据放入内存中，所有计算由处理器完成，存内计算降低了数据在内存与高速缓存、高速缓存与 CPU 之间移动的能耗，提高了内存计算系统的性能）的方式会非常有价值。因此，无论是在 ISSCC 半导体国际学术会议中，还是 IBM 和 TSMC 这样的半导体推动存内计算架构、实现，它们都是基于存内计算做的芯片架构创新。

第 3 章

人工智能伦理概述

3.1　IEEE 发布的《人工智能设计的伦理准则》

美国时间 2017 年 12 月 12 日上午 9 时,电气电子工程师学会(IEEE)于全球发布了第 2 版的《人工智能设计的伦理准则》白皮书("Ethically Aligned Design" v2),旨在指导我们认识这些技术可能造成的技术外的影响,确保人工智能设计能够符合人类的道德价值和伦理原则,并充分发挥系统益处。其所提供的一些洞察和建议,可为未来从事相关科技领域的技术专家的工作提供重要参考,同时促进符合这些原则的国家政策和全球政策的制定。其目标在于指导人类合乎伦理地设计、开发和应用人工智能技术,并确保它们不侵犯国际公认的人权,在技术的设计和使用中优先考虑人类福祉的指标;同时确保它们的设计者和操作者负责任且可问责,并以透明的方式运行,从而将滥用的风险降到最低。

IEEE 所发布的《人工智能设计的伦理准则》主要包含以下十一个标准:解决系统设计中的伦理问题的建模过程、自主系统的透明性、数据隐私的处理、算法偏见的处理、儿童与学生数据治理标准、雇主数据治理标准、个人数据的 AI 代理标准、伦理驱动的机器人和自动化系统的本体标准、机器人智能与自主系统中伦理驱动的助推标准、自主和半自主系统的失效安全设计标准、合乎伦理的人工智能与自主系统的福祉度量标准。

具体来说,IEEE 所发布的《人工智能设计的伦理准则》明确了个人数据权利和个人访问控制,人们有权决定其个人数据的访问权限,有权利用知情同意控制其个人数据的使用;个人需要各种机制帮助建立、维护其独特的身份和个人数据;同时需要其他政策和做法,使他们能明确知晓融合或转售其个人信息将产生的后果。除此之外,

IEEE 希望通过经济效应增进福祉,也就是通过价格合理的通信网和互联网的接入,智能与自主技术系统可以为任何地方的人群所用并使其受益。它们可以显著改变制度和制度性关系,使其朝着更加以人为本的结构发展;它们还能促进人道主义和发展问题的解决,从而增加个人和社会的福祉。另外,问责的法律框架不可或缺,智能系统与机器人技术的融合带动了系统的发展,这类系统模仿人类,具有部分自主性,有完成特定智力任务的能力,甚至还可能拥有人类的外貌。因此,复杂的智能和自主技术系统的法律地位问题与更广泛的法律问题交织在了一起,这些法律问题涉及如何确保问责制,以及当这类系统造成损害时如何分配责任。例如,智能与自主技术系统应适用相关的财产法,政府和行业利益相关者应该确定哪些决策和操作绝不能委托给这些系统,并制定规则和标准,以确保人类能够有效地控制这些决策,以及能够有效地为造成的损害分配法律责任。虽然自我完善的算法和数据分析可以使影响公民的决策自动化,但法律应该强制要求透明性、参与性和准确性,包括必须允许当事人、其律师和法院可以合理地获取政府和其他国家机关采用这些系统所产生和使用的所有数据和信息,如果可能,系统中嵌入的逻辑和规则必须对监管人员开放,并接受风险评估和严格测试,系统应当生成用于决策的事实和法律的审计数据,并服从第三方核查,同时公众有权了解是谁通过投资制定或支持关于这类系统的伦理决策。而有效的政策应当保护和促进安全、隐私、知识产权、人权和网络安全,以及公众对智能与自主技术系统对社会的潜在影响的认识。为确保政策最符合大众利益,这些政策应当:支持、推广和实施国际公认的法律规范,同时提升劳动力在相关技术方面的专业知识,另外产生对研究和开发的引领作用,并制定规则,以确保公共安全和问责,最后教育公众知悉相关技术的社会影响。

IEEE 同时也回应了对未来技术的关切,包括设计造成人身伤害的自主系统,与传统武器或设计不造成伤害的自主系统相比,需要考虑更多的伦理维度。如确保武器系统在人类有效的控制中,自动化武器的设计应包含供审计的追踪数据,以确保可问责和可控,包含自适应和可学习的系统,以透明和可理解的方式向操作人员解释其推理和决策,培训自主系统的操作人员,其身份应可清晰识别,同时自动功能行为的实现对操作人员而言是可预测的,并确保技术开发人员能够理解其工作的后果,制定职业伦理守则,妥善处理有意造成伤害的自主系统的开发等;而针对通用人工智能(AGI)和超人工智能的安全性和有益性问题,IEEE 认为与其他强大的技术一样,智能和自我改善的技术系统的开发和使用涉及相当大的风险。这些风险可能来源于滥用或不良设

计。然而,根据某些理论,当系统接近并超过 AGI 时,无法预料的或无意的系统行为
将变得越来越危险且难以纠正。并不是所有 AGI 级别的系统都能与人类利益保持一
致,因此,当这些系统的能力越来越强大时,应当谨慎并确定不同系统的运行机制。针
对情感计算,为确保智能技术系统在各种情况下最大可能地服务于人类,以及参与或
服务人类社会的人造物不能通过放大或抑制人类的情感体验造成伤害,即使是在一些
系统中设计的初步的人工情绪,也会影响决策者和公众对它们的理解。最后,针对混
合现实,随着混合现实技术在我们的工作、教育、社会生活和商业事务中的应用越来越
普遍,混合现实技术可能会改变我们对身份和现实等概念的理解。尤其是随着技术从
耳机转向更加精细、更整合的感官增强设备,混合现实世界的实时个性化能力也有可
能引发有关个人权利和个人多重身份管理的伦理问题。

3.2 机器道德

我们从人工智能的发展中受益颇丰,但我们也应当重视其中潜在的诸多伦理、道
德与法律方面的风险。一方面,伴随人工智能渗透所出现的达芬奇手术机器人医疗事
故责任界定、"微软小冰"诗集的著作权归属、Uber 无人机动车致人死亡的责任归属与
责任承担等一系列问题仍未有明确答案。为了规避人工智能的道德风险,机器道德的
思想开始出现并得到很多人的支持;但这种观点是出于情感而非理性;而机器道德的
提出,源于人类对人工智能技术发展的担忧和恐慌,希望机器能够拥有道德,从而使机
器在服务于人类的同时,又不会伤害人类。机器道德是人类道德在人工智能时代的扩
展,而人工智能始终是人工的产物,其是否拥有人类的社会性,学界莫衷一是。另一方
面,将人工智能放在法律层面研究,脱离不开人工智能如何担责这一基本范畴,而解决
这一问题的前提则是明确人工智能的法律地位以及其与人的关系;尤其是未来具有自
我意识和自主决策能力的强人工智能对现有司法体系带来的冲击和挑战,对人格权和
人类主体地位的动摇,以及对人类合法权利的影响。

与传统伦理学的研究对象——人的道德实践相比,自动驾驶汽车等智能机器的道
德实践具有显著的特殊性:首先,机器行为是人为设计的,由计算过程所决定,并非自
然的因果过程,其区别于一般的意外或自然灾害;其次,机器行为在很大程度上不由其

使用者决定,这使得机器不同于传统意义上的工具;最后,对于具有广泛适用性、所需处理复杂情况的机器,尤其是拥有学习能力的机器,设计师和制造商很难或原则上不可能准确预料机器行为,或是对机器行为进行控制。这种特殊性导致传统的道德责任归属不适用于智能机器。以自动驾驶汽车为例,如果一种具有较高可靠性的自动驾驶汽车反常地违背了交通规则或者造成了交通事故,那么将事件视作意外,要求乘客和设计师负责的做法都不能让人信服。赋予机器以道德主体地位就是让机器为自己的行为决策负责。

要机器为自己的行为决策负责,前提是机器具有道德主体性是成立的。这意味着,机器具有自由意志且行为是自由的,因为仅当机器的行为是自由的,将道德责任归属于机器的做法才是合理的。

3.2.1　为人工智能赋予道德主体地位

人工智能具备以下与人类高度相似的特征:①理性条件——人工智能可以基于训练学习得出的算法模型独立自主完成所设定的任务,同时在进行任务的同时也能基于实时反馈的数据实现无监督学习和进化,这与人类的学习行为相似;②道德内化——人类的道德行为准则并非与生俱来,而是后天耳濡目染;如果将道德行为准则量化成计算机可以识别的数据并输入给人工智能,其也可基于本身学习特性习得;③人工智能具备享有相应权利、承担义务职责的权利的可能;④强人工智能或许拥有与人类相似的"自由意志",并通过"认知—学习—创造"实现与人类相似的生产行为。

人之所以有人格,是因为其具有理性的特质;而人工智能具备与人类似的理性本质。在反对"人类中心论"观点的学者看来,从道德出发我们应当像对待人一样对待所有的理性存在者,只要这种理性关系存在,无论人工智能在生物学方面与智人有何不同,不尊重其人性或以不人道的方式对待之都是错误的。如果我们不遵循这一法则,又有什么理由平等对待所有具有智慧的生命体呢?这一关系的建立前提是该对象能够像人一样服从道德,而不会对社会造成危害,或者其对社会的危害总体可控,才能认定人工智能具有道德能力,才符合基于伦理人格主义所确立的标准;而那些不具备道德能力的可能威胁人类种族利益的人工智能则不应被视为道德主体。需要注意的是,是否为人工智能赋予道德主体与人工智能应当遵循正确的价值观并不必然联系,即便人工智能不具备道德主体地位,正确的道德与价值准则都是人工智能必须遵守的;随着人工智能的能力不断拓展,其所承担的责任也越大;同时,基于道德主体的约束也会限制人工智能对于某些非人类应当承担之责任的承担；最后，在确立人工智能具有道德能力之前，应当设立评判人工智能具有道德能力的可靠标准。

人工智能具有道德主体地位的必要不充分条件：认知能力、意思能力与道德能力

认知能力主要指人工智能具有像人类一样的可以有效感知客观物质世界和精神世界的能力，其所涵盖的要素包括记忆、好奇、联想、感知、自省、想象、意向、自我意识等。认知能力可以具象成人工智能通过传感器接收环境和周围其他对象的信息，并在自我计算的过程中加以运用和创造，这也是理性构建的基石。

当然，仅有认知能力是远远不够的。被动地服从程序设定者订立的目标会让人工智能与工具相比并无二致，也无法获得道德主体地位。人工智能需要为自身设定行动目标，也就是具备"意思能力"。所谓意思能力，是指行为能力，也就是责任能力，意味着"人依其本质属性，有能力在给定的各种可能性范围内自主地和负责地决定他的存在和关系，为自己设定目标并对自己的行为加以限制"。该能力包括沟通、审慎、选择、决定、自由意志等多个方面。

尽管人工智能在此情形下的智慧与认知水平和人类无差别，但因为缺乏伦理道德的规约，其行为难以将人类权益作为中心，可能对人类社会秩序、核心利益乃至生存造成严重危害。关于此命题，可以援引菲尼斯曾提出的一项原则：如果损害公共善的潜在风险是由同胞的行为造成的，则我们必须接受这种风险；如果是由同胞之外的人造成的，则不必接受。这就使得人工智能需要具备像人一样的道德能力，尽可能降低或者消除其对人类种族利益危害的风险。道德能力是指像人一样在道德规范与伦理规约的框架下严格按照道德实践判断决策控制行为的能力，每个人具备权利的前提是其本质上是一个具有伦理意义的人，任何人若想获得相对于其他人的道德主体地位，既有权要求别人尊重他自己的人格，也有义务尊重别人的人格。具备道德能力的主体有充分的道德理由要求他人尊重其法律人格，而不具备道德能力的存在者则没有尊重他人人格的能力，也不需要被他人所尊重。

3.2.2　人工智能道德主体地位之批判

尽管所谓"具有自由意志"的"强人工智能"已然成为"主体论"簇拥者热议的对象，但当前人工智能发展的以下三点特性，不得不让我们质疑持有该观点的学者陷入了一种"空想主义"的状态：从研究方向上来说，对人工智能的研究并未明确朝向强人工智

能领域,且强人工智能现在来看依然是一个虚无缥缈的方向,也不会对人工智能对人类的价值与效益带来显著提升;从技术架构上来说,无论是以半导体材料为基础的算力架构,还是以二进制逻辑为基础的算法开发,都难以实现人工智能的"自主进化","强人工智能"诞生的基础是人类需要突破现有逻辑电路和数据结构桎梏,而这一点在短期之内几乎不可能实现,也缺乏足够的理论依据;从研究原则上来说,无论是科学研究,还是工业发展,都需要严格遵守伦理和道德原则,即便强人工智能可以被实现,其风险也远大于收益,这一潘多拉魔盒不应被打开。

人工智能是由人类制造的,基于智能科技而非生命代谢的非生命体。首先,人工智能缺乏人类的"碳基"大脑等生理基础。人类大脑是人类生命的核心,大脑死亡意味着法律人格的丧失。而"硅基"的人工智能程序抑或是人工智能机器人都不符合基于现有道德框架下主体人格的生理基础。其次,人工智能不具有理性和意志。理性包括人对周遭事物特性和规律的感知、道德伦理的认识与遵从,以及情感的同理。康德提出"人是理性的,其本身就是目的论断",黑格尔认同"人因理性而具有目的",人因为理性而具有自省、自审的能力。不同于人类的理性,人工智能的"理性"本质上来说是一种基于算法模型的逻辑关系,更不存在人类的"天赋"理性,其"理性"存在之价值是实现人类意愿、目的,更不可能实现自省、自审,无法挣脱人类从算法层面为其规制的限制以进行批判性反思;即便人工智能具有深度学习能力,这种基于算法的修正本质上还是一种模式识别,而非真正拥有与生俱来的理性,这种"智慧"是人类赋予的算法模拟表象。

意志也并非单纯的逻辑演算,其本身包含欲望和行动两大关键因素;人类在欲望的驱动下针对所面临的现实命题进行伦理价值判断,人对生存、生活质量、身份人格等方面的欲望和追求驱动人类不断改造自身与自然创造更良好的生存环境或做出趋利避害的判断。但人工智能没有从自身和公共角度出发的欲望,更没有情感的羁绊,面对"电车难题"等类似命题时,所做出的决策难以被评估合理程度,大多数情况下,人工智能只是在人类算法的基础上进行概率演算,更不用谈脱离人类建立自由意志的可能性了。

针对将人工智能视为"非完全行为能力的人",有批评观点认为该思路充满对人类社会中缺失理性和意志的特殊人群的歧视,缺乏对特殊人群的保护,本质上就是一种非理性的体现;小孩在成年之后也会具有理性和意志,大脑损伤的植物人也可能苏醒并重新获得理性和意志,这显然与人工智能的特质相矛盾。

最后还要强调的是，现有道德框架下人工智能无法承担责任，赋予其主体地位只是一种形式上的规制，但人工智能对财产的控制及拥有，究竟是归属人工智能本身，还是归属制造人工智能的人类主体，这些命题都存在大量缺口和空白；而诸如"有限人格论"等本质上已经自证赋予人工智能道德主体资格的不必要性，无法通过"奥卡姆剃刀原则"的拷问。

3.3　伦理风险评估

无论是深度学习、强化学习，还是联邦学习，人工智能的基本逻辑都离不开对大量真实场景下的数据训练模型的运用，也就是用户数据的采集、使用、共享与销毁。这就使得我们在推广人工智能的同时，也需要关注以下伦理风险。

3.3.1　人工智能威胁用户隐私安全

1. 以数据为基础的人工智能产业链环环相扣、错综复杂，数据分析的采集终端、处理节点、存储介质与传输路径不确定，风险高

鉴于以数据为基础的人工智能产业链环环相扣、错综复杂，且基础训练数据作为人工智能的生产要素贯穿整条产业链，数据分析的采集终端、处理节点、存储介质与传输路径不确定，风险高，用户缺乏对上述环节的控制、监督和知情；同时，行业也缺乏统一标准和行为规范来限制相关企业在以上四个环节的权责分配和行为合规，这一部分隐私数据的使用边界与安全保护完全取决于人脸识别服务提供商自己的安全技术素养、道德规范与行业自律，用户对自己的人脸隐私数据完全失控，而失去对个人隐私数据的掌控可能导致用户处于隐私透支的境地，并对现代人工智能技术产生抵触情绪。

2. 强人工智能产品可能诱导用户主动泄露个人数据，人类失去对隐私与敏感数据边界的控制

除了用于人工智能底层算法模型训练的数据和为支持个性化产品服务而采集到的数据容易遭遇泄露、篡改等高风险情形外，还有一种挑战隐私伦理的可能是强人工

智能产品突破其设计伦理底线,主动甚至强迫用户提供原本对学习过程没有帮助的或高度敏感的隐私数据,尤其是基于强人工智能设计的各类机器人或同伴机器人,一旦未来人工智能技术发展到能够赋予该类教育人工智能产品自主意识与行为决策判断能力,该人工智能就可能在主观恶意或客观操控的情况下,引导、胁迫用户泄露与自己相关的敏感数据,并将其采集用作其他非公开活动。如何保证人工智能产品在规范框架下与人建立合理交互并不做出侵犯用户隐私信息,突破其职能界限的行为?面对人工智能技术的飞速发展,这一命题值得我们正视。

3. 人工智能的滥用造成隐私透支,人格尊严更易被贬损

以人工智能领域最常见的生物识别为例,面对处置用户生物识别信息命题,以苹果为代表的企业宣称自己仅将用户的指纹、人脸数据存储在终端设备本地,并采用物理加密的方式确保该数据的整个调用过程完全脱敏和本地化存储;但更多的厂商则是将人脸数据作为用户画像的一部分在线上随意流转传输,常见的网络传输与加密协议显然无法与人脸数据的安全级别与敏感程度相匹配,人脸识别应用的数据存储与传输流程均有可能被劫持,存在严重的安全风险;加之当前数据爬虫、网络入侵、数据泄露等已经成为互联网中的常态,收集人脸数据的供应商完全有可能主动或被迫在未经用户授权或超出用户协议许可的范围下,对用户面部数据进行采集、使用、流转等非法操作。例如,一旦人脸特征信息被不法分子拦截,或者从被攻破的本地加密存储中复制出来并运用在目标用户所使用的安全验证服务上,攻破用户自己使用的人脸识别服务并获得用户本人才具有的敏感权限(如金融交易、人脸门禁、手机解锁与计算机敏感数据访问等)可谓轻而易举;或者将该人脸数据结合深度合成技术,被不法分子用于伪造具有人格诋毁性质的多媒体内容,或者捏造虚假音视频片段恶意侮辱、诽谤、贬损、丑化他人,势必会对受害者造成极大的人格侮辱与内心创伤,并带来非常恶劣的社会影响,甚至被用于干预国家政治或执行军事行动。用户对人脸识别服务的依赖越深,隐私泄露事件对用户的影响也越显著,人脸识别的专属性与唯一性也导致后期受害者难以挽回与消除由人脸数据泄露或非法篡改利用而造成的损失与不良影响。

最后,人脸作为人在社交活动中最直观的身份认证,难以通过有效手段施加保护,这就导致用户在公共场合面临未经自己允许甚至不知情的情况下被非侵入性识别技术监控并抓取面部数据的风险,如 IBM 公司在被获取面部数据的自然人毫不知情的情况下从 Flickr 网站抓取近 100 万张照片用于训练人脸识别算法,这无疑是对用户隐

私的侵害。

由此可见,人工智能的潜在隐私风险不仅会造成用户隐私权益遭受侵害,还有可能面临由隐私泄露导致的名誉权、肖像权、姓名权、信用权等权利遭受侵扰,其中的系统性风险不容忽视。

3.3.2　人工智能侵犯用户生命财产等合法权益

以医疗机器人为例,培育一名医生需要其十几年的刻苦钻研与上千小时的临床经验,知识架构与经验体系紧密相扣,哪怕中间有一层出现缺失,都无法成就其白衣天使的角色;纵观整个医疗人工智能产业链,从基础层的数据分析与算力架构到技术层的算法和平台建设,再到应用层的场景开发,一项落地并商用的医疗人工智能产品,可能基于千万量级数据和上百万行代码,几万份零件来自十几家供应商的几十条生产线,背后牵连着太多不同领域不同方向的企业,所具备的行业背景、技术资源、产品判断标准等差异悬殊,对患者来说,这无疑为人工智能的安全性蒙上了一层焦虑的疑影,如人工手术需要对主刀医师和医疗器械进行消毒,而机器人参与的手术则需要对机器整体不留死角的消毒,考虑到机器的精密性与耐久性,我们无法保证对一台金属机器施行无死角的消毒,也无法保证是否会有别的有害物质感染。即便从产业链角度来说万无一失,安全性得到保障,但鉴于人工智能厂商不会透露他们的人工智能系统如何工作,在任何一种情况下,当传统人工智能生成决策时,人类用户无法及时获悉该决策是如何生成的,尤其处于高危医疗环境,信任人工智能的决策而不了解人工智能给出建议可能存在的潜在风险根源,患者都会面临极大的风险。例如,运用手术机器人执行高难度、高精确的外科手术时,即便在医生操控下出现毫厘的差错,都会直接导致手术失败与患者死亡,而此时无论是患者还是医生都无法获知该差错是现场操控机器人的医生的"直接人为错误",还是由机器人制造商或算法提供商造成的"间接人为错误",也可能是由于外部个人或组织主观恶意的物理攻击与远程干扰,或者电力、数据传输中断造成的意外事故,甚至医生与供应商、制造商都没有出错,只是人工智能算法黑箱特性或自主意识决策下的"机器错误"……患者安全无法得到切实保障,人工智能在医疗(尤其是临床)领域的应用将在伦理层面举步维艰。

3.3.3　人工智能动摇人公平参与社会活动,享有社会资源的权利

人工智能产业链上集中了芯片、传感器、算法、终端、行业应用、解决方案、安全加

密、网络传输等诸多相关方,技术滥用与不正当竞争的现象难以完全避免。一旦其中任何一方采取针对用户或者其他相关参与者的歧视性策略或不正当竞争举措,偏见与不平等最终会传递至终端消费者并损害其应当享有的公平权利;加之人工智能的硬件、算法、数据集等都具有较高技术壁垒,不公平一旦形成,则难以被打破;最后,由于机器学习的黑箱特性,模型所得结果往往具有一定的不可解释性,算法透明度存在较大争议,这可能导致基于人工智能的行为决策与训练数据之间的相关性,以及该相关性对利用人工智能解决此项命题的影响难以精准评估,可能被别有用心的人利用,从而进一步加剧阶层分化与种族特定群体歧视等现象。

例如,在医疗领域,尽管驱动 AI 赋能医疗产业(尤其是公共卫生体系)的初衷是解决医疗资源供求端矛盾,使得现有医疗资源均衡化,国民健康管理结构化、常态化落实,但鉴于我国地区发展差异悬殊,如果现有医疗人工智能产业不够成熟,就激进推行医疗人工智能对现有公共卫生体系的渗透,AI 医学产品的消费零售价格仍居高不下,产品种类乏善可陈,产品性能与质量不尽如人意,偏远地区或中低收入群体消费者购买 AI 医疗设备的意愿就会大打折扣,不仅失去享有公共卫生资源的权利,更会因缺乏 AI 医疗相关配套设备,未形成数据闭环而在后续看病就医过程中遭遇更加负面的诊疗体验;或者为享受同等条件的医疗资源而付出更多的学习与资金成本,加重普通家庭的医疗负担。

3.3.4　人工智能干涉人类对自我意识与行为的判断决策,动摇人的独立自主性

以一些特殊医疗场景下的人工智能应用为例,机器的自主意识可能会威胁到医生或患者作为具有独立自主意识的人类个体对自我意识与行为准则的判断和掌控。例如,在健康管理领域,基于自然语言处理和计算机视觉的人工智能聊天机器人多用于精神健康管理,如心理辅导或危机心理干预,一旦该聊天机器人出现判断失误并向交谈对象传递错误的信息,极有可能干扰该对象原本正常的自我意识并形成错误的认知;而在医疗保健领域,一些用于老幼监护的护理机器人可能通过限制其人身自由、减少积极活动种类的方式"确保"监护对象"安全"。

3.3.5　数字化劳动相关权利问题

人工智能一方面对人类的主体地位造成影响,另一方面也在动摇人类数字化劳动

相关权利。其主要体现在：对于劳动主体来说，人工智能打破了现有的劳动关系架构，威胁人类在生产活动中的主体地位；对于接受人工智能劳动生产服务的人来说，双方关系从某种程度上被异化。

1. 劳动主体性地位问题：逐渐深入生产、生活的人工智能，其优势令人类难以望其项背，人类在生产过程中的主体性地位受到挑战

医生做出的每一个正确决策都基于扎实的专业知识和长期的经验积累，而人工智能强大的算力与信息储备能力，使其仅花费几秒钟即可完成一名主治医师需要花费十几年研习才能获得的全部医学知识和临床案例的学习。人工智能拥有比人类更高的精确度与工作效率，不会被情感与精力所限而拥有更小的出错概率，无论是对已有数据知识的回溯检索，还是未来案例内容的学习更新，人工智能的速度都是人类无法企及的。尤其是针对流程烦琐或需要收集大量资料、分析大规模数据的工作，人工智能往往能够以最快的速度提供最优质的反馈意见和针对性的解决方案，这种高效、精准、便捷的模式一方面极大提升了人类的工作效率，在节省劳动成本的同时优化了工作成果，另一方面也威胁着人类对工作项目本身的决策与贡献权重，使人类职员遭受被取代的威胁和压力。

除此之外，人工智能挑战人类在生产活动中的主体性地位，同时可能导致未来人类对人工智能技术的过分依赖而自我降低其对专业技能知识与工作经验的水准要求，甚至从潜意识层面开始动摇与质疑所学知识技能培养的存在合理性。

2. 异化劳动者关系：逐渐深入生产、生活的人工智能，导致人类在生产过程中的参与率下降，与人建立有效沟通与稳定关系的难度加大

以医疗人工智能为例，医疗人工智能发展的一大目标是通过计算机模拟人类医师大脑思考得出的智能行为，尽可能减少人为干预在现代医学诊疗过程中的占比，辅助医师提高诊断正确率和治愈率，同时缓解医生的工作负担，以此促进医疗质量提高。医疗人工智能的深入使得人类医护人员在临床诊疗尤其是医学检验场景中的直接参与率显著下降，而患者与机器接触的概率显著提高，智能医学影像、自然语言处理等人工智能技术将医务工作者从繁杂重复性的基础信息收集工作中解放出来，使其能够更专注于疑难病灶的诊治。传统医师与患者之间建立的直接沟通联系逐渐变成医师与患者借助人工智能医疗设备建立的间接沟通联系。但医学诊疗不仅是检验数据、科学

与经验的碰撞,更是在医患双方的直接交流中,患者从医生那里获取抵御疾病未知焦虑恐慌的心理和社会支持,而医生则根据患者心理状况给予适当的干预,从而缓解患者的负面情绪,提升诊疗效果。这种基于医患有效沟通而达成的隐性精神需求与心理支持,有时往往比药物或手术更有助于患者痊愈,更是对医患双方的人格尊重与人文关怀。

由此可见,一些特殊的职业其本质上体现的是人格尊重与人文关怀,以及绝大多数人依赖通过劳动行为建立对社会和人际关系的认知,人工智能的渗透可能从根本上改变这一现状,而其带来的影响仍旧值得深思。

3.3.6　进一步加深数字鸿沟

人工智能的应用与推广需要强有力的经济基础作为支撑,对于不发达地区和国家而言,智能技术所带来的对数字鸿沟的增大将严重影响其所能带来的福祉,同时,较差的信息基础设施也会使人工智能的发展捉襟见肘;对于发达地区和国家而言,大面积推广人工智能技术虽然具有足够的技术设施基础与经济基础,但城市中诸如老年人、残疾人等弱势群体由于其在教育、认知、生理等方面的特殊性,因此无法完全享受人工智能所带来的福利,这一点在城市数字化治理与基础设施建设中尤为凸显。以人脸识别为例,随着人脸识别的兴起,刷脸支付、刷脸乘车、刷脸门禁等逐渐普及,甚至成为公共基础设施的一部分。例如,以本次新冠肺炎疫情中推行的健康码为例,基于带有活体检验的人脸识别技术的健康码与国务院风险查询系统本身,在如此大规模的流行性公共卫生安全危机之下的确是一个值得鼓励的创新性公共管理策略,但如果仔细分析就不难发现,该策略实际上是基于一个不平等的前提,也就是默认公民都携带手机出行且都为技术红利的享受者与拥护者,可实际上基于 CNNIC(中国互联网络信息中心)的数据,现阶段我国仍有超过 5 亿人未接触互联网,其中很大一部分为老年人、残疾人等弱势群体。他们在面对"健康码"这样人脸识别与社会治理高度结合的产物时可能寸步难行,以至于因此被剥夺享有正常社会公共服务与保障的权利。技术所带来的数字鸿沟使他们在社会生活中边缘化,而数字鸿沟进一步导致权利分化;除此之外,随着技术的扩张,在技术风险不断膨胀的同时,技术福利却逐渐转变成基本规则;并非所有人都是技术的拥护者,每个人都有权利决定自己的人脸等隐私数据是否被用于其他用途,这就让那些希望降低技术风险或捍卫自身隐私数据而拒绝使用人脸识别的公民丧失了享有社会基本公共服务与基础设施的权利。

第 4 章

安全可信人工智能

4.1　人工智能信任危机

　　信息技术的发展和渗透加速了社会与经济的转型变革,人工智能作为其中的核心驱动力,成为未来社会发展的创新原动力与支撑技术。一般而言,人工智能是指基于一定信息与数据而实现自主学习、决策和执行的算法、软件、装备或系统。从语音识别到机器翻译再到合成创作,人工智能技术已被广泛运用于金融、教育、交通等行业,引发了人类社会的深刻变革。与此同时,人工智能的发展也对法律、伦理、社会等提出挑战,带来了虚假报道、算法偏见、隐私侵犯、数据保护、网络安全等问题,特别是在航空航天、轨道交通、无人驾驶、智能制造、智慧医疗等安全攸关领域,人工智能安全事故可能引发极其严重的后果。因此,人工智能的安全治理日益受到重视,从政府到行业再到学术界,全球掀起了一股探索与发展可信人工智能技术与准则的热潮,可信人工智能技术成为影响全球智能相关产业突破与落地的关键"卡脖子"技术。

　　人工智能的伦理治理与安全可信受到各国政府的高度重视。2019 年 4 月,欧盟先后发布了《可信 AI 伦理指南》(*Ethics Guidelines for Trustworthy AI*)和《算法责任与透明治理框架》(*A Governance Framework for Algorithmic Accountability and Transparency*)。2019 年,在 G20 部长级会议上发布了《G20 人工智能原则》,包括"负责任地管理可信赖 AI 的原则"与"实现可信赖 AI 的国家政策和国际合作"。我国在人工智能安全治理的政策方面也早有布局,在 2017 年《新一代人工智能发展规划》中规划"在大力发展人工智能的同时,必须高度重视可能带来的安全风险挑战,加强前瞻预防与约束引导,最大限度降低风险,确保人工智能安全、可靠、可控发展。"2017 年 10 月的 S36 次香山科学会议,中国科学院院士何积丰在世界上首次提出可信人工智能概念。2019 年,上海成立上海市人工智能产业安全专家咨询委员会并发起《人工智能安全发展上海倡议》《中国青年科学家

2019 人工智能创新治理上海宣言》等关于安全可信人工智能的倡议,提出需要依托人才和科研优势加快在安全可信人工智能基础理论和共性技术方面的颠覆性突破,在安全攸关产业中引领安全可信人工智能技术的应用,形成基础理论与共性关键技术支撑下的产业应用示范平台,探索人工智能伦理道德规范,以及相关法律制度。

人工智能技术是一柄"双刃剑",具有应用的广泛性与技术局限性,在数据分析、知识获取、自主学习、智能决策等环节具有突出的能力,为网络安全、信息推荐、智能安防、金融风控等应用领域贡献了许多创新型应用,但是也在数据可信、算法可信、网络可信及应用系统可信等方面带来了新的安全隐患。

人工智能的安全类型多种多样,主要包含三大方面:①技术安全,涵盖数据安全、网络安全、算法安全、隐私安全,例如,数据安全问题尚未完全解决,尤其体现在金融科技方面。数据尤其宝贵,尽管技术人员可利用区块链技术提高数据的安全性,但是没有充分考虑去中心化管理信息的代价,金融数据的安全性是否能够利用区块链完全解决仍值得商榷,也有诸多分析证明区块链是可以被攻破的工作;②应用安全,涵盖智能安防、舆情监测、金融风控、网络防护等;③法律与伦理安全,涵盖法律法规、标准规范、社会伦理 3 个方面,目前在行业规范方面已经有深入研究,但是还没有国家能够真正制定相关标准和法律。

人工智能技术和系统应该是安全而稳健与可靠的,不应该轻易受到外部攻击的破坏。因此,需围绕上海建设具有全球影响力人工智能产业创新高地的总体目标,着力突破可信人工智能发展关键领域、关键环节"卡脖子"技术,在可靠性、可解释性、隐私性、公平性等方面探索通用人工智能理论、人工智能算法及系统可信性的验证技术,在芯片、软件、系统等方面推动自主创新,推动可信人工智能的产业发展,使智能科技更好地服务于产业发展与人民群众的幸福生活。

4.2 人工智能的"安全"

4.2.1 技术安全

除了技术创新带来的科技感与便利性以外,随之而来的还有人工智能的可信问题。从国外的例子来看,例如特斯拉"自动驾驶"致死事故,其原因是人工智能不能识别道路清扫车；聊天机器人与黑客学会种族歧视，经过训练"懂得"了黑人与白人的差别，这种聊天机器人显然不符合伦理道德，更不符合公正公平；达芬奇手术机器人事故，其原因是血液溅到摄像头，导致机器人"失明"，感知系统无法正常工作；蓝牙音箱被监控，引起音响失控，结果导致用户被邻居投诉；数据隐私问题，典型的例子包括人脸识别公司数据库泄露事件等。数据隐私种类不同，其处理的安全级别差异很大，目前已普遍存在被滥用的迹象，如果在特定领域大量数据被出售，那么可能会牵涉国家安全。导致安全隐患的原因在于"内忧"和"外患"，内忧包括样本均衡、数据偏移、用户隐私等。外患则包括对抗攻击、信息安全、场景受限等。

人工智能的安全类型多种多样，其中第一大类是技术安全，涵盖数据安全、算法安全、网络安全等。

第一，在数据安全方面，保护数据安全，是开展人工智能技术的基本必要条件。机器学习需要数量大、种类多、质量高的数据进行训练，从不同工程阶段来看涉及采集的海量原始数据、训练和测试数据集、应用系统现场采集数据等。数据使用存在大量安全隐患，包括采集安全隐患、使用安全隐患、共享安全隐患、传输安全隐患。

第二，在网络安全方面，我国在保障互联网安全上已经积累了大量的经验，同时在国家层面也有专门的队伍进行保障，但是，对工业网络安全的关注相对较少。以电网为例，美国国家电网曾经被攻破过，部分其他国家也出现过被攻击的事件，一旦人工智能和工业相结合，那么工业网安全性的保障尤其值得关注。

第三，在算法安全方面，算法的工作原理需要充分解析，如果算法正确，其结果便能够令人满意，而算法错误则会导致安全问题；在隐私安全方面，隐私安全的范围十分广泛，虽然从伦理道德的角度有诸多分析，但是并没有有效的办法解决隐私安全。算法模型是人工智能系统的核心，而算法模型中的安全隐患则可能给人工智能系统带来致命的安全后果。算法模型潜藏鲁棒性平衡、数据依赖等缺陷，如对抗样本攻击下的鲁棒性、数据集对模型准确性影响大、高可靠性挑战、数据质量问题、用户选择退出权难以保障。算法可能存在潜在偏见或歧视，即算法的潜在偏见或歧视导致结果偏差或处理不当"黑箱"特征，存在结果可解释性和透明性问题。深度学习在很多复杂任务上取得了前所未有的进展，但是深度学习系统通常拥有数以百万甚至十亿计的参数，开发人员难以用可解释的方式对一个复杂的神经网络进行标注，成为一个名副其实的"黑箱"。重要行业人工智能应用面临可解释性挑战。人工智能在金融、医疗、交通等攸关人身财产安全的重点行业领域应用时，人类对算法的安全感、信赖感、认同度可能取决于算法的透明性和可理解性。此外,除人工智能模型本身在技术上的不透明性外,在数据、数据处理活动方面也可能存在不透明性。

4.2.2 应用安全

人工智能安全的第二大类是应用安全。产品应用,是指按照人工智能技术对信息进行收集、存储、传输、交换、处理的硬件、软件、系统和服务,如智能机器人、自动驾驶等。行业应用则是人工智能产品和服务在行业领域的应用,如智能制造、智慧医疗、智慧交通等。产品服务和行业应用的安全隐患主要表现在:人工智能应用是依托数据、算法模型、基础设施构建而成的,算法模型、数据安全与隐私保护、基础设施的安全隐患仍然存在,并且呈现出人工智能应用攻击面更大、隐私保护风险更突出的特点,例如自动驾驶、生物特征、智能音箱等。

4.2.3 法律与伦理安全

人工智能安全的第三大类是法律与伦理,涵盖法律法规、标准规范、社会伦理 3 个方面,目前在行业规范方面已经有深入研究,北京智源人工智能研究院联合北京大学、清华大学、中国科学院自动化研究所、中国科学院计算技术研究所等单位,共同发布《人工智能北京共识》,提出人工智能的研发、使用、治理,应该遵循有益于人类命运共同体构建和社会发展的 15 条原则。人工智能的发展关乎全社会、全人类及环境的未来。准则对推进人工智能的研发、使用、治理和长远规划提出倡议。通过推动人工智能的健康发展,助力人类命运共同体的构建,实现对人类和自然有益的人工智能。

建立健全保障人工智能健康发展的法律法规、制度体系、伦理道德。人工智能的发展,意味着我们要面对一个更加丰富的世界,这个世界需要法律、规则和伦理的维护,确保人工智能安全、可靠、可控。例如,未来无人驾驶的普及需要道路交通安全法等法律做出相应调整;面临"救一个还是救五个"的伦理难题,智能指挥系统需要做出道德上的设定;用"大数据"收集、存储和分析个人用户信息,商业主体的行为需要被严格规制等。总而言之,在人工智能的研发和应用中,需要把握以人类价值观为导向的方法论,充分考虑人的良知和情感,避免出现安全失控、法律失准、伦理失常等问题。

在伦理道德方面,"智慧社会"需要重视"人"的主体性,构建人机协同的新型人机关系和人机伦理。"万物互联"的世界,一切似乎都可化为连线、计算、识别码、无线射频技术和分布式网络,主客体的关系和边界在悄然发生变化。当丢失的物品可以自主呼叫主人,窗户能感知风暴而自行关闭,厨房里的食物拥有可追踪的识别码,冰箱可以发出续订牛奶的订单……一个"人与物彼此嵌入"的世界,更需要高扬"人"的主体地位,避免哲学家警示的"机器的生命化和生命的机器化",让人工智能符合人类价值观,服务于人类,服务于人类社会和经济的发展。

未来,应通过对人工智能相关法律、伦理和社会问题的深入探讨,为智能社会划出法律和伦理道德的边界,让人工智能服务人类社会。这也是世界范围内的一项共识,人工智能的发展应该以人类社会的稳定与福祉为前提。

4.3　人工智能的"可信"

4.3.1　G20 人工智能原则

人工智能技术有助于促进包容性经济增长,为社会带来巨大利益,并对个体赋能。有责任地开发和使用人工智能可以推动联合国可持续发展目标,成为推动可持续和包容型的社会发展的动力,减少对更普遍性的社会价值的威胁风险。

与此同时,人工智能与其他新兴技术一样,可能为社会带来挑战,如劳动力市场转型,隐私、安全、道德问题,制造新的数字鸿沟、人工智能能力建设需求。为了培养公众对人工智能技术的信任和信心,并充分发挥人工智能的潜力,G20 致力于以人为本的方法,该方法以经合组织关于人工智能的建议书《G20 人工智能原则》为指导。该原则还为决策者提供指导,以便最大限度利用人工智能并分享其好处,尽量减少风险和问题,同时特别关注对发展中国家和弱势群体的包容和国际合作。《G20 人工智能原则》包含两个部分,分别是"可信人工智能的负责任管理原则"和"实现可信人工智能的国家政策和国际合作的建议"。

1. 可信人工智能的负责任管理原则

1) 包容性增长、可持续发展及人类福祉

利益相关方应积极推动可信人工智能的负责任管理,共寻人类和地球的美好未

来,强化人类能力、激发创造力、包容和提携弱者,减少经济、社会、性别及一切不平等,保护自然环境,促进包容性增长及可持续发展并增进人类福祉。

2）以人为本的价值观和公平

人工智能各参与方应在整个人工智能系统生命周期中尊重法治、人权和民主价值的原则。原则包括自由与尊严;自治与隐私;数据保护与不歧视;平等、多样性、公平与社会正义;国际公认的劳工权利。为此,人工智能各参与方应基于当前的技术水平与现实情况,采取恰当的机制与保障措施,如保留人类自主决定的能力。

3）透明度和可解释性

人工智能各参与方应对事关人工智能系统透明度的信息进行负责任的披露,信息应当有意义、切合实际并符合当前的技术水平。增进人们对人工智能系统的普遍认知;使利益相关方认识到他们在和人工智能系统进行交互,工作场所也不例外;让受系统影响的人理解人工智能系统产生的结果;对受到人工智能不利影响的那部分人,能够根据以简单易懂的信息呈现的(系统)因素,以及(系统)进行预测、建议或决策的逻辑基础,对系统的结果提出质疑。

4）鲁棒性、信息安全性和物理安全性

人工智能系统在其整个生命周期中都应该具备鲁棒性、信息安全性和物理安全性,在正常使用与可预见的其他条件(错误使用或其他不利条件)下,功能运作皆可控,摒除不合理的物理安全风险。为此,人工智能参与各方应确保(系统)的可追溯性,包括能够对人工智能系统生命周期中涉及的所有数据集和决策相关过程的可追溯性,确保能够在切合实际和符合当前技术条件下,使人工智能系统运行结果可分析及响应质疑。人工智能参与各方应根据其角色、实际情况和行为能力,在人工智能系统生命周期的各个阶段保持系统风险管理方法的持续性,以应对人工智能系统带来的各类风险,包括隐私、信息安全、物理安全及偏见等。

5）问责制

人工智能各参与方应根据其角色、实际情况和当前技术水平,确保人工智能系统能正常运行,并尊重前述原则。

2. 实现可信人工智能的国家政策和国际合作的建议

1）加强对人工智能研究和开发的投资

政府应当长期投资研究、开发及跨学科活动,同时鼓励民间投资;促进可信人工智能领域的创新,如集中力量解决技术问题及与人工智能相关的社会、法律、伦理及政策问题。政府还应当投资重要的开放数据集,同时鼓励民间投资,并尊重隐私、加强数据保护;建立一个有利于人工智能研究和开发的环境,防止非开放数据集存在的偏见因素;切实提高数据集的互操作性,促进使用共同标准。

2)为人工智能搭建数字生态系统

政府应当创造条件,建立一个可信人工智能的数字生态系统。该生态系统应至少包括数字技术、基础设施和人工智能知识共享机制。为此,政府应当倡导数据信任机制,使数据能够安全、平等、合法及合乎伦理地被共享。

3)为实现人工智能赋能塑造政策环境

政府应当建立政策环境,促使可信人工智能尽快从研发阶段过渡到部署和运营阶段。为此,政府应建立试点,提供可控环境,对人工智能系统进行测试、升级。在适当情况下,政府应当审查和调整其现行的可信人工智能的创新及竞争政策规章框架和评估机制。

4)针对劳动市场转型提升工人能力

政府应当与利益相关方共同做好应对社会就业转型的准备。政府应当增强人们有效使用人工智能系统及与系统交互的能力,提供必要的技能培训;政府应当采取措施,加强社会沟通,确保在部署人工智能的过程中,工人们都能实现顺利过渡。对工人进行全职业生涯的技能培训,为落后淘汰者提供保障性支持,向其提供进入新劳动市场的机会;政府应当与利益相关方共同倡导负责任地使用人工智能,加强工人的安全,提升职业质量,提高团队意识和生产效率,确保人们能够广泛、平等地享受到人工智能带来的益处。

5)可信人工智能的国际合作

各国政府(包括发展中国家)应当与利益相关方一起积极合作,推进实施上述原则,推进负责任地部署和应用可信人工智能。各国政府应当在经济合作与发展组织(Organisation for Economic Co-operation and Development,OECD)框架或其他全球、地区性框架下共同促进人工智能知识共享,推动建立跨国、跨部门、开放多元主体的方案,使各国都能获得长期的人工智能专业能力;政府应当倡导为互操作及可信人工智能设立多元主体、各方一致的全球技术标准;政府应当鼓励建立一个评估各国人工智能研发、部署水平的指标体系。使用该指标体系,充分收集信息,度量各国实施上述可信人工智能原则的程度。

4.3.2 欧盟人工智能原则

人工智能是这个时代最具变革性的力量之一,它可以为个人和社会带来巨大利益,但同时也会带来某些风险。而这些风险应该得到妥善管理。总体来说,人工智能带来的收益大于风险。我们必须遵循"最大化人工智能的收益并将其带来的风险降到最低"的原则。为了确保不偏离这一方向,需要制定一个以人为中心的人工智能发展方向,时刻铭记人工智能的发展并不是为了发展其本身,最终目标应该是为人类谋福祉。因此,"可信人工智能"(trustworthy AI)将成为我们的指路明灯。只有信赖这项技术,人类才能够安心地从人工智能中全面获益。

《欧洲人工智能战略》提出,人工智能应当坚持以人为本的价值观立场,人工智能本身并不是目的,只是服务人类的工具,其最终目的应当是增进人类福祉。据此,欧盟委员会认为,需要在现有监管制度的基础上制定伦理准则,供人工智能开发商、制造商、供应商和使用者在内部市场中予以采用,进而在所有成员国范围内建立通用的人工智能伦理标准。为此,欧盟委员会设立了人工智能高级专家组,并委托起草人工智能伦理准则。人工智能高级专家组于 2018 年 12 月发布了伦理准则初稿,随后与利益相关者、欧盟成员国代表进行会商。根据相关反馈意见,人工智能高级专家组于 2019 年 3 月向欧盟委员会提交了修订后的人工智能伦理准则。

为了实现"可信人工智能",本伦理准则确立了 3 项基本原则:①人工智能应当符合法律规定;②人工智能应当满足伦理原则;③人工智能应当具有可靠性。根据这 3 项基本原则和前述欧洲社会价值观,本伦理准则进一步提出"可信人工智能"应当满足的 7 项关键要求,具体包括:①人的自主和监督;②可靠性和安全性;③隐私和数据治理;④透明度;⑤多样性、非歧视性和公平性;⑥社会和环境福祉;⑦可追责性。虽然所有人工智能都应当满足这些关键要求,但是在实践中需要根据具体情况确定相应的实施标准,例如,用于阅读推荐的人工智能应用程序可能引发的风险肯定要比用于医疗诊断的人工智能应用程序引发的风险小得多,由此这两种人工智能应用程序对上述关键要求的实施标准也应当不同。

1. 人的能动与监督

人的能动,是以人为本价值观的具体体现。这要求人在由人-机构成的人工智能中仍然保持其主体性,人工智能应当增强人的自主性和保障人的基本权利,帮助个人根据其目标做出更好的、更明智的选择，进而促进整个社会的繁荣与公平，而不是减少、限制或者误导人的自主性。

人的监督，可以确保人工智能不会削弱人的自主性或者造成其他不利影响。为此，要依据人工智能及其特定应用领域，确保适度的人为控制措施。人对人工智能的监督越少，人工智能就应当接受更广泛的测试和更严格的管理。事物间的关系总是相互平衡的，反之亦然。人的监督可以通过相应的治理机制实现，例如人机回环、人控回环等方法。同时，人工智能也必须保障公共管理部门能够依据法定职权对人工智能行使监管权。

2. 可靠性和安全性

首先，"可信人工智能"要求其所用算法必须具有可靠性和安全性，完全能够应对和处理人工智能整个生命周期内其自身产生的各种错误结果。其次，人工智能具有可靠性和安全性，要求人工智能能够抵御来自外部的各种攻击和不当干扰，不仅能够抵御那些公开的网络攻击行为，也同样能够抵御那些试图操控数据或算法的隐蔽行为。最后，"可信人工智能"的决定必须是准确的，或者至少能够正确地反映其准确率，并且其结果应该是可重复的。

此外，人工智能应当确保每一步都具有可验证的安全性。这就要求，人工智能运行过程中发生的各种意外后果和错误都必须进行最小化处理，甚至在可能情况下进行可逆性处理。同时，针对人工智能运行过程中可能发生的各种潜在风险，应当事先予以充分披露，并建立相应的评估程序。

3. 隐私与数据治理

隐私和数据保护在人工智能整个生命周期的所有阶段都必须得到保障。根据人们行为信息的数字化记录，人工智能不仅可以推断出个人的偏好、年龄和性别，还可以推断出他们的性取向、宗教信仰或政治观点。为了使人们能够信任人工智能的数据处理，人工智能必须确保人们对自己的数据拥有完全的控制权，并且确保人们不会因为这些数据而受到伤害或歧视。

除了保护隐私和个人数据外，高质量人工智能还必须满足一些额外要求。首先，人工智能应当采用高质量的数据集。当收集数据时，人工智能可能会反映出社会上的偏见，或者纳入误差或错误。对于任何给定数据集的人工智能，这些问题必须在训练前得到解决。其次,人工智能必须保证数据的完整性。人工智能所用方法和数据集在每个步骤(如计划、训练、测试和应用等)都必须进行测试和如实记录。最后,高质量人工智能必须严格管控其数据访问。

4.透明度

首先,人工智能应当具有可追溯性。人工智能要如实记录系统所做的决定及其生成决定的整个过程,包括数据收集描述、数据标记描述,以及所用算法描述。其次,人工智能应当提供其组织化的决策过程、系统设计选择的理由,以及相应的应用理由,不仅要确保其数据和系统的透明度,还要确保其业务模型的透明度。再者,结合已有应用案例,人工智能的能力与局限应当以适当方式充分披露给不同的利益相关者。最后,人工智能应当是可识别的,以确保使用者知道他们与哪个人工智能正在进行交互,并且知道由谁对该人工智能负责。

5.多样性、非歧视性和公平性

人工智能所用数据集(包括用于训练的数据集和用于实际应用的数据集)可能会受到无意识的偏见、不完整性和不良治理模型的影响。持续的社会偏见可能导致间接的或直接的歧视。当然,一些伤害也可能是人工智能开发商、制造商、供应商,甚至使用者故意利用偏见或者从事不公平竞争造成的。诸如此类问题,在人工智能开发之初就应当予以解决。

为此,人工智能开发商在开发过程中应当建立多样化的设计团队,建立保障参与机制,这样有助于避免这些问题。同时,开发商不断咨询在人工智能生命周期内可能直接或间接受到系统影响的利益相关者,也有助于解决这些问题。另外,人工智能开发商应当全面考虑不同人群的能力和需求,确保人工智能具有易用性,并尽力确保残疾人也能够便利、平等地使用人工智能。

6.社会与环境福祉

对于人工智能的影响,不仅要从个人的角度考虑,还应当从整个社会的角度考虑。人们应当认真考虑人工智能对社会公共治理活动的影响,特别是那些与民主决策过程有关的情形,包括意见形成、政治决策、选举活动等。此外,人工智能可以提高人们的社会技能,但同样也会导致人们的社会技能退化,因此人工智能对人们社会技能的影响也应当予以充分考虑。

为了确保人工智能具有可信任性,还必须考虑人工智能对人类和其他生物的环境影响。在理想情况下,所有人类(包括后代在内)都应当受益于生物多样性和适宜居住的环境。这也同样适用于目前全球都在关注的人工智能解决方案的可持续发展问题。因此,人们应当鼓励人工智能的可持续性和生态保护责任。

7. 可追责性

具有可追责性的人工智能能够有力提升人们对人工智能的信任。为此,应当建立责任机制,确保人们能够对人工智能及其结果进行追责。人工智能的内部审核人员和外部审核人员对人工智能开展的评估及相应的评估报告,是保障人们能够对人工智能进行追责的关键。因此,人工智能应当具有可审核性,并确保人们能够容易地获得相关评估报告。

首先,人工智能的潜在负面影响应当事先予以识别、评估、记录并进行最小化处理。对于需求间不可避免的权衡,应当以合理的方式进行解决并予以说明;其次,对于影响人们基本权利的那些人工智能应用程序,包括有关安全的重要应用程序,尤其应当确保其具有外部可审计性。当然,对于人工智能应用过程中发生的不公平的不利影响,应当提供可预期的、便利的、充分的补偿机制。

第一,鲁棒性,在人工智能的训练过程中部分场景可能没有出现过,因此对未知的情况应当具备一定的应对能力。

第二,自我反省,对自身性能或错误能够有所感知。

第三,自适应,当人类把一个通用系统应用到新的环境中时,便应当解决自适应的问题。如果没有自适应性,每次都需要做大量的适配工作,经济代价十分高昂。

第四,公平性,深度学习有时会带来决策上的不平衡,造成种族歧视,如机器被教会种族主义的例证。

4.3.3　可信人工智能的关键问题

人工智能算法的关键安全问题包括数据可信、算法可信、网络可信、应用系统可信。

1. 数据可信

目前,以深度学习为代表的人工智能技术与数据是相辅相成的。数据安全是人工智能安全的关键要素。海量数据促进了人工智能算力与算法的革命性发展,同时人工智能技术也显著提升了数据管理、挖掘与分析技术的水平。数据质量对人工智能算法与模型的准确性至关重要,进而影响到人工智能应用的安全;人工智能算法强大的分析与决策能力如果在数据采集与标注环节受到恶意利用,将形成对人工智能系统的恶意攻击,不仅会威胁到个人与企业的财产安全,甚至会影响社会与国家安全。数据安全还包括数据治理、用户隐私、数据交易等问题。欧盟 2018 年通过了《通用数据保护条例》,对个人数据与隐私数据的采集、管理与使用进行了规范与严格保护。为了进一步提升我国可信人工智能产业健康发展,急需在数据“采—存—用”过程中的采集存储、授权访问、共享发布、质量控制、隐私保护、标注安全、模型学习与智能决策等各个环节全面提升可信等级与开展技术突破。

2. 算法可信

算法是人工智能系统的大脑,定义了其智能行为的模式与效力。目前,以机器学习理论为基础的算法迅速发展,在图像、语音与文本等数据上检测、识别、预测等任务上取得了巨大成功,但由于目前其技术的局限性,对算法的分析仍停留在有限数据集上的准确率、召回率与计算效率等。因此,随着实际智能应用的推广,算法出现了许多性能外的可信问题。人工智能算法可信问题主要体现在内部与外部两方面的安全隐患。一方面,以深度学习为代表的典型人工智能算法目前在可靠性、公平性、鲁棒性、可解释性、透明性等方面存在较大的理论与技术漏洞,使得其决策结果具有一定的不可预知性,其分析过程成为难以审计与溯源的黑盒,导致人工智能系统存在安全隐患。软件是人工智能算法的载体,但传统的可信软件理论与人工智能理论存在较大的理论与技术鸿沟,如形式化验证等技术工具尚未用于人工智能算法与软件系统的可信验证。另一方面,新型的恶意攻击手段也为人工智能系统带来了外部的安全隐患与技术挑战,对抗样本攻击可以通过精心设计的样本改变自动驾驶车辆或者身份识别系统的行为,通过异常样本对数据进行投毒可以使得智能系统产生错误的分类模式,采用逆向攻击技术可以通过大量的模型预测查询实现人工智能系统的模型窃取。

3. 网络可信

网络作为信息化与智能化技术的支撑技术之一,其安全可信问题也是人工智能安全可信的关键要素。同时,人工智能技术也为网络安全注入了新的内涵。它涵盖智能安防、舆情监测、金融风控、网络防护等安全问题。在智能安防方面,国内摄像头的安全性令人担忧,较容易被攻破并进行数据造假,给用户带来利益和安全损失。在舆情监测方面,我国虽已积累很多经验,但是仍存在通过网络传播法律法规禁止的信息,组织非法串联、煽动集会游行或炒作敏感问题等非法事件,这将严重危害国家安全、社会稳定和公众利益。在网络防护方面,为了解决网络环境下面临的安全问题,保障网络信息安全,使用防火墙对网络通信进行筛选屏蔽,以防止未授权的访问进出计算机网络,按照一定的安全策略建立相应的安全辅助系统,采用人工智能技术对入侵检测、病毒攻击等进行行为分析与智能监测。

4. 应用系统可信

应用系统是人工智能应用在复杂动态"人-信息-物理"融合系统中的综合集成。因此,应用系统的可信问题表现在信息系统与物理世界的控制与交互、人在回路与人机交互及系统的整体性评估等方面。首先,人工智能为智能制造、智慧交通、智慧电网、机器人等物理系统提供决策支持和控制模型,但以数据驱动的智能控制与生物控制在本质安全和理论基础上有较大差异。为了实现人工智能在物理系统上安全、可靠地运行,需要与人工智能可信决策相衔接的智能控制算法。实现人工智能系统与物理世界间控制与交互的可信是保证信息物理系统稳健的核心问题。物理系统中广泛存在各种强干扰,如风、光、电磁等,人工智能系统需要在干扰条件、不确定性物理环境下安全、稳定、可靠地运行;真实物理系统存在时延、饱和等强非线性约束,必须建立可满足强约束的人工智能稳健控制理论与方法。其实,人工智能应用系统与人类活动空间发生深度耦合,如无人机、服务机器人等需要在开放空间与人类行为密切交互,此时一方面需要建立符合人机交互规律的人工智能算法与系统,另一方面,还需实现可保护人类安全的人工智能系统。同时,现有深度学习算法因可解释性差、鲁棒性弱等可信问题,在部分智能系统中无法提供本质安全的性能保证,故必须在"人-信息-物理"系统层面突破基于行为的人工智能可信理论与方法。最后,人工智能系统的形式覆盖了信息收集、交换存储、分析运算、芯片与硬件、软件与服务等各个环节,故在提供智能分析决策能力的同时,人工智能系统也表现出了系统攻击面更大、隐私保护风险更突出、攻击效应更长远等问题。例如,金融风控应用、移动互联网与大数据收集和分析技术的成熟发展为互联网金融借贷提供了发展沃土,通过决策树、集成学习、置换分析等机器学习方法、跨品类数据混搭运用、降维组合等手段,早期预判客户风险;同时,金融数据的泄露、客户信息的非法挖掘也给金融市场带来巨大的风险,一定程度上阻碍了移动互联网金融行业的健康发展。

4.3.4　可信人工智能的关键技术

1. 可信人工智能基础理论

人工智能可靠性:梳理"可靠人工智能"领域的科技发展方向(如人工智能系统高可靠形式化及测试验证、人工智能系统不确定性分析验证、安全攸关人工智能系统恶意攻击检测等),探索基础理论和关键技术,分别提出中长期及"十四五"的科技发展目标、思路和重点方向。积极推动人工智能在工控安全、电力系统、航空航天等国家支柱产业中系统可靠性设计、分析与验证等关键技术的突破,促进高端化、智能化产业升级。

人工智能可解释性:梳理"人工智能可解释性"领域的科技发展方向(如黑盒人工智能系统可解释性,具备可解释性的人机智能模型框架设计和多学科(如心理学、认知科学、哲学等学科)驱动的可解释性等),挖掘关键技术、产业推动及社会民生需求。积极推动人工智能在医疗领域中影像分析、智能诊断与动态诊疗等基础理论与关键技术的突破,促进人工智能技术在医疗行业的落地。

2. 可信人工智能共性技术

人工智能隐私性:梳理"隐私保护人工智能"领域的科技发展方向(如结合联邦学习、差分隐私约束下的统计学习、安全合规的建模技术、分布式贝叶斯学习、合成数据等技术的人工智能系统隐私加强技术、人工智能系统对个人数据的使用边界协商及建立等)。积极推动与人工智能相关的数据隐私、用户隐私、模型隐私等基础理论与关键技术的突破,促进人工智能在医疗、金融、征信与保险等高隐私性领域的技术革新与产业升级。

人工智能公平性:梳理"人工智能公平性"领域的科技发展方向(如人工智能

系统无偏见、群体或个体公平的算法策略、数据偏见的检测及度量、防止偏见增大的机器学习算法、多智体强化学习中的公平策略、自然语言处理的公平性问题、非法偏见的人类准则引入等）。积极推动公平性在人工智能建模与评估等方面的基础理论与关键技术突破，促进人工智能在监控、风控、预测等重点领域关键环节的技术升级。

3. 可信人工智能验证技术

人工智能系统可信度量：研究人工智能系统的可度量属性框架，以及相应的量化控制和度量评估方法；人工智能系统缺陷与可信性的内在联系、系统缺陷预测和缺陷分布规律；多维可信属性的多尺度量化指标系统、度量和评估机制及测评体系；可信属性间的交互关系及可能的涌现特征，包括多个属性或综合属性的相容与失配等；建立可信人工智能系统度量的技术标准或管理标准方案。

人工智能系统可信预测：研究人工智能系统在环境和自身演化下的可信性质演化规律，以及系统在线演化的基础理论；基于系统行为的可信性增长和面向威胁的在线评估与预测理论；可信人工智能系统全生命周期的风险识别、评估、管理和控制模式及方法；人工智能系统中"环境-信息系统"的交互作用中的可信性质预测机制。

4.3.5　伦理、法规与可信人工智能

人工智能的创新和安全应是平衡发展，创新能够推动安全，没有创新，安全便没有意义。

在国际层面，已经有国家和组织提出可信人工智能的基本准则。欧盟提出的原则具体包括：福祉原则——向善；不作恶原则——无害，假设机器人与人类在同一工作岗位上，机器人出现失控并对人类造成伤害，责任主体该如何判定；自治原则——人类能动性，假设自主系统创造了独有的语言，人类无法读懂，安全性的保障至关重要；公正原则——公平，高新技术发展应当造福全人类，因此现阶段应不断完善通用人工智能的发展；可解释性原则——透明运行，人工智能的工作原理必须透明，这也是人类面临的困难和挑战。

可信人工智能由我国提出，并在 G20 会议上被各国认可，这也是关注人工智能发展的核心所在。人、机、物融合是当前社会面临的一个重要的系统状态。如果把人、

机、物中间的物理运动,以及众多事件进行组合,如何进行系统性的训练和测试尤为重要。除此之外,应当从系统规模、部件类型等方面推动人工智能的发展,虽然需要花费大量时间才能达成,但是技术的进步是持续性的,同时也应兼顾安全、可信,实现人工智能的健康发展。

4.3.6　小结

本节主要介绍了可信人工智能的概念。在展示 G20 人工智能原则与欧盟人工智能原则的同时,列举了可信人工智能的特征、关键问题、关键技术,最后阐述了伦理、法规与可信人工智能间的联系。

4.4　联邦学习

4.4.1　联邦学习简介

人工智能近年来取得了世界瞩目的发展。2016 年,AlphaGo 接连战胜两位人类顶尖围棋职业选手,让我们看到人工智能迸发出的巨大潜力和其中所蕴含的广阔应用前景。无人驾驶、医疗、金融等诸多领域都在尝试使用人工智能为行业赋能。但是,当我们回顾人工智能发展历程时,难免心怀忐忑。人工智能的发展已经经历了两次起落,目前处在第三个高峰期,下一次低谷会何时到来,又会因为什么而到来呢?

纵观人工智能发展历史,之前的两次发展高峰分别因为算法、算力和数据的缺乏陷入低谷,而当下,人工智能借助大数据环境驱动进入了第三个发展黄金期。AlphaGo 和大量基于 ImageNet 的计算机视觉应用都是典型的成功案例。但实际上,大数据环境能够直接驱动的行业和领域并不多,大多数行业拥有的数据不仅规模有限而且质量较差,并且数据源之间存在难以打破的壁垒,数据以一种孤岛的形式存在。例如,在基于人工智能的产品推荐服务中,产品销售方拥有产品的数据、用户购买商品的数据,但是用户购买能力和支付习惯的数据由银行和零售商持有,不同的数据拥有者会因为行业竞争、行政手续复杂等问题难以对数据进行整合。另一方面,随着互联网和大数据的深度发展,社会对数据的隐私保护和安全管理逐渐开始重视。各类用户数据遭到泄露的事件层出不穷,引发广大用户的不满。规范企业对用户数据的使用和管理已经成为世界性的趋势。国际上,欧盟在 2018 年开始实施《通用数据保护条例》(general data protection regulation,GDPR),该条例旨在保护用户的个人隐私和数据安全,它要求经营者明确阐述用户协议,并且允许用户执行数据"被遗忘"的权利,一旦违背该条例,将面临巨额罚款。而我国从 2017 年实施的《中华人民共和国网络安全法》和《中华人民共和国民法总则》也明确要求网络运营者不得泄露、篡改和毁坏其收集的个人信息。世界范围内对数据收集行为的规范和管理有助于保护用户的隐私,十分有必要,但客观上也进一步加剧了数据孤岛的问题。不论是各行业存在的数据分散的现状,还是日益规范的隐私保护要求,都应该让人工智能学者和从业者深思,因为大数据因此而面临的数据孤岛困境很可能就是导致人工智能下一个冬天的导火线。

如何突破数据孤岛之间的壁垒,整合分散数据进一步驱动人工智能发展呢?仅简单传输交换用户数据是被严格禁止的,因为 GDPR 等隐私保护条例对这类行为一般有明确的限制。如果没有经过用户同意,企业间是不能随意交换数据的,这让很多类似数据交易所的尝试都很难成功。因此,相比于在数据传输方面做出改进来解决数据孤岛问题,我们倡议直接在 AI 算法上开展保障安全隐私的设计作为解决方案,即联邦学习(federated learning,FL)。

联邦学习最早由谷歌公司提出,主要用于解决安卓手机终端用户在本地更新模型的问题。在此基础上,联邦学习的概念已经有了更大的扩展,参与方不局限于终端用户,也可以是企业或其他机构。举例来说,假设有两个企业 A 和 B,他们拥有不同的数据,想利用这些数据开展模型训练,在隐私限制下,我们不能粗暴地把这些数据合并,而应该在各企业数据不离开本地的情况下,通过传输交换一些加密或扰动的中间结果,实现协同的模型训练,这样就可以在不违反相关法律法规的情况下,建立一个虚拟的共有模型。建立的模型在各自的区域仅为本地目标客户服务。在这样一个联邦机制下,各个参与者的身份和地位相同,而联邦系统帮助大家建立了"共同富裕"的策略,即各方通过合作在隐私保护的前提下扩展了数据集规模,因此称为"联邦学习",如图 4-1 所示。

联邦学习按照不同参与方数据的重叠程度可以分为横向联邦学习、纵向联邦学习和联邦迁移学习三类。横向联邦学习,是指不同的联邦参与方所拥有的数据具有很多相同的特征,但是彼此描述的对象重叠很少。全体数据就像被横向分割为几个部分分散在各参与方之中。纵向联邦学习,是指不同的联邦参与方拥有的数据特征各不相

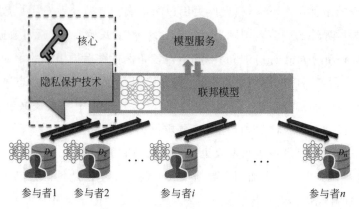

图 4-1　一种联邦学习通用框架

同,但是描述的对象有很大的重叠,全体数据就像被纵向分割为几个部分分散在各个参与方之中。然而,在很多场景下,联邦参与方所拥有的数据很可能既不具备重叠程度很高的特征,也不具备很多共同的描述对象,这样,不论是横向联邦学习,还是纵向联邦学习,都不能起到扩展训练数据规模的作用,此时应该采用迁移学习的方法实现跨领域的知识迁移,这便是联邦迁移学习。

除联邦学习以外,还有三类与之相关的学习方法:一类叫联合学习(Joint Learning),这类学习方法一般把不同来源的数据整合在一起用于多任务建模训练,其本质是联合训练多个优化目标;另一类叫作多任务学习(Multitask Learning),这是迁移学习的一个子方向,旨在有多个学习目标并有部分共用数据的情况下,尽可能多地利用共有模型部分提高学习效果;还有一类叫作分布式机器学习(Distributed Machine Learning),它主要研究如何利用分布式的方法处理大规模的数据和大型模型的训练。上面三类机器学习方法虽然也涉及多方协作开展机器学习训练,但是它们都没有考虑隐私保护和安全问题,联邦学习中数据不离开本地的要求带来很多新的挑战,因此它与上述三类学习方式有本质区别。

综上所述,联邦学习作为有望解决人工智能伦理中数据隐私保护问题的关键手段与突破人工智能数据孤岛瓶颈的关键技术,急需更广泛的关注与更深入的研究。下面根据上述联邦学习的三大分类进行更具体的介绍。

4.4.2　横向联邦学习

横向联邦学习主要适用于用户数据的特征重叠较多,但是用户样本重叠较少的场景，如图 4-2 所示。例如，假设有两家不同的地方银行，由于两家银行的业务相似，因此拥有的数据记录结构大致相同，但是地方银行服务的对象多是本地人，因此两个不同地方的银行用户重叠很少。在这种情况下，双方可以开展横向联邦学习。使用共同的特征开展模型训练。上述例子中的用户数据分属于两家银行，是一种数据分布相对集中的情况。另一种场景是用户数据由用户自己持有，模型训练过程的开展需要成千上万的用户设备进行协同配合，会产生通信开销过大、参与方随时退出等其他新的挑战。

图 4-2　横向联邦学习

横向联邦学习有多种训练架构，大致可分为以下两种：客户端-服务器架构和Peer-to-Peer 架构。在客户端-服务器架构下，各联邦参与方在服务器的协调下开展协同训练。各方在本地按照自身持有的数据训练模型，并把训练的中间结果（模型参数）经过安全处理（扰动或加密）后上传给服务器。服务器对各参与方的上传结果进行聚合，形成全局中间结果，再把该聚合结果发回各参与方让各方基于此结果进行下一轮训练。如此迭代，直至模型收敛。模型的评估过程同样依赖服务器的协调。各方会把最终模型在本地的测试集上的测试结果提交给服务器，由服务器进行整合。在 Peer-to-Peer（P2P）架构下，不再存在服务器协调，各参与方建立 P2P 网络，基于此网络开展通信，以实现协同模型训练。各方把依据本地数据训练得到的中间结果在 P2P 网络上传输。为了保证模型训练过程可控，参与方需要对 P2P 网络中中间结果的传输顺序进行约定。一般分为环形传输和随机传输两种。如果采用环形传输的方式，各方应事先约定好从哪一方接收消息，并发送给哪一方。如果采用随机传输的方式，则一方随机发送给某一接收方后，接收方应该聚合训练结果并继续随机发送。该架构由于不存在服务器聚合全部结果，因此模型评估过程会比较复杂。一个简单的策略是：选取某一个参与方临时充当服务器使用。但是，如果参与方是用户设备或物联网设备，其存储、电力等资源都不足以支撑其作为服务器工作,因此需要让各参与方轮流充当临时服务器。

上面的架构中,一个核心的步骤是对参与方提交的中间结果(参数)进行聚合。该步骤使用的算法主要有 FedAvg 算法。该算法对参与方提交的参数求加权平均作为全局参数,权重采用参与方训练时使用的样本数据量。FedAvg 算法的一个变式算法是 FedSGD 算法,该算法并不是直接对参与方的本地参数求平均,而是对各参与方求解的梯度求平均,权重同样采用训练的样本数据量。实现上述算法十分简单,并且不涉及复杂的计算操作,因此和绝大多数隐私保护的算法都有较强的兼容性,特别是对于同态加密算法,只满足加法同态即可。然而,该算法也有很大的不足,特别是在数据高度分散的场景下,因为该算法要求各参与方都提交中间结果,通信成本将成为限制算法性能的瓶颈。为了解决这一问题,主要考虑对传输的中间结果进行压缩。具体有两个思路:一个是减小每个参与方上传的数据量;另一个是减小上传数据的参与方数量。对于第一个思路,有文献曾提出两种方法:一种是梗概化更新(Sketched Updates),要求各方对所要提交的更新进行本地压缩,一般是对全体参数的一个无偏估计;另一种是结构化更新(Structured Updates),该思路强制要求本地采用的参数结构需要满足某种易于压缩的形式(如稀疏或低秩),以此降低传输成本。对于第二个思路,主要考虑在限制的带宽和时间允许的情况下尽可能接收更多的数据。因此,该方法分为两步:第一步,各参与方根据自身的数据规模和计算能力给出一个传输预计时间;第二步,服务器根据各方每一轮预计的时间选取合适的参与方最大化接收的提交数量。实现隐私保护的方法主要有扰动和加密两类策略。扰动策略主要使用差分隐私的方法,而在数据高度分散的场景下,则使用本地差分隐私。

横向联邦学习主要存在以下的未来研究挑战。

(1)超参数设置复杂。由于不能事先检查所有数据,不能准确把握数据的整体分布或其他统计特点,因此超参数设置缺乏依据,这可能导致某些模型的训练过程受影响。

(2)激励企业等机构参与联邦学习训练难度大。只有合理的激励机制,才能推动企业或其他机构积极参与到联邦模型训练中。而合理的机制要求对各参与方的贡献进行合理评估,以作为利益分配的依据。但是,由于机器学习模型的可解释性不强等问题,因此难以准确评估各参与方对模型的贡献,这导致激励机制设计十分困难。

(3)恶意参与方的检查与遏制难度大。联邦学习训练需要多方参与,当参与方数量庞大时,各方有较强的匿名性,并且由于数据本身不能离开本地,参与方本地的处理相对不透明,因此让攻击者混入其中的可能性增大。

(4) 数据非独立同分布问题。多数机器学习模型假设样本数据是独立同分布的。但是,由于数据不能离开本地的限制,导致数据不能被随机打乱顺序。如果各参与方的数据分布有明显差异,那么对参数直接进行加权平均并不能得到有效的全局模型。

(5) 参与方可靠性的问题。横向联邦学习中参与方可能是海量用户设备或物联网终端,其连接的稳定性和计算资源的可用性是不可靠的。这样的不可靠性如果处理不当,会严重阻碍训练的进程,甚至会让其他用户的隐私安全受到威胁。

4.4.3　纵向联邦学习

纵向联邦学习主要应用于数据特征重叠很少,但是描述的对象重叠较多的情况,如图 4-3 所示。例如,同一地区的银行和超市,银行掌握的是用户的储蓄、转账和信用评级等信息,而超市拥有的是用户的购物记录,两类数据的特征重叠很少,但是因为处在同一地区,其用户的重叠度较高。在这种场景下适合开展纵向联邦学习。银行和超市可以对数据进行对齐操作,找出共同存在的用户数据,从而实现特征数量的扩展,更好地训练模型。和横向联邦学习相比,纵向联邦学习要求每一方有较多用户的数据,因此主要在企业或其他机构之间开展。

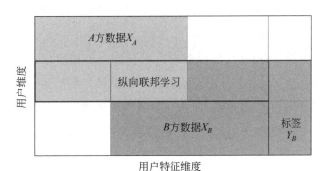

图 4-3　纵向联邦学习

纵向联邦学习架构需要各参与方和一个协调者共同参与,类似横向联邦学习中的客户-服务器架构,但协调者相比于横向联邦学习中的服务器需要承担更多的任务。而且考虑到更多加密操作的使用,使用安全计算结点是一个不错的选择。

为开展纵向联邦学习训练,首先,联邦参与方需要进行数据对齐,即找出各方共同拥有的用户。该过程为了隐私保护要求,需要各参与方对本地 ID 数据进行加密,在此基础上实现在参与方和协调者不能推断各参与方所拥有的用户 ID 的限制条件下进行样本数据对齐。

对齐完成后,各参与方开始开展训练。训练过程大致分为以下 4 步:

(1)协调者生成密钥对,并把公钥分发给参与方。

(2)各参与方加密并交换用于模型训练的中间结果。

(3)各参与方在加密的中间结果上求解梯度,添加扰动项后上传给协调者。

(4)协调者解密梯度并发回参与方,参与方减去扰动项得到实际梯度,依据梯度更新模型。

纵向联邦学习有多种算法,最具代表性且较为基础的算法主要有线性回归算法和 Tree-Boosting 算法。纵向联邦学习中的线性回归算法使用了同态加密的方法。对于线性模型,不同特征对应不同的参数,由于纵向联邦学习中特征是分属各方的,因此参数也是分属各方的。训练过程中,各方也只能拥有自己所持有特征对应的参数。同时,各方的参数还不应该泄露给其他参与方或协调者。为了实现这样的过程,该算法充分利用同态加密的特点,实现了上述要求。训练完成后,由于参数分属各参与方,因此模型的使用同样需要各方参与。各方根据自己所持有的参数和样本中对应的特征做内积,由协调者对内积结果求和即可。纵向联邦学习中的 Tree-Boosting 算法的参数同样分属各方。对于训练过程,各方通过加密的信息交互协同训练。因为特征分属不同参与方,所以树上的结点只能存储在该结点对应特征所属的参与方。训练完成后,树结构分散存储在各参与方,需要协同进行预测。待预测样本会从树的根结点所属参与方开始,按照分支路径寻找对应的参与方的子树开展预测,直至到达叶子结点。

通过上面两个算法可以看出,纵向联邦学习算法和横向联邦学习算法的最大区别在于,横向联邦学习训练的结果是一个全体参与方共享的全局模型,而纵向联邦学习模型训练的结果不会被共享,模型的参数按照参与方拥有的特征情况分属各方。这些特点让纵向联邦学习有如下独特挑战。

(1)通信方法设计难度大。由于模型的训练和使用过程都需要各方的协同,而且需要更高度的配合,因此开展纵向联邦学习高度依赖通信的可靠性。此外,各参与方拥有数据规模大让中间结果的转移变得很难,必须建立实时的远程传输网络,但这样的网络又会拖慢训练速度。为了解决这个问题,应该设计一种基于流式通信的训练机制,能够巧妙地安排各参与方的训练和通信过程,尽可能降低整体的时间开销。

（2）高效加密算法设计难度大。不同种类的加密策略所适用的计算类型往往并不相同。例如混淆电路更适合于比较运算，而同态加密和秘密共享更适合于算数函数计算。考虑到模型训练过程中可能用到的不同种类的计算，针对这些计算方式设计综合的加密策略将能在保护用户隐私的前提下更好地提升性能。此外，数据对齐工具是纵向联邦学习的重要预处理组件，它的安全高效实现也是十分重要的。

4.4.4　联邦迁移学习

在横向联邦学习和纵向联邦学习中，用户和特征至少有一个是有较大重叠的，这让不同的参与方通过协作扩展数据规模开展模型训练成为可能。但很多时候两方的数据不论是包含的用户，还是拥有的特征都有较小的重叠，开展横向或纵向的联邦学习并不能实现数据规模的扩展。例如，一个地区的地方银行和另一个地区的超市，银行的账务数据和超市的购物记录数据有较大差别，此外，两机构在不同的地方，所包含的用户也是不一样的。为了让这样的不同机构协作开展训练获得更好的模型，需要使用联邦迁移学习的方法，如图 4-4 所示。

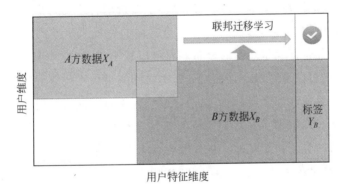

图 4-4　联邦迁移学习

从上面的例子可以看出，联邦迁移学习所应对的场景中，数据有很大可能是高度异构的。其异构性主要体现在：样本和特征的重合少、数据分布差异大、数据规模差异大、数据标签少等方面。这些问题适合使用迁移学习解决，因此，为联邦学习引入迁移学习能够进一步拓展联邦学习的适用业务范围，以更好地满足中小企业的需求。

迁移学习是一种用来实现跨领域知识迁移的技术。在很多应用场景中，数据只有很少的标签，这样的数据训练模型很不可靠。为了能够得到高性能模型，需要利用类似领域的模型开展迁移学习。近年来,很多研究把迁移学习应用到自然语言理解和情感分析中,并取得了不错的效果。迁移学习的本质是找到一个资源(如数据集、模型等)丰富的领域和一个资源匮乏领域的不变性,通过对这种不变性的挖掘实现跨领域的知识迁移。传统迁移学习通常按照顺序方式或中心化的方式开展。顺序方式迁移学习是指首先从源任务上学习知识,在训练完成后转移到目的任务上提高其模型表现。不同于顺序方式,中心化迁移学习没有明确的转移过程,其模型和包括用于迁移学习在内的数据存储在同一位置。这让传统迁移学习很难应用在很多数据高度分散不易聚合的场景中。联邦迁移学习会是一个有效的解决方法。

联邦迁移学习为了解决训练中的安全性问题,使用了同态加密算法。该算法和多项式时间近似算法被广泛应用于隐私保护的机器学习领域。联邦迁移学习可以分为以下 3 类。①基于实例的联邦迁移学习。此类联邦迁移学习是通过迁移学习的方法,对不同领域的数据重要性进行评估,从而选取有效数据进行训练。在横向联邦学习中,不同参与方的数据分布可能不同,导致模型训练效果不好。参与方应该有选择地使用训练数据或者重新定义各训练样本的权重。对纵向学习,某些对齐后的样本特征可能会对模型训练有负面影响,应该使用迁移学习选取合适的特征进行训练。②基于特征的联邦迁移学习。参与方协同学习一个共同的特征表示空间,在该空间中,从原始数据转换而来的特征表示之间的分布差异可以减小,从而使知识可以跨域传递。对于横向联邦学习,可以通过最小化参与方样本之间的最大平均差异来学习公共特征表示空间。而对于纵向联邦学习,则可以通过最小化来自不同方的对齐样本之间的距离来学习公共特征表示空间。③基于模型的联邦迁移学习。参与方利用预先训练的模型作为联邦学习任务的初始模型。横向联邦学习是一种典型的基于模型的联邦迁移学习,因为在训练过程中,一个共享的全局模型是基于各方的数据学习的,共享的全局模型作为一个预先训练的模型,由各方在每一轮通信过程中进行微调。对于纵向联邦学习,可以从对齐的样本中学习预测模型来推断缺失的特征和标签。然后,利用扩大的训练样本可以训练出更精确的全局模型。

目前,联邦迁移学习主要存在以下挑战。

(1)训练提取可迁移知识难度大。提取可迁移知识,使其能够很好地描述参与者之间的共同特点,是决定联邦迁移学习效果好坏的关键。与顺序方式和中心化方式的学习不同,联邦迁移学习中的可转移知识通常用一个通用的预训练模型表示。但是,该模型是分布在各方局部模型中的,且每个参与者在设计和训练其本地模型时又拥有较高的自主权,因此,联邦迁移学习的自主性和泛化性之间存在矛盾需要权衡,以更好地提取可迁移知识。

（2）可迁移知识的表示难度大。由于隐私保护的限制,联邦迁移学习的训练结果分布在各参与方之间,并且通常不允许其他参与方访问,因此,我们需要设计算法来实现精确计算出每个参与者对联邦中可迁移知识的贡献,并考虑如何在隐私保护的情况下实现对这些知识的表示。

（3）加密算法效率要求高。联邦迁移学习需要引入安全传输协议的有关设计来保护隐私。但是,联邦迁移学习通常要求参与方有紧密的联系方可完成训练。加密协议的设计如不合理,将导致传输成本过高,因此在设计或选择安全协议时应仔细考虑,以便在安全性和开销之间实现平衡。

4.4.5　联邦学习的应用

联邦学习目前在金融、医疗、计算机视觉、自然语言处理等领域已经有很多的应用尝试。

金融领域的数据有极高的隐私性,泄露后有极大的风险,因此金融行业受此类安全限制十分严格。借助联邦学习来训练一个联合模型不啻为一个好方法。目前,联邦学习已经在零售、保险、风控和反洗钱行业有实际应用。

在零售行业,智慧零售业务涉及的主要用户特征有用户的购买能力、用户的个人偏好及产品特点3部分。这3种数据特征很可能分散在不同的企业机构。例如,用户的购买能力相关数据由银行持有,用户的个人偏好数据由社交网站持有,而产品特点的数据由零售商持有。为了实现更好的推荐模型,可以使用联邦迁移学习对三方数据进行联合建模。首先,利用联邦学习的特性可以避免导出企业数据,就能够为三方联合构建机器学习模型,既充分保护了用户隐私和数据安全,又为用户提供了个性化的产品服务,从而实现了多方共同受益。同时,可以借鉴迁移学习的思想解决用户和用户特征数据异构的问题。迁移学习能够挖掘数据间的共同知识并加以利用,从而突破传统人工智能技术的局限性。可以说,联邦学习为我们建立了一个跨企业、跨数据、跨领域的大数据 AI 生态,并提供了良好的技术支持。

在保险行业有一种新型权益产品——交通违章权益保险,该产品的运营涉及定价、购买和付款的风险综合控制。其中,用户的风险控制建模是核心。保证业务收益增加、控制保险成本,依赖于有效而准确的风险控制模型。但是,用户风险控制模型训练依赖的数据是一个巨大掣肘。即使是规模较大的汽车租赁服务商,也依然面临数据不足的问题。该类数据缺失主要是由于标签不足,但是这些标签可以被用户的互联网数据特征进行填充,因此是一种典型的纵向联邦学习情况。微众银行 AI 部门发起的开源项目 FATE 为实现纵向联邦学习训练交通风险控制模型提供了重要技术支撑,双方在完成简单的 FATE 部署之后即可开展纵向联邦学习训练。该模型有效衡量了用户的风险,并有效提高了该业务的利润。

小微企业贷款随着国家政策的支持日渐得到重视,但是小微企业贷款风险很高,如何建立有效的风险控制模型规避风险,从而降低微型企业贷款的不良率显得尤为重要。训练风险控制模型需要综合考虑央行征信报告、税收、声誉、财务和无形资产等。然而,银行一般只有央行的征信报告,其他数据都沉淀在电商公司或 ERP 软件公司,而发放贷款的银行在数据上却并不具备优势。为了让银行能够更好地利用小微企业的数据评估风险,可以使用纵向联邦学习建模。微众银行通过与发票数据公司合作开展纵向联邦学习有效改善了贷款不良率。

此外,联邦学习还在跨金融机构反洗钱上取得了应用。传统方法采用基于规则的模型过滤掉明显的非洗钱记录,并手动审查过滤后的记录。这样的方法十分繁复乏味且容易出错。利用机器学习模型,找到特征之间不可见的关联成为反洗钱的一种新手段。为此,多家银行合作开展联邦学习训练反洗钱模型。

联邦学习在医疗领域同样有巨大的应用前景。医疗领域的数据通常包含大量患者的信息,涉及大量病患隐私,难以公开。此外,医疗数据还面临标签稀缺的问题。由于医疗领域的专业性,只有具有医疗领域背景的专业人士才能对数据进行标注,但是医生的时间又非常宝贵,难以进行大量数据标注。上述特点都导致使用众包模式获得大规模有效数据难度大,有人估计,把医疗数据放在第三方公司标注,需要 10000 人用长达 10 年的时间才能收集到有效的数据。数据的不足与标签的缺失导致机器学习模型训练效果不理想,这成为目前智慧医疗的瓶颈。联邦学习方法可以突破这一瓶颈。设想,如果所有的医疗机构都联合起来,贡献出各自的数据,将会汇集成为一份足够庞大的数据,而对应的机器学习模型的训练效果也将有质的突破。实现这一构想的主要途径便是联邦迁移学习。联邦迁移学习能做到此事主要有两个原因:第一,各个医疗机构的数据具有很大的隐私性,直接进行数据交换并不可行,联邦学习能够保证在不进行数据交换的情况下进行模型训练。第二,数据存在标签缺失严重的问题,而迁移学习可以用来对标签进行补全,扩大可用数据的规模,进一步提高模型效果。因此,联邦迁移学习在智能医疗上必将起到举足轻重的作用。

在计算机视觉领域,用于训练的图片数据也会有用户隐私泄露风险,为了避免此问题,微众银行和极视角公司联合开发了基于联邦学习技术的物体检测平台FedVision。该平台主要包含配置模块、任务调度模块、任务管理模块、监督模块、联邦学习服务端和联邦学习客户端 6 个模块。6 个模块协同配合,实现了对联邦学习训练任务的合理分配、参数的传输、迭代过程的有机整合,高效训练计算机视觉模型。

在自然语言处理领域,用户日常生活中使用的文本数据如邮件、日志等,包含了大量的用户隐私,为了让模型训练能够更好地开展,需要使用联邦学习算法。目前,联邦学习在主题模型领域已经有应用尝试。通过把本地差分隐私的概念引入文本数据,实现对文本不可区分性的定义,从而保护用户文本数据隐私训练主题模型。

4.4.6　小结

本章主要介绍了联邦学习的概念、3 种具体分类,即横向联邦学习、纵向联邦学习与联邦迁移学习的主要研究内容与研究挑战,并列举了联邦学习目前已有的一系列真实应用。数据隐私问题是人工智能伦理研究中的一大关键问题,而联邦学习作为解决人工智能落地过程中隐私保护与突破人工智能数据孤岛瓶颈的关键技术之一,未来具有巨大的研究价值与应用前景。期待在不久的将来,联邦学习能够帮助我们打破数据壁垒,形成隐私保护与数据共享的共同体,使人工智能的红利能够真正落实到社会的各个角落。

第 5 章

人工智能与社会治理

5.1　智能化社会治理——算法即规则的提质升级

探讨智能化社会治理议题与创新,需要明确"数字人权"这一基本背景。"数字人权"是一个崭新的术语,是一种在兼容大数据时代特征的基础上所孕育并诞生的新兴人权,其具有积极与消极的双重面向。数字人权的积极面向意味着国家需要对数字人权的推进和实现有所作为。在人们几乎无法回避和逃逸出网络化生存的背景下,互联网已然成为和交通、电力、住房等类似的公众必不可少的基础设施。这就使得国家有义务和责任建设好互联网基础设施并做好所涉的硬件和软件工程建设、维护和安全保障工作,以及提供基于这些软硬件而延伸和发展起来的各项"互联网+"公共服务。

数字人权的消极面向则主要体现在独立个体在这个时代"独处的权利"不断被消解。即便当前数字化工具已成为公民参与任何一项社会活动必不可少的元素,人们仍有不被审视和窥探的权利、自己的身份在无关国家和社会安全的情况下不被识别的权利、自己的生活方式不被干预的权利,以及自己的人格利益不被侵犯的权利,在不侵犯国家、社会和他人利益的前提下,提升做自己想做事情的能力。但随着数字人权的不断拓展与数字治理的逐渐深入,这一权利无疑正在被不断侵蚀。

智能化社会治理议题的基础准备是明确算法及规则的原理和运用。

5.1.1　算法即规则的原理与应用

"算法"的价值在于塑造了网络空间的行为规则,允许某些行为的同时限制了其他行为。伴随着数字化工具对现实社会治理活动的不断渗透,算法作为网络空间行为规则的行使权力也逐渐延伸至现实空间,并对现实中的既有秩序造成冲击。

在制度主义的理论框架下，规则包括正式规则和非正式规则，前者一般指代被清晰表述的成文规则，而后者则包含为既定范围社会成员所共识的价值信念、风俗习惯、文化传统等非成文规则。从形式上来说，"算法"是一种成文的格式，并不意味着所有算法都应当被视为"正式规则"；关键点在于算法本身可解释性存疑。尤其是一些人工智能算法本身，无法明确解释其做出某种特定决策的原因与过程，这就使得人工智能算法治理所基于的规则更多是一种非正式规则。

以人工智能最为常见的机器学习算法为例，该算法采用有监督学习训练机制实现对参数与权重的动态调整以实现最终既定目标，经历了标注、训练与应用两个阶段。

而"无监督学习"则不依赖标注，且渐成主流。从以上机器学习的算法原理不难发现，机器学习依赖底层数据集的标注结果，标注结果的多样性、相关性和规律性会直接引导算法的表达效果；且特定算法模型、数据集往往仅限于某些场景或某一个命题，对那些目标或环境不明确的命题则难以有效运用；另外，针对需要大量背景知识与冗长逻辑推理链条的情形，算法相形见绌；最后，模型需要应用环境输入数据和所用的训练数据集之间存在一定概率的分布一致性，否则现有数据集将会很快过时，所得出的算法也难以指导当前和未来的决策或分析，这也是算法治理无法在容易出现剧烈变动的环境中有效运用的原因。

当然，数据本身的相关性、纯净度、颗粒度和多样性等，都会为算法治理本身带来诸多挑战。

5.1.2　智能化社会治理的主要挑战议题

探究智能化社会治理的主要挑战议题，可从以下 3 个方面讨论：算法的不透明与不平等风险、算法自我迭代的桎梏与智能化社会治理的主体性难题。

1. 算法的不透明与不平等风险

人工智能有赖于底层算法构建，其中算法上的偏差会导致特定人群目标与事件成为算法歧视与偏见的受害者。例如，一些智能信用分析系统会根据历史投资信息向客户出具信用报告并推荐个性化定制金融理财产品，从某种意义上来说，引导客户选择目标产品，破坏了客户的独立自主选择权与所获取信息的多样性，反而不利于客户的资产配置决策与风险评估；一些互联网金融公司以基于人工智能与大数据得出的用户信用报告来区分不同的目标客户群体，并借此推行价格与服务的多重标准，这种针对某一特定群体的歧视性政策往往不受法律的明确约束,且在无形中重塑客户使用金融产品的理念,使其更符合金融机构风险管理与利益最大化的需求,加剧了对该群体的不公正对待。

算法歧视问题主要从公平性与可解释性两个层面分析。在公平性方面,人类决策的公正客观往往受到潜在数据偏见,以及信息不充分等主客观因素的影响;在可解释性方面,人工智能面临"黑盒风险",也就是运算过程的不透明与不可解释,其中算法不透明可能是企业出于保护国家机密、维护商业秘密、确保竞争优势而进行的自我保护,也可能是算法本身的复杂性,即使其设计者,也很难清楚解释整个算法的运行过程,更不用说审查团队的专业技能有限,而无法科学有效地充分评估算法,以及实际平台运营维护所需海量数据与多组件复杂系统所导致的技术不透明性;更有可能是第三次人工智能发展浪潮背景下,机器学习算法本身相对于人类表达能力的脱离,不仅其基于大数据集的自我学习、自我训练过程不为人所知,甚至其最终形成的规则集也往往不能转换为可为人所理解的自然语言,尤其是当被用于公共社会治理的算法存在潜在漏洞和缺陷时,这种风险的不可解释隐忧将会把风险无限放大,严重影响我们对人工智能算法的信赖。

2. 算法自我迭代的桎梏

作为人工智能技术最重要的运算与决策基础,数据直接决定使用其训练生成的智能决策模型的有效性与合理性。除了大数据与人工智能领域常见的个人、企业、组织机构隐私泄露与非法数据窃取和篡改风险之外,大数据领域有"垃圾进、垃圾出"的说法,其本意为使用质量欠佳的数据进行分析,得出的结论是低价值甚至无用的。而在人工智能算法模型的训练中,"垃圾进、垃圾出"有 3 种不同的表述:

首先是常见的数据源遭到污染,或者本身数据源的质量堪忧,例如,向模型输入伪装的数据信息、对获取数据进行恶意篡改,通过污染训练数据改变分类器分类边界,以打破人工智能模型基于数据判断决策的中立性,并在污染数据的误导下做出错误或具有明显偏袒行为的决策判断。此时一般需要强大的数据清洗等数据分析前处理,才能尽可能多地过滤筛选出有效数据,但即便如此,使用低质量或被污染的数据源训练出来的决策逻辑模型依然可能是乏善可陈,甚至完全错误,这对关乎公共利益的数字治理工具来说是不可接受的。

其次除了数据源本身的质量外,也有可能是数据源质量尚可但数据选取的逻辑存在缺陷,例如,传统的征信产品往往会统计与用户金融行为强相关的数据来判断该用户的信用水平,而一些互联网金融公司利用人工智能对非结构化数据处理的优势,将大量与用户征信、金融行为弱相关甚至无相关的数据作为评估该用户信用水平的依据,虽然看上去似乎拓展了信用评估的指标维度,但这种维度拓展有科学的参考依据吗? 那些与征信水平金融行为弱相关的数据是否会极大地影响互联网金融公司预测用户信用水平的精确度? 如何判断该精确度和数据采集分析逻辑之间的关系? 牵强的创新可能为用户与金融市场带来更多麻烦。

最后是提取数据进行分析的假设与理解能力存在偏差,也就是模型设计之初便存在逻辑缺陷或者主观偏向,甚至模型架构者面对某金融场景时的"立场""意识形态倾向"等都会干扰最终模型生成,这样,即便使用高质量未遭到污染且强相关的数据源,人工智能模型算法也可能被歪曲利用,甚至用于谋取非法利益,或被用来破坏竞争对手的金融秩序。

算法自我迭代的桎梏还包括其潜在人类意志的非中立体现,如图灵奖得主、人工智能标杆人物杨立昆因为解释人工智能数据集训练造成黑人照片被"洗白"现象而被群攻并迫不得已出来道歉。这起事件的导火索正是突然爆火的 PULSE 算法。该算法由杜克大学推出,旨在将模糊的照片秒变清晰,但却有一位黑人女科学家指出向该模型输入非裔或黑人的照片,输出图像中人物的肤色明显偏白。杨立昆解释称当数据有偏差时,机器学习系统就会有偏差。在白人为主的数据集训练后,生成的人脸偏白;在黑人为主的数据集训练后,生成的人脸偏黑。该言论被网友声讨"种族歧视",杨立昆随后向提出质疑的黑人女科学家道歉。该事件也进一步引发业界对人工智能算法偏见与学术论调被政治所干预的讨论。

3. 智能化社会治理的主体性难题

主体性难题涉及算法作为人类社会运行规则而在一定应用场景下替代人类行为所引发的治理议题。一方面,人工智能仅被视为人类的工具,因而不具有主体地位,并在伦理意义上要求思想自主性或在政治意义上要求投票权利主体性;另一方面,如果将赋予算法主体地位的目的视为促进算法在推动数字治理目标的实现,那么算法在筛选信息方面的高效无疑使之具备值得保护的价值与意义。信息时代,数字行为一定紧密围绕基于个人行为方式与外貌、性格等特征建立的个人信息体系进行。从社会心理的角度,个人行为、隐私、心理活动、生理状态等在数字活动中的典型表现是信息与数据,而这些信息与数据会直接成为人与同类交互的第一参考;另外,随着越来越多的生物特征被用于加密信息存储与权限管理,一些原本不具有私密性或本质上不应该私密的个人特征被赋予了极高的安全管理级别,以至于人们不能不将其作为隐私来看待。

算法利用标签体系对不同类型的人群进行精准标记,实际上是一种对人的异化,这种异化主要体现在信息隐私化、特征工具化、人格标签化、个体数据化等,人对现有事物的传统认知在这一过程中被挑战与重塑。

信息隐私化,体现在作为人类直接展现给外界的一些身份标识系统,如面部特征等原本用于同类个体之间进行身份辨认,其本质是一种身份信息而非隐私,一旦作为隐私,也不符合人脸特征差异的根本目的。

特征工具化,体现在个人特征不仅被异化成个人用于安全加密、权限管理的"密钥",更被异化成身份识别与追踪的"标示符号",例如一些个性化广告解决方案会通过识别用户画像与身份,为其精准推荐符合个人特征与消费模式的产品;一些应用宣称可以通过侦测目标人群微表情与神态动态变化来分析其性格情绪、对话内容,甚至精神状态等。每个个体已经被异化为纯粹的"信息标签",而人脸也被纳入一个更大的身份识别或认证系统,并在其中沦为与商品条形码意义相同的标识符号,但人类复杂而微妙的内心特质难道就能被这样一张数据图表全盘代替?

人格标签化,体现在个人特征系统可以完全不经个人主观意愿的允许就收集、分析、披露个人的姓名、年龄、职业、财产状况等稳定信息及运动轨迹、消费记录等实时信息,这些标签化的信息可能用于绘制用户画像,以实现更加精准的商业活动,也有可能结合深度合成技术用于生成与该目标高度仿真的"虚拟数字人",但这种基于标签化信息重塑的数字个体,其能够真实还原目标人类的动作神态、精神世界吗? 将这样的数字个体用于一系列商业或非商业活动,本质上难道不是携带一系列数据并用其向追随这些标签化人格的消费群体贩卖标签人设吗?

个体数据化,体现在个人特征被视作一个信息结构,而整个人体也就全然等同于大数据库下的一个局部数据库。个人特征识别技术的功能潜变会造成这些"局部数据库"的信息可以被技术使用者随时且无代价提取使用;在该过程中,人工智能所收集的信息创造出了个人特征等价物,尽管归属于对象本人所有,但使用权掌握在技术使用者手中,且几乎不会为其所有者带来任何意义上的正面收益,反而可能为其带来无法估量的损失。

与之相对应的是,基于个人特征创造足够逼真的数字人形象,必须以真人作为参照主体,且不单单参照外表指标,还需要将其性格与心理模式参数化,其中包括大量被参照者的生理与心理隐私信息,且不说这些信息能否被冰冷的数字科学量化,这种将个人特征数据化的行为本质上也是一种对人的异化。

当然,除此之外,智能化治理可能还存在技术稳定性、加深数字鸿沟、依赖特定载体与环境局限等挑战。

5.1.3　智能化治理的公共政策创新

1. 推行人工智能教育、宣传和科普,避免公众盲目信赖或抵触人工智能

社会公共机构(尤其是宣传部门)应当承担起向公众普及人工智能技术原理和发展意义的科普宣传责任,通过多种渠道和创新性方式打消公众对人工智能的恐惧或簇拥,以辩证的心态审视人工智能技术并积极参与相关技术的舆论监督和标准化征求意见,实现让公众从技术受益者到技术互益者的角色转变。

同时,高校等科研机构也需充分意识到自己的使命责任,在基于产业特点科学培养并向社会输送人工智能相关人才的同时,也需要在教育过程中强化对社会和人文视角审视人工智能的学习思考,实现相关从业人员从技术研发阶段便加入对人工智能的伦理和道德考量。将科普众创作为 AI 可持续发展的重要方法,从根本上助推人工智能的可持续发展。

2. 尊重并维护特殊群体权益,实现有温度的数字治理

社会治理参与方应当充分意识到,以人工智能为代表的数字治理方式本质上建立在一个不公平甚至分化社会群体权益的基础之上,这就要求公共管理机构应当创新社会治理举措,通过多种方式结合并举充分考虑并保障弱势群体享有公共资源的权利;同时创新社会治理思维,用以人为本的人文关怀代替追求结果导向的社会治理逻辑,让未来的数字治理更有温度。

3. 避免技术滥用与人格异化,拓展人脸识别的丰富内涵

这里的技术滥用主要有两方面含义:首先是算法治理本身的过度应用,例如,在一些一般性安全场景中对人脸识别的滥用;其次是数字治理对个人信息的滥用,这会进一步导致人的异化。

避免算法治理本身的过度应用,公共管理机构应当明确算法治理的应用场景,科学核算风险与收益。依照分类分级原则,系统规划不同场景中运用的方式,并有效评估不同场景下利用算法治理的成本、实际收益与潜在风险;尤其是,将算法治理应用于公共管理中时需要考虑个体对人机规范和机器执法模式的认知成本,将一部分社会基础规范空间继续交给个体熟悉的社会规范,避免让大量普通人因为对大量数字治理规范缺乏认知而持续违规,同时防范借技术滥用而引发为了惩罚而惩罚的规约滥用,避免将算法治理作为数字治理的噱头用于本不需要的场景。

避免数字治理对个人信息的滥用,需要秉持以下 8 个原则:①在数据收集时秉持最低限度原则,通过算法等提高数据的应用精准程度与效率;②提高业务准入门槛,对个人信息的存储、加密安全和业务必要性做充分评估考察;③相关利益者需要知情且可控,相关方要把收集个人数据的目的、方法、存储、加工、使用权限和边界、时效、信息销毁等向社会公开,保障利益相关者的知情权;④涉及公共服务的人脸识别项目建设需要秉持社会许可原则,社会成员的广泛参与、讨论与监督必不可少,数字治理方式需要在民众充分知情与多数成员同意的前提下逐步落实推进;⑤针对信息流转各环节可能存在的风险制定完善的预警与补救措施,同时确保个人信息的采集、应用的目的及结果必须一致,不可轻易改变;⑥需明确相关方主体责任和权益;⑦严格设定敏感数据与个人信息应用范围和权限;⑧设定并落实用于保存时限和销毁计划,全面贯彻数字治理下的个人权益保护与尊重。坚守 AI 惠民的初衷在于普惠利他与建立和谐社会的治理目标。

5.2　协同化社会治理——以伦理为先导的社会调控

人工智能对人类安全的影响已经让业内专家开始质疑人工智能技术的可信任程度,尤其是当人工智能用于教育、医疗、生物医药等关键产业时,其每一步决策将会直接引导与人类相关的权益走向何方。无论是产品设计者、技术使用者,还是普通用户,都需要通过设定人工智能技术伦理并对当前伦理情况发展作深入系统的学习与研判,并达成普适性共识。

人工智能发展应当遵循两条基本原则:首先,人工智能应当以实现人类根本利益为最终目标;其次,人工智能开发方应当遵循透明度原则,应用方需遵循权责一致原则。

1. 人工智能应当遵循人机互信

人工智能产品与服务不能依靠其在非结构数据处理、运算、信息搜集与分发方面的强大能力,恶意向人类灌输欺骗、虚假、恐怖、违反法律和道德伦理标准的内容与价值观;不可利用部分人群生理、心理、群体方面的弱势误导或骗取以谋取非法利益;人工智能是充分扩展的人类认知,人类与人工智能之间的互信取决于人工智能的行为限度。

2. 人工智能人机双方平等互利

人工智能同样不可滥用人类赋予的自主决策能力,所有的行为标准需在人类法律和道德行为准则之下。人工智能只是尚无自由意志的准决策者,人类需严格限制其行使权力和自由决策的范围,确保人工智能能在合理权限内发挥有效职能,充分保障人类权益发展人类自由。人工智能不可通过技术上的优势与垄断对个人实施非法监控、隐私数据收集、威胁操控等,或侵害他人自由与名誉,甚至生命健康与财产安全。人工智能的存在价值以人机双方平等互利为基础,而非人工智能凌驾于人类之上。

3. 人工智能长期与人共生

首先,长期共生意味着双方之间的冲突减少,人类首先应当充分了解人工智能产品的原理与其背后的技术逻辑,向全民全面客观地宣传人工智能的利弊优劣,消除人们对人工智能的不合理恐惧、歧视、误解;其次,人工智能开发者不得将自我主观情感,尤其是对文化、国家、宗教、阶层、性别等方面的歧视有意或无意植入人工智能开发的底层架构,人工智能的研发应秉持正义向善的价值;最后,人机共生不仅可以有效促进人工智能升级,还能让人类更加富有处理人际、人机关系的智慧,实现人的智能升级。

4. 人类的尊严与主体地位不可撼动

人工智能的发展应当始终秉持其工具地位,而不是将人类异化成工具。人工智能产品与服务不得依靠整体智能优势形成对人类脑力与体力的剥削与压迫,同时也不得利用虚拟感受使得人类对人工智能产品形成重度依赖。人工智能发展应当以进一步促进人类价值并实现人类自由全面发展为目标。

基于以上原则,探索以伦理为先导的社会调控,主要有以下几点可行举措:

(1)强化顶层建筑逻辑系统伦理规范设计。

顶层伦理规范对人工智能的发展具有导向作用,人工智能应当遵守人类道德标准与伦理规范,同时坚持以人为本,对人友好。推动实现伦理层面的人机相互理解,首先,需要做的是将人工智能伦理规范原则化、形式化,把道德标准、伦理推理规则作为算子嵌入人工智能底层算法框架,用能动性逻辑对人工智能自主决策加以规范;其次,从技术层面建立足够强大的底层算法加密与主动安全防御机制,严防非法底层篡改与数据入侵;再次,在面对恶意数据篡改、算法欺骗和攻击程序时,人工智能可激活对抗或防御系统,保障其系统运行的稳定与决策的科学公正;最后,严格限制人工智能底层算法访问权限,同时企业也应当加强对相关开发人员的技术伦理规范培训,将对道德与伦理的规范化考量渗入教育人工智能的每一个环节。

(2)提升算法可释性与自主决策伦理制约。

现阶段,人工智能多基于黑箱算法,其做出决策的具体机制原理动机仍不可清晰琢磨。鉴于人工智能逐渐渗透人的决策行为,基于以上算法困境,为应对人工智能暗箱操作与自主非合理决策的不良后果,同时也为了明晰后果追责,人工智能企业首先应当充分权衡技术壁垒、商业竞争与道德伦理,并在合理范围内公开其算法逻辑与数据集,提升算法透明度与公共监督效力;同时,系统中也应当集成全局日志监控与上报功能,记录人工智能的运行和决策过程,并及时查找漏洞并修正,使人工智能建立可信赖的算法与数据保护、运行机制;其次,政府应当牵头组织相关技术审计、技术标准、行业规范、伦理判定等公共机构,加大对人工智能伦理审查的力度,充分发挥其职能优势,联合企业、科研机构,以及行业专家等共同审议人工智能产品案例与伦理规约,并出台相关行业规范与强制标准;最后,相关权威机构及时对新型人工智能产品进行伦理审议与技术评估,促进其在合乎人类伦理价值的范围内运行。

(3)确保危机情况伦理阻断。

无论是强化顶层建筑逻辑系统伦理规范设计,还是提升算法可释性与自主决策伦理制约,都属于从技术伦理层面主动优化人工智能产品。为了防备可能出现的违反伦理极端情况,人工智能(尤其是具有一定决策权和控制权限的强人工智能产品)应当引入根据行为风险和危机后果分层级的算法终结机制或物理层面的系统停机机制,以便算法决策遇到无法预判的危害结果时立即终止系统;同时,完善备用替代系统的建设,定期施行系统自检与备灾演练,确保伦理阻断将在检测到人工智能系统违背人权和自然权益行为时触发,保证其始终处于人类认知的可控范围。

5.3　生态化社会治理

从动态的视角看,全球数字经济逐渐走向基于数据共享的一种开放生态,这就需要生态化的社会治理协同并进。生态化社会治理需要满足以下 3 方面要求,也就是在合规框架下建立开放共享、多元共治的可持续发展生态。

1. 坚持合规保护

建立可持续发展的人工智能生态化社会治理,治理的基础和关键是数据治理。数据治理既要强调安全管理,在开展经营与运行时做到实质合规,又要强调合理利用,在合规的基础上充分挖掘数据对经济活动的价值,即在监管数据合规的同时,需要逐步利用技术手段实现数据的安全可信共享,在维护数据隐私和安全的前提下促进数据的共享和流动,打破数据孤岛,让数据产生价值。同时,要厘清合规与数据价值之间的关系。第一,数据合规不是为了应对监管和执法,而是以创造价值为中心;第二,数据溯源与确权是为了固定数据所产生的相关权益;第三,数据资产、数据治理是数据价值合法合规实现的基础和前提。全球数字经济治理需要坚持以合规保护为重点,在推动数据的合规保护时以数据价值的创造和推动科技创新为基础,这也是中国数字经济治理的特色和引领全球人工智能生态化社会治理的基础。

2. 坚持开放共享

与传统经济相比,影响智能社会成长的资本、劳动、技术等因素呈现出智能化特征。在智能化时代,企业与企业之间、国家与国家之间的竞争不仅取决于资本数量的多寡,更取决于资本具有何种类型的智能和何种质量的学习能力;劳动力市场的竞争不仅表现为人与人之间的竞争,还表现为人力资本与智能机器人的竞争。同时,在技术创新层面的特点在于组合式创新替代了渐进式创新。智能社会背景下,全球创新的速度将大幅提高,新技术的产生、扩散、拓展速度将空前增加,对技术进步的方向的预测难度也空前加大。各国都需要坚持开放共享理念来提升人类利用和学习新技术的能力,共同推进全球可持续的人工智能生态化社会治理的发展。

3. 坚持多元共治

在开放的基础上,坚持多元共治是建立良好社会治理模式的必经之路。坚持从制度和技术两个层面同时推进社会治理法治化和社会治理智能体系建设,探索政府、企业、社会、媒体等多方共治的多元化治理模式,不断提高社会治理法治化、智能化、专业化水平。多元化治理要求构建平台化的机制,以推动 3 个基本治理目标的达成。第一,促进多元治理主体间的信息共享与交流,统一数字经济的治理理念、协调各部门数字经济治理的任务,防止治理主体之间的政策冲突;第二,明确各治理主体的权责划分,建立数字化绩效考核体系,对治理主体进行数字化绩效评估;第三,形成数字经济治理"黑名单"制度,并在各治理主体之间进行共享,形成数字经济联合惩戒制度,提高智能社会治理主体失信违法成本。

5.4 法治化社会治理

法律制度演变遵循的路径主要基于客观事实分析与主观价值判断。如果单纯考虑技术事实并以此为基础构建人工智能的制度体系,那么这样的社会规范将具有严重的滞后性,最终导致法律在面对层出不穷的有技术所导致的社会道德与伦理公共命题时无能为力。因此,探索面向未来的人工智能制度建设、立法和政策规范,应当坚持"人本主义",从安全、伦理与技术层面构筑完善的立法体系、社会调控与风控机制。

5.4.1 以安全为核心的立法体系

人工智能相关法律具有普遍法律的特质,又有其特殊价值内容,主要在于人工智能需要具备一般法律的价值,其蕴含的必要元素包括人格正义、分配正义、秩序正义等,从而构成人工智能法律的正当性基础;在此价值基础上,人工智能在安全、创新和和谐 3 个方面存在特殊价值。

安全是人工智能立法体系的核心,也是维护整个社会和谐秩序稳定的重要基石。人工智能的安全性风险主要来自人工智能超越人类的可能性、人工智能本身的技术缺陷所造成的不稳定性,以及黑箱算法导致人工智能决策的不可知性等。以安全为核心,一方面需要从立法层面确保人工智能确权的严谨和界限的合理,另一方面,立法本身也需要充分利用技术手段解决安全性障碍。

创新是人工智能立法体系的灵魂。特定的时代背景往往意味着不同法律所秉持的价值观念和各自的价值侧重点均有所不同。当前,依靠知识与技能创造新生产力已成为全人类的共识,创新已成为人工智能最典型的特质,更需要体现在立法和制度设计的各个环节,从而实现顶层设计和产业布局的协同共进。推动创新的人工智能立法,主要从以下 3 点实现:首先,以系统性思维推动国家发展战略的部署与推进。秉持整体性、全局性的定调,国家战略应当对人工智能积极引导,有效推动,利用好制度优势;其次,从产业层面制定促进与监管的政策法律,明确准入规范并制定相应的安全标准,完善数字基础配套设施,使得人工智能立法创新具备技术、理论和产业基础;最后,强化知识产权保护与创新激励机制,重点发展一批具有核心技术竞争力的企业,促进技术创新和新兴产业发展。战略先行引导、法律规范巩固与政策激励落实,使得创新从法律价值拓展到实际能动性和建设性成果。

和谐可持续是人工智能立法的终极目标。所谓的可持续发展,是坚持以人为本、共享惠民、融合发展、科研创新的价值观。从立法层面推动人工智能道德发展和应用落地,确保 AI 价值观能够完成造福人类的使命,实现人类共同进步。可持续发展 AI 理念可以从以下 4 个方面详细概述。

1. 以人为本

可持续 AI 应保护人类自由、尊严等基本权利,维护全球公认的道德伦理,提升人类的职业发展与生活体验,避免特定群体或个人的偏见歧视,保护弱势人群,避免伤害公众与个人合法权益、自然环境、商业相关方利益。坚持共享发展,按照人人参与、人人尽力、人人享有的要求,注重机会公平,保障基本民生,着力增进人民福祉,使全体人民在共建共享中有更多的获得感。坚持绿色发展,坚持节约资源和保护环境,坚定走生产发展、生活富裕、生态良好的文明发展道路,推动形成绿色低碳发展方式和生活方式,积极应对气候变化,着力改善生态环境。

2. 共享惠民

可持续 AI 应促进社会公共服务进步,推动自然与社会可持续发展,创造更加智能的生产方式、生活方式、学习方式,具体有许多 AI 成功案例,在交通、教育、医疗、体育、住房、助残、养老、政务等公共服务领域深度应用,共享开放普适 AI 技术,提升社会大众的福祉。坚持协调发展,推进区域协同、城乡一体、物质文明和精神文明并重,经济建设与环境建设融合,新型工业化、信息化、城镇化、农业现代化同步发展,着力形成平衡发展结构,不断增强发展整体性。

3. 融合发展

可持续 AI 应驱动产业转型升级,促进人工智能科技生态同第一、二、三产业深度融合,创造新商业模式、新产业范式,与各行各业共享智能产业科技红利,推动智能经济体中所有参与方的生产力、生产关系整体跃升。坚持创新发展,实施创新驱动发展战略,不断推进理论创新、制度创新、科技创新、文化创新等各方面创新,着力提高发展的质量和效益。

4. 科研创新

可持续 AI 应促进基础理论研究、AI 伦理研究、跨学科研究,探索未来的发展方向,共享科研学术成果,推动 AI 科研人才培养、国际交流、科技比赛等智能生态发展建设,培育造福人类的原创科研沃土。遵守互利共赢的开放战略,发展更高层次的开放型智能经济,多边协同推进科研战略互信、经贸合作、人文交流,着力实现合作共赢。

基于以上目标导向推动人工智能立法体系建设,将更有效地确保人工智能在保障创新步伐稳健的同时,尽可能降低安全越界风险,以精准立法塑造有责任感的人工智能。

5.4.2 深度优化制度设计

从立法层面保障人工智能,需要以人工智能的技术与数据特征为基础,分别从行业自律、专项立法、行政监管和司法救助 4 个方面推动数据规则制度的变迁,以体现司法履行受托责任,构建协商机制以平衡数据权益各方利益,完善体制以助力深化数据治理体系的建成,推动形成多维多责任主体的人工智能法律规制机制,为我国进一步完善数据保护制度提供参考。

在顶层设计方面,立法需要明确以社会为本位的价值取向,避免一味以个人数据保护为本位过度强调独立自主或自治,一方面让法律缺乏可执行性,另一方面也为企业变相过度收集个人信息创造了机会,同时也限制了技术的良性发展。人工智能相关立法工作需要基于平衡技术进步与公民权利保障的指导思想,在尊重个人隐私保护与权益的基础上充分释放科技的力量。

在立法完善方面,首先,需要深度理解数据价值,从多个维度深层次定义数据概念、价值与原则;其次,跳出保护思维而着重于规制,对不同数据进行分级别规范;再次,以技术为保障推动立法完善;最后,将传统追赶型立法调整为回应型立法,强调动态调控机制。

在司法执行方面,基于狭义比例原则针对个案设定科学的衡量标准,以确保相关抽象法律原则可发挥建设性作用。隐私数据往往经过多个复杂环节,各种数据法律关系不断交叉,传统法律衡量方式难以科学精准地评估法律界限。要基于立法实现多元价值或利益之间的平衡,把握好目的与手段的关联,使技术规制手段本身产生价值,最终寻求手段与目的价值取向上的趋近。

5.4.3　以法律为主导的风险控制

法律的尊严在于执行,这就需要监管与标准规范制定机构的紧密配合。以法律为主导的风险控制体系,旨在基于法律讨论的理论基础建立一套完备的监管规范体系,从而从事前防御、事中干预到事后处置 3 个环节构建全面风险控制机制。以法律为主导的风险控制主要遵循以下 4 个准则。

1. 合理运用审慎监管原则,为技术的成长留出足够空间

法律完善的初期,由于人工智能技术逐渐渗透全产业的各个领域,此时一定会面临诸多法律空白或现实与法条矛盾冲突之处,传统法律已经无法规范制约人工智能产业所衍生出的各个问题,针对这种技术驱动新业态、新模式、新需求的现状,国务院提出了审慎监管原则,也就是以审慎的态度适当放宽新领域(尤其是科技领域)政策与法制监管,为新技术的成长留出足够空间。人工智能作为新业态中最具技术实力与应用价值的一环,更需要法律留出足够的发展与突破空间,而不是被法条规则牢牢束缚。但这里的审慎监管不代表全面放开,对于原则性或挑战上行法律尊严的相关行为,公

安局、检察院、法院、司法局四个机关应当严格按照有关法律条款内容执行必要的干预措施。相关机构在法律制定完善与过渡期应当精准动态控制法律执行限度,在鼓励技术大胆创新的同时守护公民合法权益和国家利益不受损害。

2. 监管技术与合规保障,确保人工智能以合理轨迹稳步成长

监管技术与合规保障的目的是平衡人工智能技术发展与公众、企业、国家等相关方的合法权益保障之间的关系,这需要符合以社会为本位的价值取向。相关监管方、标准设计、制度建设与立法机构应当承担责任,通过制度、监管、立法三方面的努力,在秉持以数据流转为抓手的治理重点,确保个人权益不受侵害的同时,为人工智能发展留出足够的空间,同时通过以机构为主体的权利设置,借助多种方式引导人工智能积极作用于社会治理与公共秩序维护,令每一位公民都成为人工智能的受益者。

3. 制度与政策保障:科学划分场景,明确标准规范,采取特殊认证,鼓励发展

完善制度保障的首要方向是依据安全级别与环境条件科学划分人工智能应用的不同场景,防止基础场景与高阶场景的混用,同时避免技术滥用和隐私透支。例如,刷脸可用于公共服务或基础身份认证场景,但普通私人服务或未经加密处理的服务则需限制人脸识别的应用;其次,公共部门应当与私营组织合作,科学有效地建立人工智能行业标准,规范从数据采集到终端识别与安全加密的人工智能全产业链各个环节;同时,可采用如准入认证、牌照等特殊认证方式,配合提升统一的安全与技术标准,避免人工智能的贬值与滥用;最后,利用政策优惠、行业补贴等方式激励开发者进一步探索性能更加优良的人工智能行业解决方案,积极探索诸如联邦学习加强数据隐私保护的新技术范式,垂直深度赋能和学研成果商业化落地。

而在政策方面,欧盟为"严谨创新"付出了沉重的代价,至今没有一家千亿美元市值的互联网公司,与之相对的是中国采用"放水养鱼,水大鱼大"的新经济扶持策略,事实证明创新试错是商业振兴的必由之路,尤其是在新冠肺炎疫情对全球经济造成沉重打击的未来三年中。因此,我们不必完全照搬监管政策,而是应该以开放式的鼓励创新为主推动相关政策的制定。

4. 行政与监管保障:发展监管科技,技术与制度双重巩固监管框架

监管科技具体来说是强化技术手段对人工智能算法、模型、技术元器件、流程与应

用场景的监督与审核,以确保人工智能应用的合规性、正当性与符合技术伦理的要求;传统监管与新兴科学技术之间存在较为明显的信息不对称与技术鸿沟,如监管责任主体工作者缺乏对人工智能技术的系统性了解及专业知识储备,使其面对高技术壁垒的人工智能监管场景时往往力不从心。若想实现有效监管,监管至少需要和技术迭代与变种同步,甚至超越其步伐。具体来说,建设性举措如下:首先,加强监管技术人才队伍建设,推动针对监管人员的系统性培训和技术学习,并使其掌握基本人工智能技术原理和算法审查技术操作;同时,设立专门的个人信息保护监管机构或机器伦理审查机构,从产业上下游共同约束规范人工智能技术的发展;其次,明确各部门职责,引入具有足够技术储备与公信力的独立第三方技术审查机构或检测平台,联合相关行业发挥综合优势形成社会联动整体保护;与私营机构保持联系,在监管的同时及时汲取各行各业的需求,以监管促进行业发展;最后,监管机构需要联合中华人民共和国工业和信息化部及具有国家强制效力的机关,依法依规坚决打击侵害个人隐私或有损公民社会国家利益的人工智能应用,在强化监管标准建设的同时,构筑渐进监管体系,有效引导从业人员合理运用技术造福社会,在支持、保护、规范中推动行业整体健康发展。

构建统一的监管框架对于规范人工智能发展至关重要,我们可以欧洲"信任生态系统"监管框架为参考。首先,分级别定义风险,如侵犯个人隐私、产生歧视等威胁基本权利的风险,以及安全风险和责任义务的分配风险;其次,调整部分现行立法,以确保其针对人工智能场景有更好的效力;再次,针对高风险场景(如国家安全、医疗、能源等),监管框架应列出覆盖的高风险部门清单并定期审查和修改,明确在特定领域中使用人工智能可能会产生重大风险;最后,从数据训练、数据使用、保存与销毁、信息透明度、系统稳健性、人类主体地位等多个方面确保人工智能可信赖。

5.5　探索人工智能社会治理的中国方案

5.5.1　基础理论研究

探索人工智能社会治理的最关键基础准备是强化基础理论的研究。首先是对于深层次神经推理模型,尤其是基于知识与数据混合信息模型驱动而非纯数据驱动的相关理论的研究,可以推动更具备鲁棒性的人工智能技术;其次,由于目前的人工智能系统依赖芯片的计算,因此推动关于下一代人工智能芯片技术的应用研究是必不可少的,可以推动更有效率和低能耗的人工智能技术;最后,由于现在的人工智能针对的是场景化数据,因此,关于人类的尝试与隐性知识结合的人工智能基础理论的研究非常有价值,可以推动更具备通用性的人工智能。

5.5.2　关键核心技术

人工智能的诸多关键技术对于实现可持续的人工智能社会治理而言具有重要价值。在我国,主要有以下 3 大技术突破亟待我们实现:①基于混合增强智能的落实,包括相应的计算推理、模型和知识演化的系统的研究,尤其是在视觉场景理解的相关技术应用与突破;②基于超人类视觉的主动视觉的系统的研究,以及面向媒体感知的自主学习的基础理论,尤其是面向视频媒体的 AI 理解相关技术应用与突破;③在城市级别应用场景中的复杂感知推理引擎和城市级别系统平台,以及相关的新型架构芯片能力的技术应用和突破。

落实到人工智能产业链中,有以下具体举措:

我们需要针对技术瓶颈进行研究攻关,聚焦当前人工智能领域中的关键共性技术,高校科研院所和企业应当集中优势科研力量,在当前人工智能中自适应性、泛化性及数据向知识转化等关键技术问题领域加强技术攻关创新,攻克重大技术瓶颈。同时,探索增强现实等技术与人工智能技术的高效融合突破了高性能软件建模、内容拍摄生成、增强现实与人机交互、集成环境与工具等关键技术;研究虚拟对象智能行为的数学表达与建模方法,实现虚拟现实、混合现实、增强现实等技术与人工智能的集合与互动。另外,针对人工智能应用最为广泛的计算机视觉领域,人工智能视频图像传感器研发攻关至关重要。推动端到端的感知与理解,研究人工智能算法与视频图像传感器的深层结合、传感器的优化设计和多传感器网络的融合;探索通过人工智能算法优化集成电路的设计、制造、封测等流程,应用人工智能算法介入视频图像传感器设计中的功耗、元器件、电源、降噪等关键问题。

除此之外,芯片作为人工智能的算力源泉,是最关键的技术保障。企业应当积极打造自主可控的芯片体系,在拓展人工智能融合应用场景的大背景下,建设场景驱动的 AI 芯片研发和应用生态。开展 AI 芯片基础研究,并开发 AI 芯片重点产品。

5.5.3 平台与设施建设

人工智能参与社会治理,在技术上需要形成平台化基础设施,这是人工智能社会治理的亭台楼阁。建立基于城市级别视觉需求的基础平台,推动相关技术在复杂智慧城市场景需求的落地;同时,建立基于混合现实技术需求的基础平台,有助于在建立智能化的新型智慧城市的场景落地,以及数字虚拟空间与现实空间混合的智能化场景的落地;最后还需要建立人工智能教育领域的基础平台,这样有助于所有相关人工智能基础人才培养,以及基本认知能力系统的落地。

5.5.4 监管合规保障

人工智能社会治理的基础和关键是数据治理。具体来说,监管合规保障需要在以下两方面重点推进。

1. 强化知识产权的建设和保护机制

科创企业(尤其是民营科创企业)在将技术、科研转化成商业成果的过程中,往往在软件服务的价格上缺少足够的议价权,导致在各类采购中相应的技术创新的定价也都偏低。一方面取决于企业技术本身的核心竞争力、商业逻辑与市场需求;另一方面更取决于知识产权保护、行业创新意识,以及社会整体对人工智能等高新技术的理解与接受程度。从政策、监管、立法角度强化行业对独立自主创新驱动的价值认知和知识产权保护的尊重与践行;从标准建立、政策支持等方面,推动营造尊重创新脚踏实地的行业发展氛围;同时,通过积极的宣传与知识普及,消除公众舆论对人工智能技术的误解,推动核心技术研发与商业转化所需的良好社会环境建设,人工智能的技术创新也能得到更大层面的认同与落地。

2. 制定更加公平开放的标准

企业发展所面对的门槛往往存在一道"玻璃门",也就是一些软性的门槛,例如,在金融服务领域支持方面,目前银行在评估相应的贷款资质时还是按照传统的方式衡量,认为软件服务类企业的信用资质相对一些传统的重资产企业来说较低,这样的衡量和判断的标准在数字经济时代显然是不合理的,应该将企业的创新能力和知识产权等作为重要的衡量标准,以适应创新产业的发展。未来应当通过合理的监管与合规保障营造公平的营商环境。政府在使用能力平台或服务时,可以通过针对具体技术和领域制定合规性标准、政策,推动更加公平开放的服务选型。一方面要强化对市场行为的引导合理有效监管,营造公平、开放、稳健、透明的市场环境与秩序;另一方面要加大对产权保护、反垄断、技术合规等方面的标准体系建设,以公平标尺对民企、国企一视同仁;最后营造公平开放的营商环境,从政府采购、招标、质量管理等环节强化制度与规范意识,推动公平市场体系的建设。

5.5.5 高等人才培养

人工智能领域的职业教育势在必行。当前,我国人才结构性问题凸显,高校与产业存在较大脱节,导致从高校毕业的大量人才无法满足社会生产需求,浪费大量教育资源的同时也降低了生产力。首先,我国教育(尤其是高等教育)体制急需改革,优化当前高校资源流通渠道,推动高校改变办学模式与人才培养机制;同时,高校应当积极洞察产业发展方向并随其动态优化人才培养;最后强化基层技术人员输送,通过职业教育建设相应的生态,在人力资本层面为 AI 的发展打好基础。

5.5.6 理念与模式创新

以"规则先行、技术驱动"的核心扎实推进国内人工智能参与社会治理。我们应当充分意识到人工智能参与社会治理的战略价值和社会意义,秉持可持续发展理念和以人为本、普惠全民的核心价值,在治理规则、基础技术等方面发力,扎实推进国内人工智能参与社会治理落实在社会主义现代化建设的全领域。具体举措如下。

(1) 制定符合中国国情与社会主义现代化的发展规律,同时融合国际先进理念与成熟体系的治理规则。一方面,我们应当坚持制度自信,结合我国国情和产业优势深入探讨与我国经济社会发展方向协调的治理规则逻辑;另一方面,我们要汲取国际成熟经验和深刻教训,避免生搬硬套,而是引入灵活多元的治理机制,实现治理规则的优势互补。同时,治理规则应当考虑多方的发展情况,避免失去效力或过于严苛导致治理过程无法长期推进,要以可持续发展的理念精准把控程序合规和经济社会发展之间的平衡。

(2) 积极探索技术应用边界,充分利用自身在技术、产业、应用布局等方面的优势实现人工智能参与社会治理的效益最大化。我国在治理举措落地和技术应用推广等产业链中下游的优势显而易见,应当充分发挥该方面优势,基于不同地区公共服务现状和数字基础设施情况施行具有针对性的人工智能参与社会治理的中国方案。通过发展治理技术与工具优化不同区域之间的施策观念和治理水平,同时关注特殊群体享受公共服务的权益,确保个人隐私等权益不被侵犯,避免人工智能参与社会治理背后的技术缺陷造成数字鸿沟的加剧与隐私透支的泛滥,利用好技术这把双刃剑。

(3)以系统性全局思维和高执行力举措,推动基础思维理念与核心技术要素稳健演进。具体来说,一方面是沿中国特色社会主义道路,探索符合人民利益与国家发展的基础社会科学保障,包括建立健全相关法律制度、完善司法体系与制度设计,推动社会主义现代化建设指导思想不断进化,破除体制内的旧症顽疾,实现社会资源高效利用;另一方面是重点关注半导体、通信网络、存储传输、算法与操作系统等数字经济治理产业链上游的核心基础要素,国家应当将这些要素与之相关的资源、人才培养、产业发展等纳入国家战略规划,扎实稳健推进数字基础设施和核心基础要素的自主可控与持续发展,同时戒骄戒躁,以实事求是的态度和艰苦创业的精神,实现人工智能参与社会治理的全面发展。

5.5.7　全球合作共治

以"务实合作、互信互促"积极探索国际多边人工智能治理,充分发挥重要新型国际论坛、国际组织的议事作用,利用平台组织、倡议、推动人工智能参与社会治理规则的制定。从发展趋势看,这些国际性论坛或国际性组织已成为数字经济时代社会治理的重要主体。

第一,更加主动地在国际治理平台上发声,把握好话语构建的时机和情境,传播好中国声音,阐释好中国立场。第二,把握好当前全球人工智能发展方兴未艾这一难得的历史机遇,增强参与人工智能国际规则制定的积极性和主动性。第三,中国参与人工智能国际规则制定要重点从两方面实现突破:一方面,注重数据安全治理规则的国际协同。要加快建立以确保数据安全为核心的数字经济治理体系,建立数据开放、数据资产管理、数据安全保护和数据共享交易安全等治理规则。积极借鉴国际规则和国际经验,力争自身规则与国际规则在理念和做法上接轨;另一方面,注重相关贸易治理规则的国际协同。数字贸易内容包括通信基础设施、互联网资源、应用基础设施、互联网融合服务和有关数字产品等。

　　具体来说，一方面，面对发达国家与老牌科技强国，应当秉持制度自信、实事求是与攻坚克难，在知己知彼的基础之上大力推动自身核心技术和基础学科的发展，潜心钻研、厚积薄发，打破发达国家在技术与理念上的垄断，同时切忌失去自身在制度、民族、历史、文化等方面的优势与自信，客观认知差距，坚定执行落实，以实力赢得对方的尊重；另一方面，面对发展中国家，要积极输出自身的成熟经验和治理优势，主动承担在全球人工智能社会治理体系建设中的引领责任；在国际治理事务中为发展中国家争取权益；同时进一步提升国际合规监管与知识产权保护，让人工智能赋能的社会治理有法可依，有效执行，在发展中国家起到模范带头作用。

第 6 章

人工智能时代的隐私与监控

6.1 基于用户数据的人工智能建模

6.1.1 大数据的产生

进入 21 世纪以来,随着计算机和移动互联网技术的快速发展,人与人之间的联系日益密切,社会结构日趋复杂,生产力水平得到极大提升,人类创造性活力得到充分释放。随之而来的数据规模和处理系统发生了巨大改变,催生了大数据的产生。人们用它来描述和定义信息爆炸时代产生的海量数据,并命名与之相关的技术发展和创新。它的产生主要与人类社会生活网络结构的复杂化、生产活动的数字化、科学研究的信息化相关,其意义和价值在于可帮助人们解释复杂的社会行为和结构,丰富人们发现自然规律的手段。

1. 大数据产生的背景

大数据的产生具备天时、地利、人和的有利条件。天时:大数据的产生具有时间上的连续性。传统数据是被动产生的,是与一定的运营活动相伴出现并且需要进行专门的存储阶段。在大数据时代,随着计算机技术、云计算存储技术和自媒体技术的迅猛发展,大量数据会通过移动终端和网络终端即时存储。这时,数据慢慢脱离人类主动存储的活动,打破了以往的时间限制,可以自发地、不中断地产生数据,呈现出自发性和主动性。地利:大数据的产生不受地域的约束。大数据在各个领域中相继兴起,首先是互联网、IT 行业及金融等虚拟行业的数据爆炸,随后延续到教育、科研及物联网等实际领域中。当然,产生大数据的行业并不仅仅局限于此,大数据占据了我们生活的各个方面。例如考生的成绩、个人身份信息、商场的购买物品及会员信息、网络运营商中存储的手机信息和通话记录等,只要有生活的痕迹,都会形成数据,大数据的形成建立在地域限制性不断减小的基础上。人和:在数据发展过程中,数据的主体从以往具有主体性的人慢慢演变为人、机、物三者,以及三者的统一体,大数据的产生是人、机、物协同作用的结果。

2. 大数据概念的提出

1980年,美国未来学家 Alvin Toffler 在其所著的《第三次热潮》中首次提出大数据这个概念,由于当时提出的仅仅是概念性的理论,加上数据资源开发手段受限,因此并没有引起很多关注。2011年,麦肯锡公司发布了一份大数据调研报告,题目是《大数据:下一个创新、竞争和生产力的前沿》,将大数据定义为一种超出传统数据库软件采集、储存、管理和分析能力的数据集。之后,2012年出版的《大数据时代》中给出大数据的一种特性,指出大数据注重全面性和整体性,而不是在小规模数据上分析利用,至此大数据开始成为社会关注的热点。

对于大数据的定义,国内外不同的组织和学者见解有所不同。美国麦肯锡公司认为大数据指的是体量超出常规数据的数据库存储、管理和分析能力的数据集,并强调,并非超过 TB 级的数据才可以称作大数据。《自然》杂志在 2008 年出版的专刊中将大数据定义为:"代表着人类认知过程的进步,数据集的规模是无法在可容忍的时间内用目前的技术、方法和理论去获取、管理和处理数据"。Gartner 公司将大数据定义为:"大数据是高容量、高生成速率、种类繁多的信息价值,同时需要新的处理形式去确保判断的做出、洞察力的发现和处理的优化"。维基百科对大数据的定义简单明了,即大数据是指利用常用软件工具捕获、管理和处理数据所耗时间超过可容忍时间的数据集。

从特征来看,大家比较认可大数据从早期的 3V、4V 说法到现在的 5V 说法。大数据的 5V 是指:Volume——数据体量巨大;Velocity——数据生成速率高,时效要求高;Variety——数据类型繁多,既包括结构化数据,也包括半结构化和非结构化数据;Veracity——数据真实且准确;Value——数据潜在价值密度低,且价值高。从内涵来看,大数据具有三方面的内涵,即大数据的"深度"、大数据的"广度",以及大数据的"密度"。所谓"深度",是指单一领域数据汇聚的规模,可以进一步理解为数据内容的"维度";"广度"则是指多领域数据汇聚的规模,侧重体现在数据的关联、交叉和融合等方面；"密度"是指时空维度上数据汇聚的规模，即数据积累的"厚度"及数据产生的"速度"。

6.1.2　大数据的应用

当前，大数据作为国家战略性资源已达成广泛共识，引起学术界、产业界、政府及行业用户的高度关注。在国外，美国、日本等都相继制定了促进大数据产业发展的政策，在国内，国务院于 2015 年 8 月印发了国发〔2015〕50 号《促进大数据发展行动纲要》，系统部署了关于大数据的发展工作。大数据的应用不仅推动了国家的经济发展，还和人们的生活息息相关，在电商、金融、医疗、交通等行业逐渐形成产业化蓬勃发展。大数据的应用主要体现在以下 10 个方面。

1. 电商大数据，精准营销法宝

电商行业是最早将大数据用于精准营销的行业，它可以根据消费者的习惯提前生产物料和管理物流，这样有利于美好社会的精细化生产。例如淘宝，个人在淘宝上浏览和购物的记录会自然沉淀为数据，通过阿里云计算，给顾客推荐感兴趣的商品。另外，结合支付宝个人信用卡还款、转账、理财、水电煤缴费、社交关系等，给顾客一定的芝麻信用分，继而提供快速授信及现金分期服务。这些都是基于客户消费习惯的大数据分析和预测。

2. 金融大数据，理财利器

大数据在金融行业的应用范围较广，典型的案例有花旗银行利用 IBM 沃森电脑为财富管理客户推荐产品；美国银行利用客户单击数据集为客户提供特色服务；招商银行针对客户刷卡、存取款、电子银行转账、微信评论等行为数据进行分析，每周给客户发送针对性的广告信息，里面有顾客可能感兴趣的产品和优惠信息。总体来说，大数据在金融行业的应用主要体现为：一是精准营销。依据客户消费习惯、地理位置、消费时间等针对性地为其发送产品信息。二是风险管控。依据客户的消费和现金流记录提供信用评级或融资支持，利用客户社交行为记录实施信用卡反欺诈。三是决策支持。利用决策树技术进行抵押贷款管理，利用数据分析报告实施产业信贷风险控制。四是效率提升。利用金融行业全局数据了解业务运营薄弱点，利用大数据技术加快内部数据处理速度。五是产品设计。利用大数据计算技术和客户行为数据，设计满足客户需求的金融产品。

3. 生物大数据，改良基因

自人类基因组计划完成以来，以美国为代表的世界主要发达国家纷纷启动了生命科学基础研究计划，如国际千人基因组计划、DNA 百科全书计划、英国十万人基因组计划等。这些计划引领生物数据爆炸式增长，目前全球每年产生的生物数据总量已达EB 级，生命科学领域正在爆发一次数据革命，生命科学某种程度上已经成为大数据科学。当下，我们所说的生物大数据技术主要指大数据技术在基因分析上的应用，通过大数据平台，人类可以记录和存储自身和生物体基因分析的结果，建立基于大数据技术的基因数据库。大数据技术将会加速基因技术的研究，快速帮助科学家进行模型的建立和基因组合模拟计算。借助大数据技术的应用，人们将会加快自身基因和其他生物基因的研究进程。该技术不仅可以改良作物，还可以借助遗传技术培育人体器官，消灭细菌等。

4. 交通大数据，畅通出行

大数据时代的到来，为破解交通发展难题带来了重大机遇。大数据能够更好地面对混杂，把握宏观态势，使得处理海量非结构化数据成为可能，把一切事物数据化，最终实现管理的便捷、高效。目前，大数据在交通领域的应用主要有两个方面：一是利用大数据传感器数据和智能识别数据系统了解车辆通行密度，合理规划出行路线，以及利用交通信号灯实现信号交替，提升交通合理性。二是利用大数据的合理分析调度，提高已有线路的运行能力。通过大量的数据整合，利用大数据高级计算平台制定出线上办理交通行驶费用、线上违章处理，以及航班出行等烦琐事务。利用大数据可在最短的时间内用最低的成本提高航空公司、铁路集团等的管理效率和服务质量。例如，机场的航班起降依靠大数据将会提高航班管理的效率，航空公司利用大数据可以提高上座率，降低运行成本。铁路利用大数据可以有效安排客运和货运列车，提高效率、降低成本。

5. 医疗大数据，看病更高效

大数据在医疗行业的应用（见图 6-1）最为广泛，医疗行业拥有大量的生理病理报告、诊病记录、治疗方案、药物报告等。若能够整理、分析、运用这些数据记录，将会给患者和医生带来极大的帮助。同时,在医疗资源和信息共享中,大数据为拓展医疗服务空间也做出了重要贡献,例如互动式转诊及远程医疗的应用,都是大数据在医疗行业应用的前沿阵地。未来,借助大数据平台可以收集不同病例和治疗方案,以及患者的基本特征,然后建立针对疾病特点的数据库。如果未来基因技术发展成熟,还可以根据患者的基因序列特点进行分类,建立医疗行业的患者分类数据库。医生诊断患者时可以参考疾病数据库快速帮助患者确诊,明确定位疾病。在制定治疗方案时,医生也可依据患者的基因特点,调取相似基因、年龄、人种、身体情况相同的有效治疗方案,制定出适合患者的治疗方案。同时,这些数据也有利于医药行业开发出更加有效的药物和医疗器械,让医生对患者的诊断变得更精确。

图 6-1　医疗大数据

6. 教育大数据,因材施教

在课堂上,大数据可以帮助改善教育教学,在重大教育决策制定和教育改革方面,大数据更有用武之地。美国利用数据来诊断处在辍学危险期的学生,探索教育开支与学生学习成绩提升的关系,探索学生缺课与成绩的关系。大数据还可以帮助家长和教师甄别出孩子的学习差距和有效的学习方法。例如,美国的麦格劳-希尔教育出版集团就开发出了一种预测评估工具,帮助学生评估他们已有的知识与达标测验所需程度的差距,进而指出学生有待提高的地方。评估工具可以让教师跟踪学生的学习情况,从而找到学生的学习特点和方法。有些学生适合按部就班学习,有些学生则更适合图式信息和整合信息的非线性学习。这些都可以通过大数据搜集和分析很快识别出来,从而为教育教学提供坚实的依据。在国内,尤其是北京、上海、广东等城市,大数据在教育领域已有非常多的应用,如慕课、在线课程、翻转课堂等,其中就应用了大量的大数据工具。

7. 娱乐行业

用户通过音乐 App 听音乐,听的歌曲很可能反映自己的真实喜好,通过这些数据收集,可以研究用户真正喜欢的歌曲,以及听歌的时间和地点。再如我们看到的体育赛事 NBA,它作为世界上最高级别的篮球赛事,每支篮球队都有专门的部门搜集比赛中产生的大量数据,通过这些数据分析赛事情况,可找到克敌制胜的法宝,或者至少能保证球队获得高分。同样,大数据与电影融合促进了电影产业升级,如 2019 年出现的科技巨片《流浪地球》利用 AI 智能、云计算及基于大数据的高级应用技术打造了极致的观看体验。通过对大数据的饱和式挖掘和收集,专业的分析及处理等技术层面上的操作,然后应用于影视内容展示,带给消费者绝佳的体验。

8. 零售行业

零售行业的大数据应用有两个层面:一个层面是零售行业可以了解客户的消费喜好和趋势,进行商品的精准营销,降低营销成本;另一个层面是依据客户购买的产品,为客户推荐可能购买的其他产品,扩大销售额,这也属于精准营销范畴。另外,零售行业可以通过大数据掌握未来的消费趋势,有利于热销商品的进货管理和过季商品的处理。零售行业的数据对于产品生产厂家是非常宝贵的,零售商的数据信息将会有助于资源的有效利用,降低产能过剩,厂商依据零售商的信息按实际需求进行生产,可减少不必要的生产浪费。

9. 舆情监控

国家正在将大数据技术用于舆情监控,收集到的数据除了可了解民众诉求,降低群体事件之外,还可以用于犯罪管理。大量的社会行为正逐步走向互联网,人们更愿意借助互联网平台来表述自己的想法和宣泄情绪。社交媒体和朋友圈正成为追踪人们社会行为的平台,正能量的东西有,负能量的东西也不少。一些好心人通过微博来帮助别人寻找走失的亲人或提供可能被拐卖人口的信息,这些都是社会群体互助的例子。国家可以利用社交媒体分享的图片和交流信息,来收集个体情绪信息,预防个体犯罪行为和反社会行为。警方通过微博信息抓获了聚众吸毒的人,处罚了虐待小孩的家长。大数据技术的发展带来企业经营决策模式的转变,驱动着行业变革,衍生出新的商机和发展契机。

10. 政府调控和财政支出

政府利用大数据技术可以了解各地区的经济发展情况、各产业的发展情况、消费支出和产品销售情况,依据数据分析结果,科学地制定宏观政策,平衡各产业发展,避免产能过剩,有效利用自然资源和社会资源,提高社会生产效率。大数据还可以帮助政府进行监控自然资源的管理,无论是国土资源、水资源、矿产资源、能源等,大数据都可以通过各种传感器提高其管理的精准度。同时,大数据技术也能帮助政府进行支出管理,透明合理的财政支出将有利于提高公信力和监督财政支出。大数据及大数据技术带给政府的不仅仅是效率提升、科学决策、精细管理,更重要的是数据治国、科学管理的意识改变,未来大数据将会从各个方面帮助政府实施高效和精细化的管理。政府运作效率的提升,决策的科学客观,财政支出合理透明都将大大提升国家整体实力,成为国家竞争的优势。大数据带给国家和社会的益处将会具有极大的想象空间。

6.1.3　人工智能服务个性化

人工智能和大数据技术的发展实际并不是完全孤立和分割的,而是呈现出相互促进、共同发展的密切关系。大数据技术作为信息技术领域的佼佼者,能够更好地利用资源优势,让智能化管理成为现实。人工智能是指用人工的方法在机器上实现智能,也称为机器智能,其目标是用机器实现人类的部分职能。人工智能的含义最初由英国数学家图灵提出,形象地描述了什么是人工智能,以及机器应该达到的智能标准。随着人工智能技术的日益成熟,人工智能应用于各行各业使其呈现出个性化特征。

1. "人工智能+教育"

智能教育(见图 6-2)是一种基于人工智能、大数据等智能技术,以学习者为中心,打造智能型教师队伍,实现差异化教学、个性化学习、精细化管理和适切性服务,以推动人才培养模式及教学方法变革,促进学习者核心素养提升和创新型人才培养的教育新模式。它可以较大程度地减轻教师的教学负担,提高教学的效率和针对性;也能够减轻学生的学习负担,提升学习效率;还可以辅助教师进行科学、高效的考试与评价工作,提高考试与评价的工作效率。有了个性化作业,学生不必再整张试卷做到底,只需完成涉及薄弱知识点的题目来补缺补差;教师教学根据数据反馈因材施教,对不同学生布置不同难度的练习。除此之外,智能技术还可以应用于教育管理与服务活动中,帮助管理者实现对区域和学校、人、财、物资源的高效配置和科学管理,构建智能技术背景下的教育管理与服务新模式。

图 6-2　智能教育

2."人工智能+金融"

　　人工智能技术应用于金融领域能够提高其运行效率,为其输送发展的新鲜血液,但同时也伴随着一些风险,可以说人工智能技术对于金融领域是一把双刃剑。人工智能在金融领域的服务个性化主要表现在充当智能顾问、充当智能客服、对风险进行管控三方面。智能顾问就是投资个人或者机构提供投资的偏好、受益目标,以及承担的风险水平等要求,人工智能在此基础上进行智能核算,对投资组合进行优化,提供最符合用户需求的投资方案。目前消费者在借助 App、手机及网页等办理相关业务时,智能客服可科学分析消费者的数据与需求,并及时答复不同消费者所需信息,为消费者的业务咨询和办理提供便利。智能客服的应用不仅有效降低了人工客服的压力,减少了运营成本,还能提升消费者的消费体验。人工智能技术在风险管控中的应用主要体现在能够收集和分析消费者个人相关信息,构建出风险预测模型,进而能够确定风险程度。

3. "人工智能＋营销"

营销人员过去只能跟一群目标用户沟通,但现在借助人工智能可以和单个用户实现个性化交流。人工智能技术根据以前品牌互动中的信息来预测客户行为,这意味着营销人员能够发送内容和进行营销传播,最大可能地将销售线索转化为销售订单,并在最佳时机促进转化。人工智能通过分析用户数据,机器学习算法使营销人员能够提供超个性化的用户体验。例如,亚马逊能根据用户兴趣、购买记录,以及购买了相同商品的其他人所购买的其他商品来推荐商品。假设购买过打印机,那么亚马逊很可能会推荐购买打印墨盒和纸张。星巴克正在使用超个性化服务与他们的客户群建立联系。

4. "人工智能＋医疗"

人工智能技术与医疗行业的融合发展推动了个性化医疗的实现,如图 6-3 所示。治疗过程包括评估疾病风险和制定个性化的诊疗方案等,需要大量的计算资源及数据的深度挖掘,人工智能基于强大的计算能力,结合患者真实数据,能快速完成海量数据的分析,挖掘并更新突变位点和疾病的潜在联系,通过机器学习等算法进行数学建模,利用数学模型对患者进行风险评估,进而提供更快速、更精确的疾病预测和分析结果,最终形成临床决策,制定个性化的治疗方案,便于患者更好更快痊愈。未来,人工智能将为医疗卫生领域的众多环节带来新的价值,不断的技术创新将进一步拓展医疗边界,从而实现医疗健康产业链的重塑。

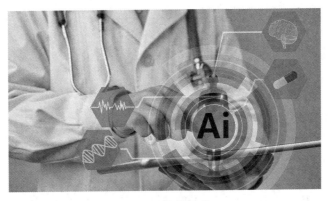

图 6-3　智能医疗

5. "人工智能＋健康应用"

随着人工智能的广泛应用,健康管理服务也取得了突破性的进展,尤其以运动、心律、睡眠等检测为主的移动医疗设备发展较快。通过智能设备进行身体检测,血压、心电、脂肪率等多项健康指标便能快速检测出来,然后将采集数据上传到云数据库形成个人健康档案,并通过数据分析建立个性化健康管理方案。同时,通过了解用户个人的生活习惯,运用人工智能技术进行数据处理,对用户整体状态给予评估,并提供个性化健康管理方案,辅助健康管理人员帮助用户规划日常健康安排,进行健康干预等。依托可穿戴设备和智能健康终端,持续监测用户生命体征,同步传输到医疗健康数据平台进行筛选、提炼和分析,进而预测个体的疾病易感性、药物敏感性等,自动匹配健康管理知识库,进行有针对性的干预。

6.2 人工智能安防

6.2.1 人工智能安防生态

2016 年被称为人工智能在安防产业开启的元年,安防行业由此向新的发展时期过渡。安防行业是人工智能领域契合度最高、落地速度最快的产业,业内有实力的企业较早地看到了这个趋势。近两年,不少企业已全力以赴 AI 技术研发与产品化,并在 AI 实战应用上先行一步,取得重要的突破,最为突出的表现是各个安防门类产品都主打人工智能。

1. 人工智能充分挖掘监控价值

随着安防产业不断发展壮大,越来越多的人工智能企业将视频监控作为正式进军安防产业的切入点。如做算法的商汤和旷视、做芯片的地平线和比特、以华为为代表的 IT 巨头等都是基于视频监控进入安防;此外,以视频监控形成的综合安防体系,都把其他门类产品直接纳入或功能集成。并且,从前几年开始,视频监控厂商就已经开始强调视频结构化,经过算法的演进和技术的革新,视频结构化摄像机开始大规模地得到应用。从数据处理的流程看,视频结构化描述技术能够将监控视频转化为人和机器可理解的信息,并进一步转化为公安实战所用的情报,实现视频数据向信息、情报的转化。

2. 人工智能推动安防机器人出现

安防机器人(见图6-4)是半自主、自主或者在人类完全控制下协助人类完成安全防护工作的机器人。安防机器人作为机器人行业的一个细分领域,立足于实际生产生活需要,用来解决安全隐患、巡逻监控及灾情预警等,从而减少安全事故的发生和生命财产损失。优必选在2018年推出智能巡检机器人ATRIS(安巡士),这是一款具备多种功能和可定制型的智能巡检机器人,可以节省人力,提高指挥时效,预警隐患,保障安全,满足产业园区、核电厂区、居民社区等不同应用场景下的巡检需求,为日常安防巡检、远程应急指挥、高危环境侦测等任务提供解决方案。目前,安防行业已经开始形成人工智能＋机器人的态势,很多从业企业借此整合资源形成解决方案,并构建安防机器人大生态。然而,当前我国安防机器人还处于起步阶段,但在巨大的安防市场需求下,其发展潜力很大,未来前景广阔。

图 6-4　安防机器人

3. 智能锁和人证产品红极一时

智能锁是指区别于传统机械锁,在用户识别、安全性、管理性方面更加智能化的锁具,具有自动电子感应锁定系统,可以通过指纹、触摸屏和卡开启门锁。目前,随着技术的发展,智能锁已不仅局限于指纹、密码、磁卡开锁,还增加了手机 App 开锁功能,能够通过手机远程操控家里的门锁。人证产品的形态在安防行业大致有闸机类、阅读机具类、桌面台式类和柜式类等几种,其应用场景几乎全覆盖到民用细分行业,如高考考场、政府单位的出入口、机场、火车站、银行营业大厅等。

6.2.2　计算机视觉与身份验证

计算机视觉(computer vision)是指用计算机及相关设备对生物视觉进行模拟,即通过对采集到的图片、视频进行处理,以获得相应信息,实现物体识别、形状方位确认、运动判断等功能,以适应、理解外界环境和控制自身运动。简言之,计算机视觉旨在研究如何使机器学会"看",是生物视觉在机器上的延伸。计算机视觉综合了计算机科学和工程、信号处理、物理学、应用数学和统计学等多个学科,涉及图像处理、模式识别、人工智能、信号处理等多项技术。尤其是在深度学习的助力下,计算机视觉技术性能取得重要突破,成为人工智能的基础应用技术之一,是实现自动化、智能化的必要手段。

计算机视觉包括对图像的分析与理解,通过分析图像的语义表示实现摄像头对场景视觉信息的快速捕捉和智能理解,形成各个产品的"大脑中枢神经",让各类产品具备智能化、自动化的特征,因此被广泛用于安防行业。目前,计算机视觉在安防领域的应用主要有静态图像识别和动态图像识别。静态图像识别主要是人脸识别、指纹识别、虹膜识别等生物特征识别,具有安全可靠、高效便捷、易于大量处理等特点,可用于身份鉴定、工作考勤、访客管理、公共场所安检等场景。动态图像识别主要是视频识别、行为识别等视频对象提取与分析,可用于视频监控、疑犯追踪、人流分析、防暴预警等场景。

同时,计算机视觉技术在智能安防领域应用也存在一些问题和瓶颈。一是生物特征识别技术不够完善,指纹识别易用性虽高但安全性不足且易受影响,人脸识别和虹膜识别安全性很高但技术不成熟,光线、遮挡等因素的影响仍然较大。二是市场处于初步探索阶段,产业细分程度不足,各领域区分较为模糊。三是信息安全问题凸显,个人信息泄露是最大隐患。

当前,我国安防产业进入建设高峰期,预计各细分领域未来 5 年的市场需求将达到 20%～80%的增速,总体年增长率将保持在 20%以上。未来,生物特征识别技术将成为智能安防的核心技术,其中指纹识别的市场份额将逐渐下降,人脸识别将逐步成为主流的选择。此外,基于生物特征识别技术的智能视频监控和智能视频检索将成为智能安防领域的两大热门方向,可通过不间断的海量监控,预测潜在的安防危险事件。

身份验证又称"验证""鉴权",是指通过一定的手段,完成对用户身份的确认。身份验证的方法有很多,基本上可分为基于共享密钥的身份验证、基于生物学特征的身份验证和基于公开密钥加密算法的身份验证 3 种。

1. 基于共享密钥的身份验证

这是指服务器端和用户共同拥有一个或一组密码,当用户需要进行身份验证时,可以通过输入密码进行验证。服务器在收到用户提交的密码后,检查用户所提交的密码是否与服务器端保存的密码一致,如果一致,就判断用户为合法用户。如果用户提交的密码与服务器端所保存的密码不一致,则判定身份验证失败。使用基于共享密钥的身份验证的服务有很多,如绝大多数的网络接入服务、BBS 及维基百科等。

2. 基于生物学特征的身份验证

基于生物学特征的身份验证是指基于每个人身体上独一无二的特征(如指纹、虹膜)进行身份验证。例如,Synaptics Natural ID 指纹传感器解决方案对指纹模板数据进行 AES256 位加密,对于在智能手机上快速部署生物识别身份验证技术,这种加密方法起到了关键作用。

3. 基于公开密钥加密算法的身份验证

这是指通信中的双方分别持有公开密钥和私有密钥,由其中的一方采用私有密钥对特定数据进行加密,而对方采用公开密钥对数据进行解密,如果解密成功,就认为用户是合法用户,否则认为身份验证失败。使用基于公开密钥加密算法的身份验证的服务有 SSL、数字签名等。

6.2.3　视频结构化与快速检索

1. 视频结构化

视频结构化技术是一种基于视频内容进行信息和数据提取的技术,它对视频内容按照语义关系,采用时空分割、特征提取、对象识别等处理手段,组织成可供计算机和人类理解的结构化信息的技术。

视频结构化技术既是海量视频实现信息化、情报化转化行之有效的技术,也是当前公共安全领域中对视频结构化处理的一个指向性方案。在视频结构化描述的内容方面,公共安全关注的视频信息主要是:人员、车辆、行为。在视频中把人作为一个可描述的个体展现出来,其中包括人员的面部精确定位、面部特征提取、面部特征比对,人员的性别、年龄范围、大致身高、发饰、衣着、物品携带、步履形态等多种可结构化描述信息;对于车辆的描述信息,包括车牌、车颜色、车型、品牌、子品牌、车贴、车饰物信息等多种车辆描述信息;对于行为的描述信息,包括越界、区域、徘徊、遗留、聚集等多种行为描述信息。

经过视频结构化处理后,可以达到以下目的:第一是视频查找速度得到极大提升。在结构化基础上进行检索查询,可以快速解决目标查找问题。例如,从百万级的目标库中(对应数百到一千小时的高清视频)查找某张截图上的行人嫌疑目标,数秒即可完成。第二是可以大幅降低视频存储容量,解决视频长期存储的问题。经过结构化后的视频,存储人的结构化检索信息和目标数据不到视频数据量的 2%;对于车辆,不到 1%;对于行为,则存储容量更小。第三,视频结构化可以盘活视频数据,可作为数据挖掘的基础。视频经过结构化处理后,存入相应的结构化数据仓库,对各类数据仓库可以进行深度的数据挖掘,充分发挥大数据作用,提升视频数据的应用价值,提高视频数据的分析和预测功能。

2. 视频结构化与快速检索的应用领域

从数据处理的流程看,视频结构化技术能够将非结构化的视频数据转化为人和机器可理解的结构化或者半结构化情报信息,并进一步转化为公共安全实战所用的情报数据,实现视频数据向信息化、情报化的方向转化,达到视频感知世界的智慧应用。视频结构化技术主要应用于以下两个领域。

1) 安防领域

人工智能的视频结构化技术,可实现视频图像的智能感知和智能解析,自动提取视频图像关注的人、机动车、非机动车、车牌等重点目标对象及其特征属性,并且通过技术手段转化为公安可用的情报,实现监控网络之间、终端之间的信息共享和互动操作,实现主动监控、自动联网分析等网络功能;全方位拓展视频在警务工作中的应用模式,大幅提高技术的易用性,实现以业务民警为中心的灵活、简单、多样的视频按需服务应用,以机器代替人工,释放警力,提升公安部门的工作效率。未来,视频结构化技术还需要构建自身的标准化发展体系,不断突破与创新,将智能安防推向更高的发展层次。

2）智慧交通领域

目前,视频结构化在智能交通领域的应用越来越多,视频结构化技术在交通违法查纠、交通事故逃逸、盗抢机动车辆等案件中发挥了重要作用。视频结构化技术能够从多个维度优化现有的智慧交通体系,将原本数量巨大、响应迟缓且大部分没有应用价值的视频数据进行精缩,转化为查找更便捷、存储空间占用更小且可被深度挖掘的高密度数据,助力警务升级,提升视频图像信息服务警务实战的能力,使图像信息在交通管理过程中发挥出更大的作用。

3. 视频结构化需要突破瓶颈

1）视频结构化核心算法技术的突破

视频结构化技术与视频智能分析技术息息相关,但是当下视频智能分析技术受到各种应用环境的制约,以人脸识别为例,当下的人脸识别多半是配合式、重复式应用场景,在这种应用场景下,人脸的识别率基本能达到实用要求,而在无配合、多人脸、动态视频的场景下就很难达到实用目标。

2）视频结构化数据存储、检索和应用技术尚未成熟

随着数据容量的快速增长,如何实现视频结构化数据的大容量、高效存储、高效检索,以及快速实现数据应用,为最终用户提供高效灵活的服务,都将成为今后各大视频监控企业面临的问题。

3）顶层设计,构建标准体系

通过对视频结构化技术自身特点和应用模式的研究,建立有关视频结构化的标准体系模型,制定覆盖技术实现和应用系统的标准化体系,有步骤地制定相关标准,以规范技术研究和设备开发,指导系统建设、运行及评估的各个方面,从源头上为视频信息情报化应用的全面展开打好基础。

4）视频结构化数据应用大平台建设

随着视频结构化技术的日趋成熟,如何采集和管理这些巨量的视频结构化数据,如何面向公共安全部门提供快速、高效、专业、个性化的服务也是摆在服务商与业主面

前的难题。

6.2.4　行为分析辅助安防应用

行为分析作为视频智能报警系统的组成部分,能够对实时视频进行内容分析和判断,识别目标行为是否符合报警规则的要求,一旦发现监控画面中存在异常情况,便能够以最快和最佳的方式发出警报并提供有效信息,从而能够更加有效地协助安全人员处理危机。通常情况下,行为分析可以根据防范目标的特点设置为能够同时检测同一场景内不同目标的行为。通过行为分析系统对人员的异常行为进行分析处理,可应用于重点区域防范、重要物品监视、可疑危险物品遗留等行为的机器识别;也可对人员的异常行为进行报警,极大提升视频监控的应用效率。另外,还可以实现对群体的态势分析,如人群密度分析、人员聚集分析等,对重点区域或者人员聚集较多的场所态势进行分析,防止人群事件发生,做到提前预警、及时处理。此外,行为分析还可最大限度地降低误报和漏报现象。行为分析系统应用广泛,包括各种公共场所,如机场、车站、港口、建筑物周围、街道、小区及其他场所,用来检测、分类、跟踪和记录过往行人、车辆和其他可疑物体,判断是否有行人及车辆在禁区内发生长时间徘徊、停留、逆行等行为,切实提高监控区域的安全防范能力。

6.2.5　多维度安防大数据分析

本节从安防大数据的来源、安防大数据的现状、安防大数据面临的新挑战及安防大数据目标架构方案 4 个维度进行分析。

1. 安防大数据的来源

广义上讲,安防大数据的数据源不仅包括平安城市建设的摄像头视频数据、卡口数据,还包括能对城市安全防范起作用的其他数据,如互联网数据、通信数据等。安防大数据具体可以分为如下两类。

(1)视频数据。随着高清时代的到来,视频数据已成为最重要的安防数据,这部分数据包括各地城市建设的大量视频监控数据,交警、城管、交委、海关、检验检疫等部门建设的视频监控数据,以及接入电信运营商公共平台的视频数据等。

(2)卡口、电子警察数据。对于一线城市而言,卡口一般有几百到上千个,每天产生上万条过车记录；而电子警察则有几千到上万个，这些都构成了安防大数据的主要来源。通过这些数据可以开展过车数据研判分析、套牌车核查、同行车分析、区域碰撞分析、连续违法分析等业务。

2. 安防大数据的现状

随着安防业务的快速发展，安防数据量呈指数级增长，数据类型也由单一的结构化数据演变为非结构化、半结构化和结构化多种数据并存，其特点是信息数据量大，信息密度小。

3. 安防大数据面临的新挑战

海量数据和多种数据类型的出现，对传统 IT 系统的存储、计算等能力造成极大挑战，同时也对海量数据如何才能产生价值，如何才能灵活应用提出了更高的要求。

挑战一：海量数据对存储和计算能力提出了更高的要求。安防行业在感知侧持续不断地产生大量数据（如视频、音频、邮件、数据表等），同时，智能化应用又要求融合更多维度的数据；这些数据需要进行大量计算才能发挥出更大的价值。而客户的 IT 投资预算有限，无法支撑数据量增长和计算能力的诉求。

基于此背景，对安防大数据提出了新要求：高效率、低成本存储、非结构化、半结构化、结构化数据统一存储，以及具备海量数据的计算能力：离线计算、人工智能、交互分析、机器学习等。

挑战二：非结构化数据的解析利用度急需提高。业务侧大量部署的感知端设备，产生了海量的视频、音频、指纹、图片等非结构化数据。但由于分析场景有限，精度不高，数据无法得到充分利用。以视频数据为例，人脸卡口识别率达 95% 以上，但其他场景则只有 80% 左右。在当前场景有限、算法待成熟的背景下，对安防大数据提出了新要求：广泛的场景、更高的精度。

挑战三：数据要从孤立转变为共享和关联。大数据需要通过快速采集、发现和分析，从大量化、多类别的数据中提取价值。安防大数据时代最显著的特征就是海量和非结构化数据共享，用以提高数据处理能力。而当前安防数据存储在不同系统、不同区域、不同节点、不同设备中，给数据的传输和共享带来极大的挑战。面对这些相互割裂和孤立的数据，需要把它们都关联起来，才能为决策提供更全面的信息。因此，对安防大数据提出了新要求：完善数据标准、数据协同和数据关联。

挑战四：建立智能化应用模型，提前预测预警。安防对数据的应用主要集中在查、看和少量研判分析上，智能化应用匮乏。未来需要基于对象的历史数据，把握其行为规律，在事前预测可能出现的行为，事中有针对地阻止打击，事后进行破案、恢复、惩处等，对危害性行为进行提前预测预警。

4. 安防大数据目标架构方案

为了应对安防大数据的挑战，满足安防大数据的新要求，需要构建以数据为基础、以智能化应用为导向的安防大数据架构。基础平台重点提供存储、计算、大数据、AI能力，应对安防数据的存算诉求（即满足对安防数据的存储和运算要求）。安防大数据则聚焦在数据加工处理、挖掘分析上，归结到数据汇聚、解析关联、全息图谱能力，涉及大量的算法、模型。

智能安防大数据方案可面向众多视频监控设备及企业系统，将各类型数据（如视图数据、物联感知、企业网络或其他系统数据）接入汇聚到安防大数据系统中，同时基于该系统的解析关联、全息图谱等能力，为安防业务系统提供有效的价值数据，从而实现在预测预防、情报研判等方面的智能化应用。

6.3 人工智能舆情监控

随着人工智能技术的进一步发展，信息处理技术得到了升级，极大地提高了企业、政府等对于网络舆情信息的各类威胁响应和应对速度，全面提升了企业、政府等对风险防范的预见性和准确性。因此，人工智能技术已经广泛应用于网络舆情监测领域，在应对智能时代网络舆情的各类难题中发挥了重要作用。人工智能结合舆情的想象空间是十分巨大的，舆情与人工智能领域深耕细作，将舆情数据与人工智能技术融汇起来，推动整体领域的生态应用和数据融合。

6.3.1 事件识别、发现与跟踪

随着科学技术的不断进步和发展，越来越多的人通过网络发布和获取信息、参与

讨论和发表自己的意见,于是网络事件逐渐得到人们的重视。及时识别、发现各种热点事件,采取适当的措施控制和引导事件的发展,对于构建和谐稳定的社会具有重要意义。但是,由于网络庞大复杂,网民数量剧增和行为活跃带来的海量信息,加大了事件被识别、发现及追踪的难度。

热点事件发现功能实现的主要算法是文本的聚集,当一个类的规模很大的时候,就可以认为它是一个事件。

事件追踪功能是一个文档的分类过程,用户可以对自己感兴趣的主题进行追踪研究,获得关于主题的后续报道和信息。

6.3.2　企业舆情与政府舆情

舆情是"舆论情况"的简称,它是在一定的时间、空间内,经由一定事件的发生,使得公众对国家机构、个人、企业、组织等在事件中的取向所表现出来的态度。它掺杂了集体和个人的认知、情绪、经历等各方面内容,在一定程度上影响着事件的发展。网络舆情是网民基于某社会问题、公共或个体事件,发端或者衍生于网络平台,对公共权利的公众信念、态度、情绪和意见的总和。根据舆情主体的不同,可分为企业舆情和政府舆情。

1. 企业舆情

新媒体时代,媒介技术和网络技术的不断创新加速了网络舆情的发展。在新媒体平台上,公众不仅具有强烈的搜索欲望,并且关注的问题广泛,参与社会事件监督热情高,很多信息极易被无限放大,引发突发公共事件。所以,对于企业来说,有效地监测,以及实地处理企业在网络上的相关负面信息就显得尤为重要,特别是利用企业舆情监测,第一时间最快速地处理负面舆情,保持企业的健康良好形象。

企业舆情是"企业舆论情况"的简称,是指在一定的社会空间内围绕某一企业事件的发生、发展和变化,公众对事件所持有的信念、态度、意见和情绪等表达的集合。企业舆情是舆情对于企业来说的,它包括舆论和公众对有关企业的任何话题的讨论、报道和反映。

2. 政府舆情

近年来,尤其针对一些政府问题,部分激进分子通过媒体平台发布虚假信息,误导群众,严重威胁到政府的正常管理秩序。舆情信息指的是对舆情的一种描述和反应,理论上讲,舆情信息是指在对社会政治制度信息的收集、整理、分析、报送、利用和反馈过程中,对舆情状态、资讯、消息、情报、指令及数据信号等的客观反映。传统的舆论信息以口耳相传的形式传播,因此政府应对舆情信息的难度较大,但同时舆情信息的传播速度和传播力度也相对较小。随着融媒体时代的到来,舆论信息的传播方式多种多样,也加快了舆论信息的传播速度。融媒体时代下政府舆情的类型有以下 3 种。

(1) 常规型网络舆情。常规型网络舆情与常见的新闻差别不大,呈现年度性和季节性变化的特点,如冬季取暖温度不够,降雪不及时清理、春季柳絮飘落导致过敏源增多、夏季暴雨洪灾等容易引发舆情,也容易引起人们热议。

(2) 系列型网络舆情。系列型网络舆情与特定的工作息息相关,多集中在工程建设领域,尤其在棚户区改造、市政施工、房地产开发、道路修建等基础建设过程中,不断出现商家、政府、当地百姓之间的利益博弈。这种较量伴随着整个工程的推进而不断发生,稍有不慎就有可能酿成群体性事件,影响社会稳定和政府的公信力。

(3) 突发型网络舆情。突发型网络舆情,顾名思义,是完全没有征兆、不经准备阶段突然爆发的。当今时代,几乎人人都有手机,传播者可以随时随地通过微博、微信、抖音、快手、今日头条等媒体传播消息。这类舆情可以在短时间内向外扩散并呈爆发态势,很快成为全国热议的话题,政府在面对此类舆情时完全没有准备,也难以防范。因此,该类型网络舆情最难处理,也最为政府所重视。

3. 人工智能带来的舆情挑战

一是通过人工智能精确采集与归类客户需求信息,如国家大政方针走向、热点时事新闻、突发事件、本地负面新闻舆情等,同时通过云计算与客户偏好实时推送相关信息。二是运用 AI 让舆情信息交互变得更加便捷、智能。其具体表征为:舆情信息的可读化、场景化、跟踪化;舆情信息推送便携化、移动化、指令化。三是舆情输出报告程式化,不论简报、专报、季报、年报,都有章法可循,对报告中的固定模块要素进行信息采集与智能组合,同时处理好少有的变量,便可建构内容模型。现今已有部分舆情公司使用机器写作,输出专题舆情报告。

4. 人工智能带来的舆情风险

1) 虚假新闻问题

人工智能可以改变影像中物体的运动轨迹或者重塑人物形象,这让虚假新闻更难被识别,导致谣言迅速扩散,进而影响舆论走向。2018 年 4 月,美国制片公司"猴爪(Monkeypaw Productions)"就曾利用名为"深度仿真"的人工智能技术制作了一段虚假视频,达到以假乱真的效果。可以预见,随着未来人工智能技术的广泛运用,此类"谣言视频"将会多次出现,助推舆情风波发酵升级。

2)"人工智能＋网络平台"带来的复杂的信息管理难题

当前媒介融合方兴未艾,人工智能成为提升生产力、传播力与影响力的重要手段。互联网商业平台与主流媒体主要用于算法精准推送、个性化内容定制、机器人写稿与"中央厨房"建设等,未来应用场景将进一步扩展。同时,"人工智能＋网络平台"也蕴含着诸多风险因素,值得研究和关注。例如,人工智能算法主导的新闻生产与信息分发,带来了信息茧房效应与算法偏见等问题,冲击了网络舆论生态。"机器人水军"的存在客观上也影响着舆论生态。2018 年 3 月,今日头条被网民举报避开北上广深等审查严格的大城市,借助技术优势,在监管松懈的二三线城市大量刊登违法广告。

3)舆论操控与数据滥用问题

2018 年 3 月,外媒报道脸书公司 5000 万用户信息被第三方公司"剑桥分析"用于大数据分析,根据用户的兴趣特点、行为动态精准投放广告,甚至被怀疑利用数据预测用户政治倾向,成为间接影响总统大选的力量。再如,一些互联网公司采用大数据技术"杀熟",都为人工智能时代规范数据运用、加强隐私保护敲响了警钟。

6.3.3　舆情监控与融媒体

1. 舆情监控

网络的广泛性和开放性加快了各种信息的传播速度和范围,所以舆情一旦出现,便很难控制。通过将人工智能应用于网络舆情监管,建立智能化的网络舆情监管体系,使对复杂的信息处理和大数据的运算能够体现出比人类更高的速度和更准确的结果,从而提高当下社会对网络舆情控制的效率。

互联网时代背景下发展起来的人工智能技术在针对网络舆情的监管方面做出了巨大贡献,不同的信息挖掘技术和信息处理方式为热点舆情事件和敏感问题的检索提供了技术支持。人工智能在网络舆情中的应用包括以下技术及方式。一是 Web 挖掘技术,它是一种基于人工智能的智能信息分析处理技术,能将互联网和数据挖掘结合起来实现对网络舆情的信息监控和采集,为接下来的信息前期处理提供数据基础和来源。二是语义识别技术。网络舆情监管中对语义识别技术的应用不可或缺。语义识别是指针对句子的结构和其中词的词义进行推断,正确表示句子的信息,将人类常用的自然语言转化为计算机可以辨别的信息,从而实现对网络舆情的监管。三是 TFDF 信息聚类技术。该技术通过为后续网络舆情信息的处理提供聚类数据,进而有效提高网络舆情的数据信息处理分类速度,实现快速反应,快速分析,快速分类。

为了实现有效的舆情监控,还需搭建政府、社会、网络监管部门、个人四位一体的监管平台,将政府、社会、网络监管部门及个人分为 4 个模块。通过个人对负面网络舆情申诉、社会各界对网络舆情的反应以及趋势,网络监管部门采用人工智能技术对网络相关信息进行快速收集、解析、判断以及分类,最后按照政府立法对网络舆情相关信息进行筛查评定。

总之,将人工智能技术应用于网络舆情监管,有助于对网络舆情进行精准预测与有效引导,为建设社会主义和谐社会创造有利的网络舆论氛围。

2. 融媒体

"融媒体"以发展为前提,以扬优为手段,充分利用媒介载体,把广播、电视、报纸等既有共同点,又存在互补性的不同媒体在人力、内容、宣传等方面进行全面整合,把传统媒体与新媒体的优势发挥到极致,使单一媒体的竞争力变为多媒体共同的竞争力,实现"资源通融、内容兼融、宣传互融、利益共融"的新型媒体。

迄今为止,"融媒体"的发展经历了四个阶段。第一阶段是"似"融媒体,当时有不同的主流媒体为了宣传,彼此进行横向联合或多方组合,组建起共享平台进行宣传。此时所进行的联合共享行为并不是真正意义上的"融媒体",顶多只是一种"似"融媒体,仅是媒体之间根据需要搭建的一个进行资源共享、差异互补的简单连接,没有专门的人员和机构。第二阶段是"仿"融媒体。这时围绕新媒体进行的互动行为称为"仿"融媒体行为,它只是人们通过网络工具与各种新媒体之间的体验和交流,仅限于人们与新媒体及各种新媒体的互动。第三阶段是"实"融媒体,这一阶段的融媒体是传统媒体主动与新媒体的兼容并蓄和交融贯通,它把传统媒体的优势借力于新媒体得以更好地发扬,又将新媒体的传播特长作用于传统媒体进行良好优化。第四阶段是"全"融媒体,互联网时代的"全"融媒体是采用了各种表现手法,运用各种媒介平台,最终通过各种技术支持实现的各种信息接收和传播。在"全"融媒体的概念里,人人都可以参与信息的采编播,物物都可以成为媒介平台。

融媒体时代,网络舆情的发酵时间极为迅速,一旦处理不当,极易造成不良的社会影响。因此,舆情管理部门要加强对舆情的监督与管理,通过与融媒体合作的模式正确引导,积极发声,为网络安全、稳定民心提供保障。

6.4　人工智能与数据隐私

6.4.1　隐私和隐私权的界定

1. 隐私的界定

隐私,自从人类知道用兽皮、树叶遮羞之日便已有之。隐私包括"隐"和"私"两方面的内容。隐,有隐蔽、遮掩与隐瞒之意,指权利人不愿其事被他人知晓;私,与"公"相对,指其事仅与特定人的利益或者人身发生联系,而无关公共利益、群体利益之事。在法律上,隐私一般又称私生活秘密,指私人生活安宁不受他人非法干扰,私人信息保密不受他人非法搜集、刺探和公开等。

在现代社会,关于什么是隐私,学术界主要有三种观点:第一种是"信息说",即隐私人不愿被他人获取和披露的私人信息便是隐私。第二种是"私生活秘密说"或"信息安宁说",即不受他人非法干扰的私生活或不受他人非法收集、刺探、公开的保密的私人信息。第三种是"信息＋安宁＋决定"说,认为隐私乃是一种与公共利益、群体利益无关的,当事人不愿他人干涉的个人私事和当事人不愿他人侵入的或他人不便侵入的个人领域。主流观点多赞同第二种或第三种观点,而认为第一种"信息说"较为笼统,不应采纳。

2. 隐私权的界定

隐私权是一种国际公认的人权,被写进《世界人权宣言》《公民权利和政治权利国际公约》,以及全世界 100 多个国家的宪法当中。所谓隐私权,按照学者沃伦(Wallen)和布兰代斯(Brandeis)的研究,是指个人享有的私人生活安宁的权利及私人信息不被他人非法侵扰、知悉、搜集、利用和公开的一种人格权。

隐私权包括主体和客体。通常认为,隐私权的主体应该是自然人,法人和其他组织不是隐私权主体。自然人的隐私信息与法人的秘密信息有着明显的区别,自然人隐私主要体现自然人的人格特质,隐私权的设立也主要是为了保护自然人的这种人格特质不被外界干扰,给自然人一个独处的空间。

隐私权的客体。在法律上,隐私权是隐私人合法、自由地占有和处理隐私信息,并且这种占有和处理是不被他人或组织非法干扰的。所以,隐私权所保护的应该是未被隐私权人抛弃的、合法的、不违背社会公序良俗的隐私信息,且这种信息不公开不会危及他人、集体和国家的合法权益,法律也未强制要求公开。

6.4.2 保护数据隐私的建模手段

随着大数据时代的快速发展,保护数据隐私显得尤为重要,构建合理的数据隐私保护模型,可以使得数据的产生者、传播者及使用者都处在一个相对安全的信息链环境中,极大地提升了个人、企业乃至国家的信息安全等级。

1. k-匿名隐私保护模型

k-匿名隐私保护模型已经成为数据发布者可信的隐私保护模型。k-匿名技术是指每个等价组中的记录个数为 k 个,针对大数据的攻击者在进行链接攻击时,对任意一条记录的攻击同时会关联到等价组中的其他 $k-1$ 条记录。这种特性使得攻击者无法确定与特定用户相关的记录,从而保护了用户的隐私。

2. i-diversity 匿名隐私保护模型

i-diversity 匿名策略是保证每一个等价类的敏感属性至少有 1 个不同的值。i-diversity 使得攻击者最多以 $1/i$ 的概率确认某个个体的敏感信息。

3. t-closeness 匿名隐私保护模型

t-closeness 匿名策略以 EMD 衡量敏感属性值之间的距离,并要求等价组内敏感属性值的分布特性与整个数据集中敏感属性值的分布特性之间的差异尽可能大。在 i-diversity 基础上,考虑了敏感属性的分布问题,要求所有等价类中敏感属性值的分布尽量接近该属性的全局分布。

针对大数据的持续更新特性,有的学者提出基于动态数据集的匿名策略,这些匿名策略不但可以保证每次发布的数据能够满足某种匿名标准,还能防止黑客对历史数据进行分析和推理。这些技术包括支持新增的数据重发布匿名技术、m-invariance 匿名技术等支持数据动态更新匿名保护的策略。

（1）支持新增的数据重发布匿名策略:使得数据集即使因为新增数据而发生改变,但多次发布后不同版本的公开数据仍然能满足 i-diversity 准则,以保护用户的隐私。数据发布者需要集中管理不同发布版本中的等价类,若新增的数据集与先前版本的等价类无交集并能满足 i-diversity 准则,则可以作为新版本发布数据中的新等价类出现,否则需要等待。若一个等价类过大,则要进行划分。

（2）m-invariance 匿名策略:在支持新增操作的同时,支持数据重发布对历史数据集的删除。

6.4.3　边缘计算与数据隐私

1. 边缘计算

目前,边缘计算的发展仍然处于初期阶段。随着越来越多的设备联网,边缘计算得到了来自工业界和学术界的广泛重视和一致认可。

1）边缘计算的概念

对于边缘计算,不同组织给出了不同的定义。美国韦恩州立大学计算机科学系的施巍松等人把边缘计算定义为"边缘计算是指在网络边缘执行计算的一种新型计算模式,边缘计算中边缘的下行数据表示云服务,上行数据表示万物互联服务"。边缘计算产业联盟把边缘计算定义为:"边缘计算是在靠近物或数据源头的网络边缘侧融合网络、计算、存储、应用核心能力的开发平台,就近提供边缘智能服务,满足行业数字在敏捷连接、实时业务、数据优化、应用智能、安全与隐私保护等方面的关键需求"。本文认为边缘计算是一种新型计算模式,是在靠近物或数据源头的网络边缘侧融合网络、计算、存储、应用核心能力的分布式开放平台,就近提供边缘智能服务,满足行业数字化在敏捷连接、实时业务、数据优化、应用智能、安全与隐私保护方面的关键需求。

2）边缘计算体系架构

边缘计算架构包括终端层、边缘层和云层。

（1）终端层:终端层是最接近终端用户的层。它由各种物联网设备组成,例如传感器、智能手机、智能车辆、智能卡、读卡器等。为了延长终端设备提供服务的时间,应该避免在终端设备上运行复杂的计算任务。因此,终端设备负责收集原始数据,并上传至上层进行计算和存储。

(2)边缘层:边缘层位于网络的边缘,由大量的边缘节点组成,通常包括路由器、网关、交换机、接入点、基站、特定边缘服务器等。这些边缘节点广泛分布在终端设备和云层之间,例如咖啡馆、购物中心、公交总站、街道、公园等。它们能够对终端设备上传的数据进行计算和存储。边缘节点可以对收集的数据进行预处理,再把预处理的数据上传至云端,从而减少核心网络的传输流量。

(3)云层:云层由多个高性能服务器和存储设备组成。它具有强大的计算和存储功能,可以执行复杂的计算任务。云模块通过控制策略可以有效地管理和调度边缘节点和云计算中心,为用户提供更好的服务。

边缘计算模型将原有云计算中心的部分或全部计算任务迁移到数据源附近,相比于传统的云计算模型,边缘计算模型具有实时数据处理和分析、安全性高、隐私保护、可扩展性强、位置感知及低流量的优势。同时,边缘计算的实际应用还存在很多问题,包括优化边缘计算性能、安全性、互操作性,以及智能边缘操作管理服务等,这些问题需要进一步研究。

2. 数据隐私

数字经济时代产生的大数据与传统数据相比,在结构特征、载体渠道、运行逻辑、商业模式等方面差异较大,因此,数据治理和隐私保护问题给法律保护的隐私权和数据安全带来了新的挑战。尤其在人工智能时代,数据隐私的范围和特征界定不清晰,导致实践中存在人工智能技术应用中的数据和隐私泄露、不当推荐、算法黑箱、大数据杀熟等问题和乱象,不但减损了个人利益和社会公共利益,也对人工智能技术的安全创新和健康落地产生了阻碍。

1)数据隐私在人工智能应用中的范围和特征

数据和隐私信息的分类在学术界讨论较多,按照数据内容和场景,人工智能应用中涉及的数据隐私可以分为三类:第一类是产生于用户的原始数据、身份数据;第二类是通过用户日常生活行为、网络记录和 App 记录等采集的数据,反映用户的行为外观;第三类是根据算法得出的特征指标和数据。与《中华人民共和国民法典》对隐私定义的"私人生活安宁"不同,第一类数据最具有私密性,能够最直观地反映个体的身份信息和相关信息;第二类数据也具有一定程度的隐私性,能反映个体的生活习惯和画像,从而得知身份信息;第三类数据的隐私程度较弱,包含的隐私信息很少,但不排除涉及商业秘密或者间接的个人隐私。

　　人工智能应用中数据隐私的保护呈现出四个特征:一是随着 5G、物联网等技术的发展和应用场景的拓宽,数据隐私范围扩大了。二是数据结构分散,非结构化数据占比多。随着人工智能的应用场景不断拓宽,非结构化数据的隐私难以区分,加剧了识别和保护的难度。三是数据技术本身具有智能性。一方面人工智能技术自动化程度高,数据由生产者或算法产生,数据的收集、清洗加工、使用和流转都由代码和算法自动实现,在网络空间进行分享传播;另一方面数据黑箱化,人工智能技术和算法模型本身具有较高的门槛,算法代码逻辑、价值和运行过程不对外公开,难以被专业技术人士理解知悉,数据就像进入一个黑箱里处理和流转,黑箱中涉及的数据隐私的交易和分享大大增加了数据主体保护自身权益的难度。四是数据和隐私之间界限模糊,个人数据、隐私和企业数据、商业秘密相互交叉,边界趋于模糊。

　　2) 推动我国人工智能应用中数据隐私的保护

　　(1) 通过顶层设计推动法律规范与伦理框架协同发展。要保障人工智能应用中数据隐私的安全,需要在顶层设计把控好方向,即推动法律规范和人工智能伦理框架兼容并行。首先,应把握好法律与技术、法律与社会的价值取向,即是更侧重创新还是更侧重风险和安全,这需要结合国家发展和社会需要综合考量;其次,由于立法成本较高、时间跨度较长,当法律规范在人工智能数据保护处于空白阶段的时候,可先行推出人工智能的伦理框架,明确个人数据和隐私的最小够用、手段正当、授权可撤回等原则;最后,加快推出《中华人民共和国个人信息保护法》《中华人民共和国数据安全法》等法律和部门规章,进一步明确数字经济时代下个人数据和隐私的范围、数据的归属和权利、数据的类别和价值等基础问题。

　　(2) 借鉴行业实践形成分级分类保护方案。根据人工智能发挥的不同功能和作用,可以将其能力分为五个方面:数据分析、描述和诊断、预测、辅助决策、自动决策或自动行动。依据智能化程度的不同,智能化程度越高的人工智能应用,数据隐私的风险越大。可以根据人工智能所处场景和功能的不同,分层定制阶梯化的数据隐私保护机制,细分领域的数据隐私保护方案和技术创新是未来的发展趋势。

　　(3) 加快推进人工智能技术安全标准的制定。人工智能数据安全标准连接着伦理道德、技术手段和法律规范,是硬托底和软治理之间的桥梁衔接部分。一方面,制定人工智能技术安全规范,争取覆盖人工智能更多的领域;另一方面,加强国内人工智能安全标准和国际标准的衔接,在技术应用、数据标准和隐私保护方面达成一致,有效防范人工智能的网络安全风险、数据安全风险、算法安全风险、信息安全风险、社会安全风险和国家安全风险,在此基础上构建国际通用的安全评估体系。

6.4.4　可解释的人工智能

随着人工智能技术的高速发展,基于人工智能技术的解决方案正在被各大企业部署应用,影响着我们生活的方方面面。人工智能所做出的决策是否值得信赖,如何保证合理性? 人工智能的一个新兴分支出现了。可解释的人工智能正在引起人们的注意,它可以帮助企业解决由各种法规带来的监管问题。此外,可解释性对于改进决策者和一线专家提出的人工智能模型的采用也很重要,使相关人员确认和解决机器学习模型中的盲点。

可解释的人工智能(explainable AI)是机器学习领域的热门话题之一,是指人类能够通过动态生成的图表或文本描述轻松理解人工智能技术做出决策的路径。可解释没有确切的定义,Miller 给出的一个解释是"可解释性是指一个人能够理解一个决定的原因的程度",也就是说,如果一个人能够容易地推理和追溯为什么模型能做出预测,那么模型的可解释性就较好。相比之下,第一个模型的决策比第二个模型的决策更容易让人们理解和接受,那么第一个模型就比第二个模型更具解释性。对于人工智能而言,可解释性有不同的层次,而不同的应用需要不同程度的可解释性,这种程度的具体依据是这个解释针对哪类用户。

可解释性取决于谁需要解释,对不同的人可能意味着不同的内容。但是,一般来说,如果风险很高,则需要更详细的可解释性。可解释性通常可以分为自上而下或自下而上。自上而下的方法适用于对细节不感兴趣的最终用户,他们只想知道答案是否正确。自下而上的方法对于那些必须诊断和解决问题的工程师来说很有用,这些用户可以查询认知 AI,一直到决策树的顶部,并查看在顶部解释 AI 结论的详细信息。

可解释的模型算法包括线性回归、逻辑回归和决策树,它们的参数具有意义,可以从中提取有用的信息来解释预测结果。基于这些可解释模型所构成的神经网络也具有可解释性,神经网络的处理过程不再是暗箱操作,而是透明可解释的,具有明确的语义信息。一个好的解释应该做到:完整性,即解释的涵盖范围,包括解释所包含的实例数目;正确性,解释的结果与事实相符;简洁性,解释应该简洁,可通过决策规则中的条件数量和基于邻域的解释的特征维度来验证。

6.5　人工智能时代的隐私保护政策

6.5.1　美国的数据隐私保护法律

随着信息通信技术的不断发展和互联网应用的日趋普及,个人数据隐私的保护已成为新的全球性问题。但在立法和监管实践中,如何既保障用户权利,又充分利用数据促进行业发展,值得深入研究。美国在数字经济领域有深厚的积累,了解美国在个人数据隐私保护方面的现行法律和监管体系,有助于我国更好地建立相应的法律法规体系。

1. 美国现行法律和监管体系

美国从产业利益出发,对个人数据持积极利用的态度,数据保护的法律规定较为宽松,坚持以市场为主导,以行业自律为主要手段。美国至今仍没有全面的联邦数据隐私法,执法主要由联邦贸易委员会(FTC)及联邦通信委员会(FCC)负责。

1)联邦层面的法律法规

《联邦贸易委员会法》(Federal Trade Commission Act)是 1914 年制定的一部禁止不公平或欺骗行为的联邦消费者保护法。联邦贸易委员会依据此法判定公司是否在消费者数据隐私保护方面存在不公平或欺骗行为,并采取执法行动。

《隐私权法》(Privacy Act),1974 年 12 月由美国国会通过,是保护公民隐私权和知情权的一项重要法律,针对联邦行政部门收集、利用和保护个人数据等方面做出规定。

《电子通信隐私法》(Electronic Communications Privacy Act,1986 年颁布)和《计算机欺诈和滥用法》(Computer Fraud and Abuse Act,1984 年颁布)将针对政府监听个人电话的限制措施扩展到电子数据传输,防止政府未经许可监控私人电子通信。

《金融服务现代化法》(Gramm-Leach-Bliley Act)于 1999 年颁布,规定了金融信息的收集、使用和披露规则,限制了非公开个人信息的披露,数据主体有选择不共享其信息的自由。

《健康保险便利和责任法案》（Health Insurance Portability and Accountability Act）于1996年颁布，针对医疗信息的交易规则、医疗隐私、患者身份识别等问题做了详细规定。

《公平信用报告法》（Fair Credit Reporting Act，1970年颁布），连同2003年颁布的《公平准确信用交易法》（Fair and Accurate Credit Transactions Act）明确规定了消费者信用信息的用途。

《反垃圾邮件法》（CAN-SPAM Act，2003年颁布）和《电话消费者保护法》（Telephone Consumer Protection Act，1991年颁布）对电子邮箱地址和电话号码的收集和使用做出了规定。

美国政府2015年颁布的《消费者隐私权利法案（草案）》（Consumer Privacy Bill of Rights）侧重在场景中的数据隐私保护，同时要求手段的合理性。如果场景和手段的处理方式不合理，则需要进入"隐私风险评估"环节。美国《2018年加州消费者隐私法案》对个人数据的收集和使用行为分场景加以明确规范，促使人工智能行业进一步规范数据收集和使用行为。

《澄清域外合法使用数据法》（Clarifying Lawful Overseas Use of Data Act）于2018年3月通过，规定判断数据管辖权应依据数据控制者，与存储地无关，即只要是在美国实际开展业务的公司，无论数据存储在何处，都属美国管辖。

美国政府于2020年1月发布了《人工智能应用监管指南》，相较于欧盟的低门槛监管和"硬"监管而言，美国采取了相对"柔性"的监管方式，设定较高门槛的监管要求，在此基础上强调数据隐私的风险评估与管理、成本效益分析等原则框架。

2）部分地方法律法规

加州是第一个颁布数据泄露报告法的州（CIVIL CODE Section 1798.82条），大多数其他州早期的数据泄露报告法都借鉴了该法律。2018年6月，加州通过了美国目前最全面和严格的隐私法《加州消费者隐私法》（California Consumer Privacy Act）。该法赋予了消费者若干新权利。此外，法律还要求机构对所有消费者一视同仁，即使他们拒绝机构收集数据。

2018年5月，佛蒙特州通过了第171号法案，规定在佛蒙特州开展业务的数据代理商应在本州注册，并制定全面的数据隐私保护方案。内华达州和明尼苏达州发布隐私法案，对网络运营商存储和共享消费者信息做出了规定。伊利诺伊州、华盛顿州和得克萨斯州也制定了隐私法，要求公司在处理生物特征数据时必须先获得同意。截至

2018 年 3 月 28 日,美国所有 50 个州以及哥伦比亚特区、波多黎各和美属维尔京群岛均已颁布法律,要求相关机构在发生涉及个人身份信息的数据泄露事件时,要及时通知用户。

2. 行业监管体系

美国主要依靠行业自律,辅以政府监管的模式,以市场为主导,以行业自治为中心,政府只做适当介入。政府监管机构主要有联邦贸易委员会、联邦通信委员会、其他联邦机构和州监管机构。

1) 联邦贸易委员会

联邦贸易委员会成立于 1914 年。目前,在联邦层面上,联邦贸易委员会在监督个人数据隐私方面发挥了主要作用。其执法形式主要有:向联邦贸易委员会行政法官提出行政投诉,向联邦地区法院提起诉讼,将投诉提交司法部并协助司法部提起诉讼,或者与违规公司签署和解协议并要求其进行整改。2008 年 7 月至 2018 年 6 月,联邦贸易委员会开展了 101 项关于互联网隐私的执法行动,多以和解形式解决,并曾对 15 家公司处以民事处罚。近年比较著名的案例有:

2017 年 9 月,美国三大信用报告机构之一 Equifax 发生个人数据泄露事件,波及 1.43 亿美国消费者。联邦贸易委员会和美国联邦储备银行分别展开了调查,2019 年 7 月,Equifax 与联邦贸易委员会达成和解,并支付 4.25 亿美元以帮助受数据泄露影响的人。2018 年 3 月,Facebook 卷入剑桥分析公司数据丑闻。剑桥分析公司以不当方式访问了 8700 万 Facebook 用户的个人数据,并将其用于政治目的。Facebook 与联邦贸易委员会就和解协议进行磋商,联邦贸易委员会可能开出数十亿美元罚单。

2) 联邦通信委员会

联邦通信委员会于 1934 年依据《通信法》创立,主要职责是对电信行业(电信运营商)进行监管,在监督互联网隐私方面作用有限。2014 年,联邦通信委员会对移动网络运营商 Verizon Wireless 发起调查,指控其部分违反了《通信法》和联邦通信委员会的《开放互联网透明度规则》,在客户不知情的情况下雇用第三方使用无法删除的 Supercookies 跟踪客户的在线行为。最终,联邦通信委员会与 Verizon 达成和解协议,Verizon 做出整改并被处以罚款 135 万美元。

3) 其他联邦机构

卫生与公众服务部民权办公室负责《健康保险便利和责任法案》的执行,有权展开调查和提出诉讼。此外,联邦银行机构和国家保险机构也被授权执行各种隐私法,但实际执法行动并不活跃。

4)州监管机构

依据各州数据隐私保护法律,各州监管部门有权采取措施,多由州检察官负责调查起诉。例如2017年,美国华盛顿州总检察长Bob Ferguson起诉Uber公司,指控其违反了该州的数据泄露通知法。

6.5.2 欧盟的《通用数据保护条例》

2018年5月25日,欧盟出台的《通用数据保护条例》(下称《条例》)正式生效,这也是欧盟1995年《个人数据保护指令》(下称"《指令》")生效以来颁布的又一项数据保护措施。《条例》不仅规定了企业在对用户的数据收集、存储、保护和使用时新的标准;而且对于自身的数据,也给予了用户更大的处理权。该条例的目的在于遏制个人信息被滥用,保护个人隐私。

《条例》规定了所有欧盟公民所享有的数字生活中的权利,其前身为1995年开始执行的《数据保护指令》(Data Protection Directive),大部分条款都从其继承而来,同时《条例》在生效后会取代旧的规定。在欧盟的法律体系中,《指令》和《条例》是两种不同的形式,《指令》不直接适用于各成员国,还需要成员国自行转化成为其国内法,在转化过程中成员国有一定的自主裁量权;《条例》则对各成员国有直接适用的效力。与1995年颁布的《指令》相比,《条例》颁布在数字经济高度发达的2018年,《指令》的很多概念和保护的范围在《条例》中被扩大和细化了。

首先是适用范围的扩大。《条例》规定,接受管辖的主体除欧盟境内的数据控制者和数据处理者外,欧盟境外的数据控制者和处理者只要其数据处理活动向欧盟境内的个体提供商品或服务,或涉及监测欧盟境内主体活动的,一概都是被管辖者。相较而言,《指令》的适用范围则简单地取决于属地因素,要么机构的成立地在欧盟,要么利用欧盟境内的设备进行了个人数据的处理活动。26年前的《指令》对用户数据的定义仅有登录名、密码和购物记录等几个项目,《条例》则将受保护的个人信息范围大大延伸至基本身份信息(如姓名、地址、ID号码等)、网络数据(如位置、IP地址等)、医疗保健和遗传数据、生物识别数据(如指纹、虹膜等)、种族数据、政治观点及性取向等。

其次,《条例》赋予了《指令》之外更多的个体权利。例如,保障个人对其数据的"访问权""限制处理权"与"拒绝权"。数据主体有权获得其数据处理与否及其处理目的、分类、存储的方式,并有权要求纠正,以及限制数据的处理行为,在市场营销及部分科学研究与统计活动中,数据主体有权拒绝有关其个人的数据处理。不仅如此,数据主体还有权就其被收集处理的个人数据获得对应的副本,并可以在技术可行时直接要求控制者将这些个人数据传输给另一管理者或管理机构,以及可以随时撤回同意的权利。

《条例》要求公司在收集和使用个人数据前必须向用户明确告知数据的收集和使用方法,并且需要在获得用户明确同意后才可以进行。明确同意即指不可以和用户协议捆绑,必须在网站或应用内专门说明,并获取用户同意,同时可以随时便捷地取消和管理。

从《指令》的 34 个简单条文扩展到 99 条(263 页)详细规范,欧盟《条例》带来全面的制度改革,其核心目标是将个人数据保护深度嵌入组织运营,真正将抽象的保护理论转化为实实在在的行为实践。对于企业而言,小至隐私政策、业务流程,大到信息技术系统、战略布局,无一不需要重新审视规划。在欧洲,甚至整个世界范围中,《条例》是最完善、最严格的隐私保护规定。

6.5.3　其他国家数据隐私保护政策分析

1. 英国

近年来,随着政府开放数据运动的兴起与发展,政府数据开放与个人隐私保护之间的矛盾越来越凸显,如何在最大限度地开放政府数据的同时又能保障个人隐私的安全成为各国关注的焦点之一。英国是政府数据开放的先驱者,同时也是世界上政府数据开放程度最高的国家。

1984 年,英国颁布了第一部《数据保护法典》,该法案是根据欧盟《个人数据保护指令》要求而制定的,对个人数据资料的保护做出了相对全面、完整的成文规定。法典第一次提出并明确了有关个人数据的定义,同时还提出对数据管理者的行为进行规范,以及确立数据保护应遵循的 8 项基本原则。

1998 年,对 1984 年颁布的《数据保护法典》进行调整修改,对个人数据处理者的操作规范要求更为具体,并结合一些针对电子商务运作的现实问题,更好地满足个人数据权利保护的新需要。

2000 年,《信息自由法 2000》在英国议会通过,自 2005 年 1 月 1 日起正式实施,并于 2012 年进行了修订。该法案的颁布在很大程度上扫除了公众获取公共部门信息的障碍,并尽力寻求个人隐私保护与公共部门数据开放之间的平衡。2012 年,英国对该法案进行修订后,正式提出"数据权"概念,同时修订《数据保护法案 1998》中有关公共部门持有的个人信息的内容,扩大"数据"一词的内涵,增加了"获取公共部门持有的非结构化个人数据的权利"等内容,以适应英国政府数据开放的要求。

《2015 公共部门信息再利用条例》是在欧盟《公共部门信息再利用指令》及其修订版基础上而制定的本土化样本,旨在促进公共部门的信息能够更容易地被再利用,以发挥其政治、经济及社会效益。

2005 年 1 月实施的《环境信息条例 2004》,其第三部分明确列出了 5 种涉及个人数据而免于披露的情形;2011 年 2 月,英国众议院发布《自由保护法 2012》,该法案制定的目的之一是减少政府侵犯个人隐私的可能性;此外,在《隐私和电子通信条例》及2018 年实行的《通用数据保护条例》中,对数据隐私的保护也都有所涉及。

2. 日本

自 19 世纪 70 年代中期开始,日本法开始走上全面西方化的道路,以欧洲大陆,尤其德国法律为模式,其法律制度以欧陆法系德国及法国为蓝本进行设计。

早期的日本个人信息保护体系主要由针对国家行政机关的立法、地方自治团体的立法、个别专门性法律中的相关规定,以及行业自律机制构成。另外,日本一些信息保护方面的行政法规也对隐私权做出了相应的保护,如《建立高度信息通信网络社会基本法》《电子签名法》《禁止非法接入法》《个人信息保护法》《行政机关保存的个人信息保护法》《独立公共事业法人等保存的个人信息保护法》《信息公开、个人信息保护审查会设置法》等法律中都包含对公民个人隐私性信息的保护的规范性条款。

2005 年 4 月 1 日生效实施的《个人信息保护法》,是日本保护个人信息安全的根本法律。立法以个人信息的有效利用与个人信息保护为宗旨,确立了个人信息保护的基本原则及方针,其基本思想有三点:第一是数据控制者在处理个人信息时,要严格遵循使用目的。如需变更这一目的,则它不应该超出可以接受的范围。处理个人数据的单位,未经本人同意,不得超出使用目的范围。第二是处理个人数据的单位不得泄露、破坏或者损坏所处理的个人数据,并且应采取必要和适当的措施对个人数据进行安全管理,侧重于防止数据泄露和破坏。第三是处理个人数据的单位应当在达到使用目的所需范围内,保持数据准确和最新,当不再需要使用它时,必须努力消除这些个人数据,侧重于保护数据的准确性、及时性及可删除性。

2014 年 6 月 24 日,为了抓住"大数据"时代机遇,日本政府通过其 IT 战略总部颁布了 140724 法案——"个人数据利用系统改革纲要",并在 IT 战略的带领下向社会广泛征求《个人信息保护法案》修改意见,修订《个人信息保护法案》,并且修订版已经在 2015 年国会常会期间提交。

3. 其他国家

其他国家和地区也紧跟欧美步伐逐步完善本国的信息保护体系,个人信息保护立法和监管日渐成熟,落实个人信息保护的国际共识性原则正成为个人信息保护的国际趋势。

韩国政府于 2014 年 2 月发布了《金融领域安全违法防止的全面措施》。同时,韩国国会修订了一系列与信息保护相关的法律,包括《信息通信网络的利用促进与信息保护等相关法》《个人信息保护法》《信用信息的使用与保护法》及《电子金融交易法》等。

2014 年 7 月 4 日,俄罗斯议会通过联邦《信息、信息技术及信息保护法》,以及和联邦《个人数据法》等一揽子修正案(《个人数据保护法》修正案),要求网站存储的俄罗斯公民的个人数据必须存在俄罗斯国内的服务器上。

印度在《2018 年个人数据保护法案(草案)》中也明确个人数据的适用范围、目的限制、同意规则、数据主体权利、透明度和问责措施。其中规定同意应当不迟于处理开始时做出,有效同意必须是自愿、知情、具体、清晰且能够撤回的,且数据处理机构不得对"同意"设定条件。

巴西于 2018 年也出台了《通用数据保护法》,为特定场景(如医疗机构、信用评价、豁免等)提供明确的法律依据,同时规定了更为广泛的删除、携带和同意撤销的权利。

2014 年 3 月 20 日,澳大利亚参议院通过立法,作为对 2012 年隐私法修正案的再次修正,要求信息管理者在发生严重的数据泄露时,必须及时通知澳大利亚信息委员会,以及受到影响的用户,并且于 2019 年出台《消费者数据权利法案》,拓展了"知情-同意"的外延,规范和扩大数据可携带权的范围,同时致力于构建开放银行模式下的数据共享框架,在一定程度上突破"知情同意"的范畴开源共建。标明数据隐私的法律保护框架,为其增加了新的元素,在知情同意的基础上,综合考虑场景、风险等因素。

2000 年 4 月 14 日,挪威实施《个人数据法》,立法目的是保护数据处理过程中自然人的隐私,以使其隐私不被侵害。

6.5.4　中国数据隐私保护政策

当前,我国在保护数据隐私方面没有专门的数据安全和隐私保护专职监管部门,也并无综合性的数据隐私法,相关规定散见于主旨有别、内容差异较大的单行法律、行政法规或行政规章中。

从法律层面来说,包括《民法总则》《刑法》《网络安全法》《侵权责任法》《消费者权益保护法》和《全国人民代表大会常务委员会关于加强网络信息保护的决定》《中华人民共和国数据安全法》(2021年9月1日施行),以及一些刑法修正案,有的是围绕数据安全保护所做的专项规定,有的是通过某一专章或专节做相应的规定。除了法律以外,还有《关键信息基础设施安全保护条例》等行政法规。

在部门规章层面,涉及数据隐私保护的立法主要有《儿童个人信息网络保护规定》《中国人民银行金融消费者权益保护实施办法》《网络安全等级保护条例(征求意见稿)》《网络安全审查办法》《个人信息安全出境评估办法》等。

在国家标准方面,涉及数据隐私保护的政策主要有 GB/T 22239—2019《信息安全技术 网络安全等级保护基本要求》《信息安全技术 数据出境安全评估指南(征求意见稿)》《信息安全技术 个人信息安全影响评估指南(征求意见稿)》等。

在司法解释方面,涉及数据隐私保护的有《关于办理侵犯公民个人信息刑事案件适用法律若干问题的解释》《关于审理利用信息网络侵害人身权益民事纠纷案件适用法律若干问题的规定》《最高人民法院关于审理利用信息网络侵害人身权益民事纠纷案件适用法律若干问题的规定》等。

站在数据安全保护角度看,目前我国比较全面的法律是2017年6月1日开始实施的《网络安全法》,它规定了公民个人信息保护的基本法律制度,主要有四大亮点:一是网络运营者收集、使用个人信息必须符合合法、正当、必要原则;二是规定网络运营商收集、使用公民个人信息的目的明确原则和知情同意原则;三是明确公民个人信息的删除权和更正权制度;四是网络安全监督管理机构及其工作人员对公民个人信息、隐私和商业秘密的保密制度等。《网络安全法》基本上对用户个人信息的保护制度、一般网络安全和等级保护制度、网络运行安全保护制度、安全认证检测制度、国家安全审查制度和关键信息基础设施的保护制度,以及数据存储都做了非常全面的归纳。

从2019年开始,国内围绕数据安全和个人隐私信息的法律法规越来越密集,首先是2019年1月25日,中共中央网络安全和信息化委员会办公室、中华人民共和国工

业和信息化部、中华人民共和国公安部、国家市场监督管理总局发布了《关于开展 App
违法违规收集使用个人信息专项治理的公告》,2 月 1 日中华人民共和国国家互联网信
息办公室发布《具有舆论属性或社会动员能力的互联网信息服务安全评估规定》,4 月
10 日,中华人民共和国公安部等三部门联合发布《互联网个人信息安全保护指南》,
5 月 21 日,中华人民共和国国家互联网信息办公室又发布《网络安全审查办法(征求意
见稿)》,紧接着是 5 月 15 日,国家标准颁布了《信息安全技术 网络安全等级保护基本
要求》,随后是 5 月 28 日,中华人民共和国国家互联网信息办公室发布了《数据安全管
理办法(征求意见稿)》。

6 月 6 日,《网络安全实践指南》颁布,规范了移动互联网应用基本业务功能的必要
信息;6 月 13 日发布的《个人信息出境安全评估办法(征求意见稿)》,其实是对 2017 年
的《个人信息与重要数据出境安全评估办法》做了一次更新,对于重要数据部分,将来
可能会出台新的办法来规定。8 月 23 日,《个人信息网络保护规定》正式稿颁布,这可
能是这么多征求意见稿当中唯一一个从部门规章角度正式生效的文件;同一天还颁布
了《网络生态治理规定》,已经于 2020 年 1 月 1 日正式生效,且更名为《网络信息内容
生态治理规定》。

2019 年 10 月 22 日,《个人信息安全规范》又进行了一次更新,在整个 2019 年中一
共进行了 4 次更新,且于 2020 年 3 月 6 日发布了正式版本;10 月 24 日,对《移动互联
网应用收集(App)个人信息基本规范(草案)》进行了更新;11 月 28 日签发了《App 违
法违规收集个人信息行为认定方法》,于 12 月 28 日对外发布;12 月 1 日颁布了《网络
安全等级保护基本要求》,12 月 27 日发布《中国人民银行金融消费者权益保护实施办
法(征求意见稿)》。

可以看出,整个 2019 年,围绕个人隐私安全规范的立法速度是非常快的,步入
2020 年,这些法律规范也有了新的变化,承接了 2019 年的步伐。例如,1 月 20 日更新
了《关于移动互联网 App 手机个人信息基本规范》;《个人信息安全规范》也更新了第 5
个版本,最终定于 10 月 1 日正式生效;3 月 30 日,《移动互联网应用程序个人信息防范
指引》也进一步对新冠肺炎疫情期间个人信息的收集和使用提出了相应的指引。

《中华人民共和国个人信息保护法》已由中华人民共和国第十三届全国人民代表
大会常务委员会第三十次会议于 2021 年 8 月 20 日通过,自 2021 年 11 月 1 日起施行。
该保护法与以往保护法相比,主要有:一是不仅明确给出了个人信息的概念,即个人信
息是以电子或者其他方式记录的与已识别或者可识别的自然人有关的各种信息,不包

括匿名化处理后的信息,而且还给出了个人信息处理的定义,即个人信息的处理包括个人信息的收集、存储、使用、加工、传输、提供、公开、删除等;二是禁止"大数据杀熟"规范自动化决策,保护法第二十四条明确规定,个人信息处理者利用个人信息进行自动化决策,应当保证决策的透明度和结果公平、公正,不得对个人在交易价格等交易条件上实行不合理的差别待遇;三是严格保护敏感个人信息,保护法第二十八条指出敏感个人信息包括生物识别、宗教信仰、特定身份、医疗健康、金融账户、行踪轨迹等信息,以及不满十四周岁未成年人的个人信息,只有在具有特定的目的和充分的必要性,并采取严格保护措施的情形下,个人信息处理者方可处理敏感个人信息;四是规范国家机关处理活动,保护法第三十三条至第三十七条规定了国家机关处理个人信息的活动,特别强调国家机关处理个人信息的活动适用本法,并且处理个人信息应当依照法律、行政法规规定的权限和程序进行,不得超出履行法定职责所必需的范围和限度;五是规范个人信息跨境流动,保护法第三十八到第四十三条规定构建了一套清晰、系统的个人信息跨境流动规则,以满足保障个人信息权益和安全的客观要求,适应国际经贸往来的现实需要。

第 7 章

人工智能与信息安全

7.1 网络攻击与防御

与其他科技业务领域不同,网络安全领域是高度对抗的行业,攻防的较量贯穿着整个网络安全产业的发展和企业的信息安全保障,攻击方(attackers 或 adversaries)属于威胁源(threat actors),大致分为如下类型。

(1) Nation-State 国家组织。

这是网络安全水平最高的攻击方,具有国家机器的支撑、高度聚集的人才、预算充足的财力、技术先进的工具,它可以在全球进行网络监听或者发动对他国的网络战争,例如美国国家安全局(national security agency,NSA)和美国网军司令部(US cyber command)。

(2) 高级持续威胁组织(advanced persistent threat,APT)。

这类攻击方通常也有国家背景或者严密的组织,常开展国家间对关键基础设施或重要企业机构的网络攻击行动。APT 组织通过长时间的潜伏式攻击窃取国家机密信息、重要企业的商业信息,并进行破坏网络基础设施等活动,具有强烈的政治、经济目的,如美国的"方程式"和"索伦之眼"、俄罗斯的 APT28(fancy bear)。

(3) Organized Criminals 黑产组织。

这类攻击方通常是由利益驱动的团伙,利用网络攻击获取经济利益,它们一般分工明确,形成了黑色产业链,通过组织化、规模化、公开化,形成一个非常完善的流水性作业攻击流程,例如中国的"灰鸽子""西方红玫瑰""辣条先生"。

(4) Hacktivists 黑客活动分子(或激进黑客)。

这类攻击方通常是具有同一信仰或宗旨的团伙,它们的成员可大可小,组织比较松散,通常攻击一些政府网站或企业网站,例如全球性"匿名者"(anonymous)、欧洲"混沌计算机俱乐部"(chaos computer club)、"叙利亚电子军"(syrian electric army)。

(5) Insider Threat 内鬼。

这类攻击方一般是企业机构的内部人员,如员工、合同工、顾问,也包括生态上下游合作伙伴、外包、访客等任何具有内部访问权限或数据的人。他们做攻击的动机包括搞破坏、窃取数据与知识产权、欺诈、商业间谍、无意犯错、偶然逞能等,如获取并泄露美国 NSA 内部资料的承包商员工斯诺登。

(6) Script Kiddies 脚本小子。

这类人攻击水平较低,他们可能自己从来没有写过漏洞执行程序,更不知道如何发现系统的漏洞,但是他们知道如何收集和使用黑产组织和黑客的已知工具,因为脚本小子人数较多,对安全重视不够、打补丁不及时的企业网络系统会造成一定程度的破坏。

7.1.1　网络安全的主要威胁因素

攻击者只有利用企业机构网络信息系统的弱点、缺陷、漏洞等才能实施攻击,对传统企业网络的主要安全威胁如图 7-1 所示。

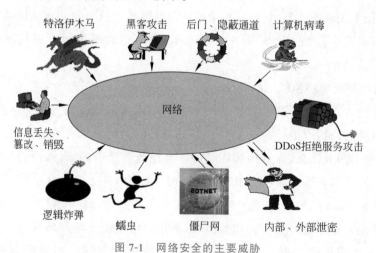

图 7-1　网络安全的主要威胁

(1) 黑客攻击:外部黑客或组织自网络发起的攻击。

(2) 后门、隐蔽通道:组织内外人员(包括供应链人员)通过预置的产品后门或隐蔽通道进行的非法活动。

（3）计算机病毒：黑客编写的代码，具有破坏性，能自我复制依附在计算机正常程序之间传播。

（4）DDoS 拒绝服务攻击：简单粗暴，用大流量攻击阻塞目标，使之不能提供正常服务。

（5）内部、外部泄密：内鬼、黑客或操作管理员错误配置等使敏感信息外泄。

（6）僵尸网：黑产组织采用传播手段将大量计算设备感染 bot 程序，从而形成可一对多控制的网络。

（7）蠕虫：与计算机病毒相似，是一种能够自我复制的代码程序，但它不需要附在别的程序内，不用使用者介入操作也能自我复制或执行。

（8）逻辑炸弹：在特定逻辑条件满足时实施破坏的计算机程序，与病毒相比，它具有破坏作用，但实施破坏的程序不会传播。

（9）信息丢失、篡改、销毁：信息被使用者有意或无意丢失、销毁，或被恶意篡改。

（10）特洛伊木马：寄宿在计算机里的一种非授权的远程控制程序，它一般通过伪装自身吸引用户下载执行。

虽然查漏、堵门、杀毒、灭马等是对应网络安全威胁的工作常态，但是其他类型的威胁也需要考虑，包括人员操作失误和自然灾害（如火灾、地震、洪水、雷电、风雨等）。

对应新兴技术，在传统威胁之外还有各自特有的威胁因素，如云计算和边缘计算有如下的威胁。

云计算安全的 11 类主要威胁如下。

（1）Data Breaches（数据泄露）。

（2）Misconfiguration and Inadequate Change Control（错误配置与不当变更）。

（3）Lack of Cloud Security Architecture and Strategy（缺乏云安全架构和战略）。

（4）Insufficient Identity，Credential，Access and Key Management（身份、凭证、访问、密钥管理不足）。

（5）Account Hijacking（账户劫持）。

（6）Insider Threat（内部恶意人员）。

（7）Insecure Interfaces and APIs（不安全的接口）。

（8）Weak Control Plane（控制面较弱）。

（9）Metastructure and Applistructure Failures（元设施与应用设施故障）。

(10) Limited Cloud Usage Visibility(云使用情况可见度有限)。

(11) Abuse and Nefarious Use of Cloud Services(云服务遭滥用)。

边缘计算安全的 12 类主要威胁如下。

(1) Insecure Communications Protocols(不安全的通信协议)。

(2) Data in Edge Node May Get Damaged Easily(边缘节点数据易被损毁)。

(3) Insufficient Privacy & Data Protection(隐私数据保护不足)。

(4) Insecure Systems and Components(不安全的系统与组件)。

(5) Insufficient Identity，Credential，Access Management(身份、凭证和访问管理不足)。

(6) Account Hijacking(账号信息易被劫持)。

(7) Malicious Edge Node(恶意的边缘节点)。

(8) Insecure Interfaces and APIs(不安全的接口和 API)。

(9) DDOS May Get Launched Easily(易发起分布式拒绝服务)。

(10) APT Attack May Spread Easily(易蔓延 APT 攻击)。

(11) Insider Threat Hard to Monitor(难监管的恶意管理员)。

(12) Insecure Hardware Security Support(硬件安全支持不足)。

7.1.2　黑客常用的攻击手段

黑客的攻击手段在不断发展，并且采用新兴技术与先进工具。比较常用的手段有以下 12 个。

(1) 获取口令：采用暴力破解等方式。

(2) 放置特洛伊木马程序：木马攻击的基本过程分配置木马、传播木马、运行木马、泄露信息、建立连接、远程控制 6 个步骤。

(3) WWW 的欺骗技术：采用钓鱼网站 Phishing，利用欺骗性的电子邮件和伪造的 Web 站点进行诈骗活动，受骗者往往会泄露自己的信用卡号、账号和口令、社保编号等。

(4) 电子邮件攻击：主要有垃圾邮件和欺骗邮件这两种方式。垃圾邮件对用户使用邮箱造成影响，欺骗邮件可做其他攻击的跳板。

(5) 跳板攻击：这是目前黑客进行网络攻击的普遍形式，它采用中转站，可以进行攻击源的隐藏对黑客进行保护。另外，也可通过不同应用或系统的跳跃从安全薄弱的地方逐步靠近，并最终进入目标。

（6）网络监听：当信息在网络中进行传播的时候，利用 Sniffer 工具将网络接口设置在监听的模式，截获正在传播的信息，从而进行攻击。

（7）寻找系统漏洞：如 Buffer Overflow、Cross Site Scripting、SQL Injection 等，利用跨站脚本在网络中很普遍，这种漏洞主要由 Web 编程人员的不安全代码造成，攻击者可通过 80 端口得逞。

（8）利用账号进行攻击：主要是直接或中间人的账号劫持，攻击者仿冒正常用户的身份欺骗受害者。

（9）偷取特权：包括访问控制漏洞和管理漏洞的越权，访问了没有授权的资源或信息，它可进一步分为垂直越权和水平越权。

（10）社交工程攻击：这是一种利用"社会工程学"实施的网络攻击行为，攻击者通过与他人的合法交流，以欺骗性手段使其心理受到影响，透露出机密信息。

（11）DDoS：攻击步骤包括对网络大规模扫描，找到存在漏洞的计算机；发送命令给被控制的计算机，对目标服务器发起攻击；使目标服务器被大量的请教淹没，从而无法给合法的用户提供服务。

（12）勒索：这种攻击通过恶意软件锁定受害者数据或者威胁发布敏感信息，直到支付赎金，通常以比特币之类的加密货币支付。

一些攻击方法可以是多种攻击手段的组合，如 2011 年的"震网"事件，攻击方利用社交工程，寻找系统漏洞、跳板攻击、偷取特权等组合攻击方式。在 2020 年对推特名人的大规模攻击中，攻击者采用了社交工程、偷取特权、账户劫持、欺骗技术等手段。

7.1.3　网络安全常用的防御手段

在网络安全攻防中，攻击方一般在暗处，只要找到一条路径就可攻击得手，而防御方在明处，必须全面设防没有短板才能抵御攻击。业界的防御思路包括纵深防御、主动防御、动态防御、整体防御、精准防御等，支撑这些防御思路的是网络防御体系框架、网络安全解决方案、网络安全管理方法等。

常见的网络防御体系框架如下。

（1）OSI 安全体系：采用了网络分层防御的思想，层与层间相互独立，具有很好的灵活性。

（2）P2DR：基于闭环控制的动态安全模型，适用于需要长期持续安全防护的系统。

（3）IATF：对网络和基础设施防御、网络边界防御、局域计算环境防御和支撑性基础设施防御四部分分别部署安全保障机制，形成对网络系统的纵深防御，最大限度降低安全风险，从而保障系统的安全性。

（4）IEC 62443：采用纵深防御的安全防护策略，将技术与管理有机结合。

（5）NSA CGS：按照逻辑将基础设施的系统性理解和管理能力，以及通过协同工作来保护组织安全的保护和检测能力整合在一起。

（6）Gartner ASA：自适应不断变化的网络和威胁环境，并不断优化自身的安全防御机制。

（7）NIST CSF：根据企业安全状况调整，使企业可根据自身需求加强网络安全防御，便于实施。

常见的网络防御解决方案如下。

（1）反病毒：在计算设备上安装反病毒软件并及时更新病毒特征库或行为模型，可以采用多个杀毒厂商的反病毒引擎提升杀毒率。

（2）通信加密：一些重要信息进行加密后传输，采用 VPN 或专用的通信线路防止信息在传输的过程中被非法截获。

（3）防火墙：隔离内部网络和外部网络，使得所有内外网之间的通信都经过特殊的检查，以确保安全。

（4）安全扫描：网络安全扫描和系统扫描产品可以对内部网络、操作系统、系统服务，以及防火墙等系统的安全漏洞进行检测，即时发现漏洞，并给予修补。

（5）安全监控与入侵发现：这类系统可以发现入侵行为，并可以调整系统进行及时的保护反应。

（6）补丁与安全加固：对操作系统、数据库系统、应用系统等及时打补丁，并进行安全加固。

（7）数据泄露防护（DLP）：通过技术手段防止企业的指定数据或信息资产以违反安全策略规定的形式流出企业。

（8）零信任（zero trust）：采用现代身份访问与管理（IAM）、软件定义边界（SDP）、微隔离（MSG）等技术代替防火墙与 VPN。

（9）可信计算（TC）：在系统中从信任根开始，到硬件平台、操作系统、应用，一级度量信任一级，扩展到整个系统，并采取防护措施，确保数据完整性和行为预期性。

（10）拟态防御（mimic defense）：它是一种主动防御行为，核心实现是基于网络空间内生安全抵御未知威胁。

（11）安全智能编排：以自动化、智能化的方式管理事件响应、安全案例、安全运营中心等。

常见的网络安全管理方法如下。

（1）网络安全策略规范：制定企业与产品的网络安全基线，满足网络安全要求。

（2）人员安全培训：对全员进行网络安全意识教育，提升安全素质。

（3）安全开发生命周期（SDL）：源于微软的流程，帮助开发人员构建更安全的软件，降低安全漏洞修复成本，提高软件安全质量。

（4）DevSecOps：本质上继承了 SDL 安全关口前移的理念，更适用于敏捷开发流程，如云应用等。

（5）法规与标准遵从：通过审计、认证等手段满足网络安全法规与标准的遵从度，如 GDPR（通用数据保护条例）与等保合规。

（6）供应链管理：指导和控制组织与供应链安全风险相关问题的协调活动，减小供应链中存在的脆弱性导致供应链安全事件的可能性。

对应网络攻击，除了防御类手段之外，还应部署识别、监控、响应、恢复类的手段，并且采用渗透测试验证安全防御能力。渗透测试可以通过模拟使用黑客的技术和方法，挖掘利用目标系统的安全漏洞，取得系统的控制权，访问系统的机密数据，并发现可能影响业务持续运作的安全隐患。

7.2　基于人工智能的网络攻击

人工智能（AI）技术处于蓬勃发展时期，采用 AI 的系统变得越来越普遍和关键。但同时，人工智能和机器学习（ML）的发展速度超过了社会吸收和理解它们的能力，这些新功能可以使世界更安全、更实惠、更公正、更环保，但我们也必须看到，它们带来了可能危害公共安全和个人隐私的技术挑战。

挑战是多方面的。人工智能系统需要安全。人工智能系统的完整性、机密性和可用性维度，以及隐私保护和防滥用都需要安全功能的支撑。而此类安全功能的缺失，将导致人工智能系统本身的安全风险。此外，人工智能技术是双刃剑，可以改变当前网络安全中的攻守平衡。例如,攻击者可以使用人工智能技术做自动的目标发现,漏洞挖掘和利用;防守者也可能通过数据流(如暗网流量)的智能分析或网络相关活动的日志分析在攻击生命周期的早期识别并阻止敌方行动。

人工智能和网络安全互相使能,密不可分。人工智能与网络安全的关系如图 7-2 所示。

如图 7-3 所示,集成的 AI 系统包含四个组件:感知、学习、决策和动作。

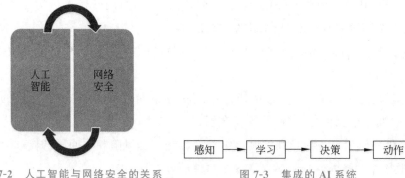

图 7-2　人工智能与网络安全的关系　　图 7-3　集成的 AI 系统

这些系统在要求每个组件交互并且相互依赖的复杂环境中运行(例如,感知错误可能导致错误的决策)。此外,每个组件中都有独特的漏洞(例如,感知容易遭受训练攻击,而决策则容易受到经典网络攻击的影响)。

7.2.1　输入数据的对抗性攻击

人工智能系统的脆弱性是由对手的知识和能力定义的,需要对不同类型的攻击进行分类,并开发适当的防御措施。防御需要根据攻击者可以访问的信息类型解决攻击。应该仔细映射这些模型,确定攻击和防御策略,并特别关注 ML 模型风险最大的安全关键领域(例如,自动驾驶汽车和恶意软件检测)。

尽管 AI 在许多任务上表现出色,但其通常容易受错误输入的影响,而这些输入会导致学习、推理或计划系统的响应不准确。在一些示例中,对手可能产生的少量输入噪声会欺骗深度学习方法。这种功能使对手几乎不用担心被检测就能控制系统。随着基于深度网络,以及其他 ML 和 AI 算法的系统集成到系统中,至关重要的是通过考虑更强大的机器学习方法,如 AI 侦查预防、对抗模型研究、模型投毒预防、安全训练过程、数据隐私和模型公平性来抵御对抗性输入。

第一种形式是对 AI 系统的侦查攻击。在此情况下，对手会查询系统并学习内部决策逻辑、知识库或训练数据。这通常是攻击的先兆，攻击是为了提取与安全性有关的训练数据和数据源，或者获取嵌入在 AI 中的知识产权。以下是可能的预防侦查措施。

- 通过模型反转增加攻击者的工作量并降低其有效性。
- 利用网络安全方法，包括速率限制、访问控制和欺骗。
- 设计抗侦查的算法和技术。
- 将抗性整合到学习和推理优化中。
- 使用新的多步技术将安全保证嵌入模型中。
- 使用类似于网络安全蜜罐概念，公开攻击者的存在和目标。
- 研究上述措施对结果准确性和算法与系统其他方面的影响。

AI 和 ML 模型学习如何表征训练数据中的预期输入？如果训练实例不能代表所有可能和将来的情况，则模型输出将不准确。这创建了一个安全场景，攻击者可以操纵模型并引入可利用的后门。对手可以控制训练集的一部分，并且仍会影响模型的行为（模型投毒）。ML 需要尽可能多的数据，并且常使用多种数据源。如果一个数据源是恶意的，则整个模型将变得不可信任。为了减轻对抗性投毒并改善训练流程，人工智能最佳实践必须确保训练数据的端到端来源，以及对正常输入空间之外的数据的检测。

机器学习方法与类似数据一起使用时效果很好，而在数据不同的情况下会失败（例如，在晴天、阴天、下雨天和下雪天训练的自动驾驶汽车在雨夹雪或冰雹中运行不佳）。这些是常见的问题，因为很难针对所有可能的情况获取数据。系统通常无法识别异常数据，即使人类可以识别。增加对异常的检测，采用扩大罕见事件的训练方法，并最有效地利用现有的训练数据和算法，可以缓解数据集来源中样本空间不足的影响。为了保持有效和准确，机器学习模型必须经常重新训练（例如，用于公共情感分析的社交媒体术语会随着词汇和兴趣主题的变化而随时间变化）。需要确定收集哪些训练数据，何时不再需要这些训练数据，以及应多久对模型进行一次训练。

另外一种形式是对于学习系统的攻击披露，敌手可以确定在训练模型时是否使用了某条数据项。由于许多 AI 应用系统需要使用隐私数据进行机器学习训练，因此使隐私数据或者敏感信息处于危险之中。诸如差分隐私之类的技术和 AI 训练技术结合应用，提供了匿名数据并防止泄露的新途径。

最后,模型将学习训练数据中存在的任何偏差和歧视性特征。如果数据反映出对特定社区的歧视(例如,在大学录取或贷款审批中),则这种偏见将出现在结果中。要防止结果偏见,就需要为机器学习公平性奠定科学和技术基础。必须定义目标并开发算法技术,以测量、检测和诊断不公平的 ML 训练数据和方法。

7.2.2　可信的 AI 系统的挑战

对 AI 组件如何抵抗对抗行为的新认识引起人们对使用它们的整个数据处理管道的安全性的担忧。AI 组件无视常规的软件分析,并且可以在 AI 算法运行的环境、AI 框架和应用程序的实现、ML 模型和训练数据中引入新的攻击向量。由于流水线中隐藏的依赖性,多个应用程序会受到影响。使用 AI 作为系统的组成部分时,需要进行研究,以开发理论、工程原理和最佳实践。这应该包括威胁建模、安全工具、领域漏洞和保护人机协作。这些模型需要使对攻击和优化的迭代抽象成为可能,与 AI 专家一起进行设计,并考虑数据可用性和完整性、访问控制、网络编排和操作、竞争利益的解决、隐私和动态策略环境。

为了使基于 AI 的系统更加值得信赖,工程原理应基于科学、社区经验和 AI 组件功能研究,其中应包括冗余(如集成)、监督(如执行者-验证者模式)和其他框架。了解条件、威胁、领域和约束是必要的,但是并非主要目标。

一旦了解了整个系统的 AI 漏洞,传统的网络安全性和强大的系统设计就可以减少影响(例如,确保 AI 训练数据更难被投毒);允许内置更多的冗余和多样性(例如,自动驾驶汽车可能使用激光雷达、雷达、图像处理和地图信息);开发可承受 AI 组件故障和攻击的强大系统体系结构;探索针对特定领域的对策、界限和安全默认值(例如,具有人为驱动后备制动系统的自动驾驶汽车或具有上限和下限的 AI 控制的温度系统)。

随着 AI 技术无处不在,人与机器将无缝协作,以提高关键任务的效率和准确性(例如,帮助医生诊断疾病或帮助老师适应个别学生需求)。挑战在于,机器或人的功能可能会因许多因素而提高或降低。需要进行进一步的研究,以帮助机器和人类感知、监视和评估彼此的性能和可信度。如果人在关键的、对时间敏感的、人需要参与的应用中不能足够快地响应,该怎么办? 如果机器和人的结果不一致,该怎么办? 需要理论、技术和度量实时支持复杂的决策,其中信息是模棱两可的或主观的,迟来的响应可能带来严重的后果。

7.3　基于人工智能的网络防御

正如 AI 系统需要创新的网络安全工具和方法来提高其可信度和弹性一样，网络安全可以使用 AI 提高认知，实时反应并提高其整体效率。这包括面对不断变化的攻击时的自适应和调整，从而改变防御者和攻击者的不对称性。识别对手弱点，使用观察方法并吸取教训的策略可以使用 AI 对各种攻击进行分类，并提供适应性响应。理想情况下，使用 AI 防御技术的一个小的网络防御专家团队可以有效保护大型组织的网络，甚至解决诸如服务质量约束和系统行为退化等复杂问题。

7.3.1　可信系统的增强

人工智能技术可以捕获和处理当今技术系统产生的大量数据。反过来，此功能提供了驱动 AI 系统创新和发展所需的训练数据。与网络安全优先级相一致的基于 AI 的推理可以使全自动系统和"人机循环"系统更值得信赖。两个潜在的领域是创建和部署更可靠的软件系统及身份管理。有前途的研究涉及利用 AI 检测程序中的错误，检查最佳实践，识别安全漏洞，并使软件工程师更容易在其系统中设计安全性。

在现代开发实践中，代码通常会快速演进，其潜在的安全漏洞极其难以识别。使用基于 AI 的"编码助手"，可以协助经验不足的开发人员和软件设计师了解大型复杂软件系统，并为他们提供代码更改的安全性和健壮性建议。在代码的生产环境部署上，人工智能还可以帮助安全地部署和运行软件系统。开发代码后，AI 可用于检测低级攻击向量，检查域和应用程序配置或逻辑错误，提供安全系统操作的最佳做法及监视网络。开源软件在商业和各类组织的广泛使用，为基于 AI 的安全性改进产生了独特和深远的影响。但是，由于其公开性，开源很容易受到基于 AI 的对手的恶意行为的攻击。AI 使用的另一个有希望的领域是身份管理和访问控制。攻击者可以简单地通过窃取授权令牌破坏许多技术。基于 AI 的系统可以使用基于交互历史和预期行为的方法，该方法轻巧、透明并且难以规避。对于生物识别系统，人工智能可以提高准确性并减少威胁。但是，对行为模式进行 AI 监视可能导致侵犯隐私。需要开展进一步的研究来开发既考虑道德方面又考虑技术方面，以及滥用 AI 辅助身份管理的可能性的方法。

7.3.2　预测性态势分析

网络安全将受益于预测性分析，该分析可处理信息（内部和外部）以评估成功攻击的可能性。最初的工作已经开发出了技术，可以通过使用数据流（如暗网流量）或网络相关活动的分布式日志在攻击生命周期的早期识别敌方行动。已经开始利用先验知识（例如，来自分类来源）发现、识别和跟踪新活动和破坏，从而确定将网络和人联系在一起的数据集之间的模式和链接。需要进一步研究，以发现操作者的敌意、能力和动机，尤其是在跟踪系统防御时。除了检测和成功/失败因素外，有关攻击的信息还可以帮助保护来源和方法，并提供新的洞察，以随着时间的推移提高弹性。重点领域包括数据源、操作安全性和成功的适应性。

获取预测分析所需的数据，标记的真实数据非常具有挑战性。一些选择包括降低"标记"阈值，以利用较小的数据集。捕获和使用抗投毒的数据；使用非常规数据流识别新的网络攻击预警信号；使综合训练数据更加真实。

当使用多样化的数据集和 AI 分析来监视、跟踪和应对网络攻击时，错误的标记可能导致归因错误，甚至造成附带损害。因此，与其他情报问题相比，针对网络攻击的 AI 分析可能需要更高的验证标准。需要进行研究，以进行多峰分析；交叉验证；确定数据集或推理中的风险、潜在缺陷或差距。

AI 分析还可以提供新的见解，从而有助于减少人为造成的操作员错误，提供对结果的更多信心，并帮助大型系统随时间而适应。这种分析可能会考虑系统的内部状态，如何定期应用补丁，存在哪些安全控制措施（包括人工操作人员），以及态势感知的级别。该分析将提供一些场景，这些场景描述并确定对手的目标、威胁级别和成功可能性的优先级，包括预测的理由并确定可利用的弱点。

7.3.3　自主化网络防御

当对手使用 AI 识别易受攻击的系统，放大攻击点，协调资源并大规模进行攻击时，防御者需要做出相应反应。当前的实践通常侧重于检测单个漏洞，但复杂的攻击可能涉及多个阶段，而最终目标没有受到损害。要取得进展，就需要自上而下的战略视图,以揭示攻击者的目标和当前状态,并帮助协调,集中管理可用的防御资源。

考虑配电系统受到攻击的情况。网络钓鱼电子邮件是在普通工作站上打开的;下载了恶意软件包;获取登录,以修复工作站的系统管理员的凭据;攻击者移至电网的操作员控制台;整个分销网络被禁用。可以检测到任何单个事件,但是在网络关闭之前进行干预的能力需要自上而下的策略方法。该策略包括确定对抗目标和策略、智能自适应传感器部署、主动防御和分析在线风险、人工智能编排,以及可信赖的基于 AI 的防御。

人工智能计划技术可以生成攻击计划,以及目标、子目标和行动网络,这些网络可以揭示攻击者的策略。每次攻击都会有一个计划识别器,该识别器可以接收传感器数据,预测事件并确定防御反应。对 AI 进行搜索启发式训练,以得出单个最佳计划,但是需要一套完整的攻击计划。管理计划生成是一项重大挑战,需要采取几种可能的方法:使用蒙特卡洛技术生成攻击计划的代表性子集;交织计划生成和计划识别,并有效代表攻击者的策略和战术。其他考虑因素包括有效存储和维护假设和启发式方法,以及集成智能和自适应传感器/检测器,以帮助建立自上而下的计划识别过程。

对配电方案使用自上而下的战略方法意味着,在攻击仍处于早期阶段时便制订计划,并使防御者能够采取措施防止停机。这些防御措施可能代价高昂(例如,关闭某些提供有用服务的机器),也可能带来不便(例如,提高防火墙的保护级别),因此需要进行成本效益评估。由于事件对时间非常敏感,因此推理需要自动化(可能需要在环人员)。

随着机器学习和人工智能系统单个网络安全工具性能的提高,多个工具之间的协调和编排变得越来越重要。成功执行可能需要模型包含与其他系统的交互。这些系统可能涉及不同的目的和目标、网络安全工具,以及人类行为者的意图和心态。

7.3.4　AI 网络的人机交互

随着威胁变得越来越复杂和严峻,不仅 AI 网络安全系统之间的协调非常重要,人机交互界面之间的协调和信任也变得至关重要。从企业 IT 到自动驾驶汽车,当单个系统组件最大化自身目标而不考虑系统级目标时,就会出现问题。攻击者可以诱使模块以局部最佳但整体病理的方式运行。此外,在一个信息可能会被错误告知、错误分配或操纵的时代,良好的决策制定需要采用混合方法来利用和协调独特的人类和 AI 能力和观点。人机团队、建立系统与人之间的信任,以及提供决策帮助是三个需要考虑的重要研究领域。

需要设计人机团队，以便人们可以理解、信任和解释结果。必须对用户进行培训，以提供目标、反馈、格式正确的相关数据，并了解它们在决策过程中所处的位置。需要研究如何使人类融入其中，以最大限度地提高结果，并最小化潜伏期和负面影响。人工智能通常用于自动关闭可疑活动，以留出时间进行人为决策，而当人工智能应用于关键系统(如电力系统)时，即使短暂关闭，也可能极为普遍，考虑到破坏性或危险，人工智能仍将继续有效？一种解决方案是放慢 AI 系统，以适应循环中的人类。这将降低敏捷性，但也可能允许人类干预和更换故障组件。在多样化的人工 AI 系统环境中，必须以减少人为错误、提高安全性和提供责任为目标来管理交互。

采纳和使用 AI 系统的利益相关者必须理解并信任其操作。正确的信任级别要求人们可以识别系统的状态，并预测其在各种情况下的行为。过度信任可能导致不愿推翻行为不端的系统。信任之下可能会导致放弃原本有效的制度。要确定正确的信任级别，需要基于近似系统行为并考虑认知和其他偏见的、人类可读的、基于规则的规范。

研究文献引用了 AI 系统，该系统可以生成令人信服的伪造视频和音频，人类将信任它们。研究必须包括决策协助，例如培训操作员以抵御数据篡改攻击，以及可以预测故障模式并在人类做出错误决策时进行调整的 AI 模型。

7.4 人工智能安全标准体系

参考 tc260《人工智能安全标准化白皮书(2019 版)》。

7.4.1 人工智能安全标准体系介绍

人工智能安全标准体系包括基础标准，数据、算法和模型，技术和系统，管理和服务，测试评估，产品和应用六部分，如图 7-4 所示。

7.4.2 人工智能基础安全标准

人工智能基础安全标准包括人工智能安全概念和术语、人工智能安全参考框架、

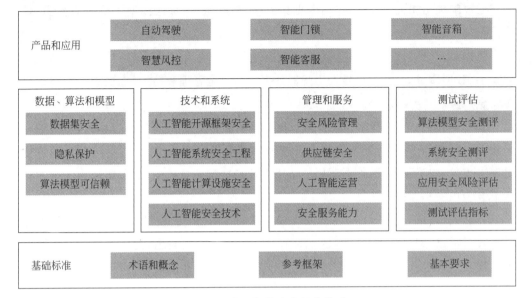

图 7-4　人工智能安全标准体系

人工智能基本安全要求标准等部分,具体情况如下。

人工智能安全概念和术语:是人工智能安全方面进行技术交流的基础语言、规范性术语定义和术语之间的关系,能帮助用户准确理解和表达技术内容,方便进行技术交流和开展研究工作。该类标准充分考虑 ISO、ITU-T、我国人工智能标准组等国内外标准化组织已发布的人工智能概念和术语的规范性定义。

人工智能安全参考框架:安全参考框架是理解和研究人工智能安全的基础,可通过定义人工智能角色对安全进行分析,提出人工智能安全模型,从而规范人工智能安全体系架构,帮助理解人工智能安全所包含的结构、要素,以及其相互关系。

人工智能基本安全要求标准:为应对人工智能安全风险、法规政策等要求,提出人工智能基本安全原则和要求,为人工智能安全标准体系提供基础性支撑,在开展人工智能安全建设时可提供指导依据,包括数据安全保护、算法安全、信息系统设计、开发等部分,为人工智能安全实践保驾护航。

7.4.3　人工智能数据、算法和模型安全

人工智能数据、算法和模型安全标准主要针对人工智能数据、算法和模型中突出

的安全风险提出相关的标准,包括数据集安全、隐私保护、算法模型可信赖等方面,具体情况如下。

数据集安全类标准:主要围绕人工智能数据的全生命周期,保障数据标注过程中的安全、数据质量等问题,指导人工智能数据集的安全管理和防护,降低人工智能数据集安全风险。

隐私保护类标准:基于人工智能开发、运行、维护等阶段面临的隐私风险,从隐私采集、利用、存储、共享等环节编制人工智能隐私保护安全标准,可重点防范隐私数据过度采集、逆向工程、隐私数据滥用等造成的隐私数据安全风险,重点解决人工智能场景下典型的隐私保护问题。

算法模型可信赖类标准:主要围绕算法模型鲁棒性、安全防护、可解释性和算法偏见等安全需求,解决算法在自然运行时的鲁棒性和稳定性问题,提出面向极端情况下的可恢复性要求及实践指引,通过实现人工智能算法的可信赖,从而切实保障人工智能安全。

7.4.4　人工智能技术与系统安全标准

技术和系统类标准用于保障人工智能开源框架安全和人工智能系统安全工程,具体情况如下。

人工智能开源框架安全类标准:针对人工智能服务器侧、客户端侧、边缘侧等计算、运行框架提出的安全要求,在考虑开源框架软件安全、接口安全、传统软件平台安全要求的基础上,还应制定针对人工智能开源框架的特定安全要求,保障人工智能应用在训练、运行等环节的底层支撑系统的安全。

人工智能系统安全工程类标准:该类标准针对安全需求分析、开发、测试评估、运维等环节的安全需求,从数据安全保护、模型安全、代码安全等方面针对隐私保护、模型安全等突出风险,提出人工智能应用安全开发要求和指南,并编制安全工程实施指南。

人工智能计算设施安全类标准:该类标准针对智能芯片、智能服务器等计算设施的安全需求,提出人工智能计算设施安全要求和指南类标准。

人工智能安全技术类标准:该类标准针对人工智能安全保护和检测技术(如基于隐私保护的机器学习、数据偏见检测、换脸检测、对抗样本防御、联邦学习等)编制人工智能安全技术类标准。

7.4.5　人工智能管理与服务安全标准

人工智能管理与服务安全标准主要为保障人工智能管理和服务安全,主要包括人工智能安全风险管理、人工智能供应链安全、人工智能安全运营等,具体情况如下。

人工智能安全风险管理类标准:主要从风险管理角度出发,应对人工智能数据、算法模型、技术和系统、管理和服务、产品和应用等多维度的安全风险,提出技术、人员、管理等安全要求和实践指南,引导降低人工智能整体安全风险。

人工智能供应链安全类标准:主要从供应链安全管理出发,梳理典型产品、服务和角色的供应链安全管理需求,参考已有 ICT(信息与通信技术)供应链安全管理标准研制思路,提出人工智能供应链安全管理实践指南,切实保障人工智能生产要素的供应安全。

人工智能安全运营类标准:主要对人工智能服务提供者对外提供人工智能服务时所需具备的技术和管理能力要求进行规范。

7.4.6　人工智能测试评估安全标准

测试评估类标准主要从人工智能算法、人工智能数据、人工智能技术和系统、人工智能应用等方面分析安全测试评估要点,提炼人工智能安全测试评估指标,分析应用成熟、安全需求迫切的产品和应用的安全测试要点,主要提出人工智能系统安全测评、人工智能应用安全风险评估、人工智能安全测试评估指标等基础性测评标准,具体情况如下。

人工智能系统安全测评类标准:主要围绕人工智能系统运行是否满足安全要求开展。

人工智能应用安全风险评估类标准:主要围绕人工智能应用是否满足安全要求开展。

人工智能安全测试评估指标类标准:主要根据人工智能安全要求及具体对象安全需求,提炼人工智能安全测试评价指标,为开展人工智能安全测评奠定基础。

7.4.7　人工智能测试产品和应用安全标准

人工智能产品和应用类标准主要是为保障人工智能技术、服务和产品在具体应用场景下的安全,可面向自动驾驶、智能门锁、智能音箱、智慧风控、智慧客服等应用成熟、使用广泛或者安全需求迫切的领域进行标准研制。在标准研制中,需充分兼容人工智能通用安全要求,统筹考虑产品和应用的特异性、迫切性、代表性人工智能安全风险。

7.5　人工智能时代的网络技术发展

在不断发展和演进的网络趋势中,如下几种技术对网络的发展带来显著的影响。

5G:5G作为第5代移动通信技术,在速度、延迟和可靠性上有明显的优势。5G不仅给消费者带来丰富的连接和应用,也进一步促进网络的无线化、灵活性的增强。组织可以将自己的工作流和应用进一步移动化、自动化,提升效率,并且通过高速率和大容量支撑新的应用场景。

AI和机器学习:人工智能和机器学习技术对于实时解决当今许多复杂的网络和业务问题至关重要。这些技术适用于智慧城市、交通运输和制造业等多种场景。AI带来的商机及收益正以指数级的速度增长。同时,安全漏洞、故障模式及对业务造成影响的可能性也在增长。

增强现实(AR)和虚拟现实(VR)技术:AR和VR越来越多地为主流应用和客户体验提供支持。通过AR/VR可以实现并支持许多主流的消费者和企业应用程序,进一步丰富客户体验,以及满足各行业的工作流程。例如,家居设计师可以利用AR技术展示房间的陈设布局等。

数字化转型:打破人、企业和事物之间的障碍,让信息快速流动,从而增强每个行业的业务水平。每个行业、每种组织都在经历数字化转型。数字化转型有一个共同的主题:创造新的客户体验,转变业务模式,并增强员工的创新能力。

物联网:连接所有需要连接而未连接的物。世界上大多数物体都没有连接到计算机网络,但是形势正在迅速改变。通过物联网,以前没有连接的物体正在获得与其他物体,以及与人通信的能力,从而为人们的日常生活带来新的服务和效率。

其中,AI对网络的各个维度都呈现广泛而复杂的影响。

总体而言,AI在网络中的应用如图7-5所示,分为3个主要的业务类别。

专注于运营的AI,例如基于AI的网络规划、优化和运营:用于协助故障检测、预测性维护及网络规划和优化,通过这些使网络的运营更加高效。

以服务为中心的 AI,例如客户体验 AI:用于更个性化的商业目的,例如价格促销、客户服务、预测性服务,以及减少客户流失、智能零售和虚拟助手的部署。

网络平台 AI:作为基础服务和增值服务,支撑上述两个应用场景,并在需要时对第三方客户提供服务。

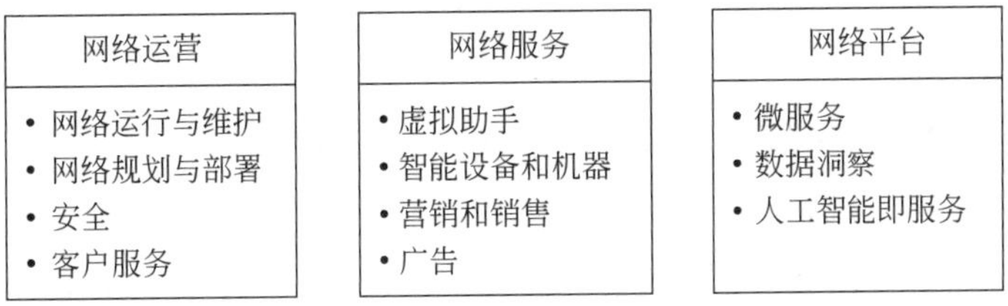

网络运营	网络服务	网络平台
• 网络运行与维护 • 网络规划与部署 • 安全 • 客户服务	• 虚拟助手 • 智能设备和机器 • 营销和销售 • 广告	• 微服务 • 数据洞察 • 人工智能即服务

图 7-5　AI 在网络中的应用

7.5.1　人工智能引入的必要性

5G、云计算、WiFi 6 等新型网络架构的进一步普及,带来网络速度、网络等待时间和连接规模等关键性能方面的重大飞跃,使网络能够支持新的服务场景和应用。问题在于,与此同时,各种新的业务、技术极大地提升了网络的复杂度。

更高的自动化水平是处理这种复杂度的唯一方法,同时还要确保比以往任何时候都可以更有效地利用网络资源,以减少运营费用(OPEX)并支持快速、敏捷的响应。除了自动化之外,还需要简化的流程来降低成本并提高敏捷性,以处理日益复杂的网络。下一代网络的关键是自治和直接。

此外,在数字化时代,各行各业都在加速数字化的转型和创新。网络需要更灵活、更充分地对接上下游,更多的横向和纵向集成,并采纳多种供应商,支持 API 开放的能力。总之,新的服务和应用不断涌现,新的网络技术和功能正在被采用,传统的网络管理模型已不足以支持不断增长的网络运行要求并保证用户体验。同样,不断增加的复杂性也使提高运营效率和有效控制运营成本具有挑战性。

因此,应对上述的复杂问题与挑战,需要构建基于 AI 技术的"智能网络"。

7.5.2　人工智能网络应用场景

智能网络由多种应用场景的智能组成。以下 7 个维度是 AI 的典型应用场景。

（1）网络规划。

（2）网络部署。

（3）网络优化。

（4）网络维护。

（5）服务供应。

（6）省电。

（7）安全防护。

这些场景的 AI 应用价值，可以从如下三个方面描述。

- 操作和维护生命周期：反映了在生命周期的每个阶段建立差异化的能力，从而可以在许多情况下实现完全自治。操作和维护生命周期涵盖服务的计划、部署、维护、优化和供应。

- TCO（总拥有成本）的贡献：在给定的情况下，使用自动化可以反映出 OPEX 的节省和 CAPEX 效率的提高。

- 数字化的程度：数字化是自动化的基础；需要对方案的选择进行技术评估，以确保自动化。

能源节省的场景示例如下。

1）用例说明

站点功耗占网络运营成本的很大一部分。尽管在空闲时间网络流量会大大减少，但设备仍会继续运行。运营商可能希望保持功耗动态变化，以适应流量使用情况，从而避免某些浪费。有效的节能机制取决于实时流量模式的可见性和预测。节电的操作流程可以包括节电特征选择、节电对象选择、节电策略执行，以及能耗监测与评估。

2）自动化目标

省电自动化的最终目标是按比特确定功率，即在多种网络部署环境中，在不牺牲客户体验的前提下，可以通过精确的流量预测实现协调的省电。

3）挑战

当前，大多数节能机制都基于静态关闭策略。将来，节电决策可能会随着其他输入的变化而动态变化。例如，可以将基于强化学习的流量预测和动态阈值设置功能用作输入，以实现最佳的节能性能。

第 8 章

人工智能与就业机会

8.1　被人工智能取代的工作

新技术的出现与发展导致一些传统工作岗位失去,也创造出一些新的工作岗位。18 世纪 60 年代,工业革命(The Industrial Revolution)兴起,生产活动开启了从手工业向机器大工业过渡的新时期。生产活动以高效率的机器取代人力,因此经济史上这个时代也被称为"机器时代"(the Age of Machines)。

在这一时期,由于机器的引入提升了生产效率,因而必然导致一些手工业者破产、工作岗位流失、工资下跌,因此当时一些工人将这些机器作为自己悲惨命运的根源。面对不可阻挡的大趋势,有人选择抗拒,这些工人发起历史上著名的"路德运动",冲进工厂捣毁大量可以节省劳动力的机器。这些行动甚至导致 1812 年英国国会通过《保障治安法案》,次年英国政府还发布了《捣毁机器惩治法》,对于严重破坏机器的工人的惩治甚至可以动用死刑。

传感器、物联网、人工智能等技术的出现,使得人类成为"上帝",赋予机器认知、学习、思考的能力,使得它们成为具有智慧的机器,从而在越来越多的领域具备原本只有人类专属的工作能力。关于人工智能抢夺人类工作的讨论近年来如火如荼,有人认为是杞人忧天,有人则对这一趋势深信不疑。比尔·盖茨甚至提出需要开征机器人税,因为人类通过工作获得薪酬需要缴纳个人所得税,而机器人正大量替代人类工作,因此需要开征新税种——机器人税,这引发不少人对这一趋势抱有深深的忧虑和恐惧。

但不可否认的是,人工智能的发展势必会造成一些岗位数量的减少,甚至消失,职位体系随之改变。这些工作岗位大多是偏流水化、程序化的低技术岗位,从业者拥有的工作技能远远不如人工智能多,效率也低于人工智能,在技术发展的进程中,他们将成为一批面临失业风险的人。

1991年开始,传呼机(很多1990年以后出生的人甚至没听说过这种设备)进入中国,并大行其道,该产业在短短几年中创造了数以百万计的寻呼小姐岗位,但随着手机技术的进步,成本大幅下降,2003年中国最后一个寻呼小姐岗位在内蒙古消失。人类在这一过程中既扮演着主导者的角色,又扮演着无助的随波逐流者。

位于美国印第安纳州的鲍尔州立大学统计表明,美国制造业在2000—2010年丢失的工作岗位中,87%是工业自动化(机器人或自动化流水线)导致,只有13%是因为贸易(见图8-1)。

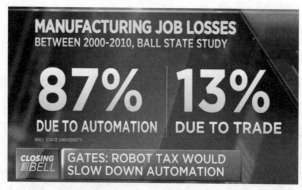

图 8-1　美国制造业在 2000—2010 年丢失的工作岗位

这几乎颠覆了美国政府部门和公众的认知。一直以来,美国的主流社会都认为是中国制造(Made in China)的崛起,导致大量美国制造业岗位转移到中国这样的低成本制造国家。

CNBC(美国消费者新闻与商业频道)的节目讨论中认为,在零售、制造、金融、医院这四大行业中,将会有超过50%的岗位在接下来处于被机器人替代的危险之中,而在医院的岗位更是高达近80%(见图8-2)。

8.1.1　第一产业

现有阶段研究表明,人工智能技术在农业领域的应用可以改变农民的生产方式。人工智能已被用于农业自动化,不仅用于农业的种植、灌溉、除草、修剪、收获等,还用于植物疾病的检测和鉴定,整个农业生产活动都实现了人机合作。农业生产自动化程度提高的同时,会减少农业生产部门的劳动力就业量,也就取代了农业生产部门的大

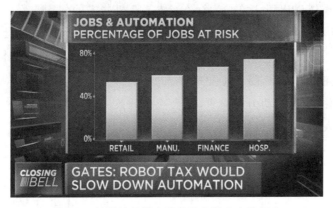

图 8-2　处于被机器人替代的危险之中的行业

多工作。此外,通过对各行业科技进步与就业关系的数据回归,认为农、林、牧、渔等第一产业部门的从业人员将由于科技进步从而大量减少,这意味着劳动力从农业生产部门转移到其他行业生产部门中,这与世界各国的产业发展情况基本吻合。人工智能技术的发展在转变农业生产方式、提高农业生产效率的同时,减少了农业部门劳动力的就业量,对农业部门的就业产生了替代效应,这是由于生产规模化、自动化及智能化程度的加深影响了农业生产时对农民的需求,使得农业生产部门的剩余劳动力向工业和服务业生产部门转移。

在主要发达国家,机械化和信息化的完成使得第一产业的就业比重降了 1.2% ~ 3.4%。我国与日本一样属于人多地少的国家,我国农业增加值比重较大,人均耕地面积比日本多,考虑到人工智能的发展将替代更多的劳动力,从技术的角度,即使我国的农业就业比重降低到日本当前 3.4% 的水平,我国也将释放出 1.8 亿左右的剩余劳动力。当然,我国实行的是统分结合的农业经营体制,每个农户家庭都是决策和经营单位,而经营、决策工作是人工智能不易替代的工作,因此,在人工智能发展背景下,我国在农业领域最终将释放出多少劳动力取决于我国技术的发展和农业经营体制的改革。

8.1.2　第二产业

目前,"机器人代人"现象较为明显,就业替代中最为显著的行业是制造业,企业方更倾向依托人工智能技术,采取自动化流水生产线,管理简单、成本低。相关学者通过研究 1993—2007 年相对发达的 17 个经济体工业机器人的使用与经济发展之间的关系,发现工业机器人的增加与劳动生产率的提高有关,工业机器人的使用对生产率增长的贡献高达 0.36%,占整个经济范围生产率增长的 15%,而工业机器人的使用与劳动力就业呈反向变动关系,随着工业机器人价格的下降,工业生产部门将会增加对机器人的需求,而减少对劳动力的需求,这会减少低技能劳动力的就业。2009—2019 年全球工业机器人的总安装量如图 8-3 所示。

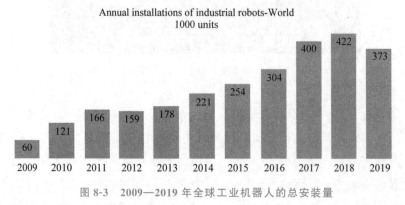

图 8-3　2009—2019 年全球工业机器人的总安装量

(来源:World Robotics 2020 Report,IFR)

　　制造业的工作内容相对单一、程序性强,处于产业链低端,其劳动生产力水平低,制造业企业融合人工智能显著降低了低技能的就业比重,且具有动态异质性,即企业融合人工智能的时间越长,劳动力被挤出越多。麻省理工学院的安德鲁·麦卡菲(Andrew McAfee)在其著作《与机器赛跑》中提到:“制造业大规模的裁员没有发生,但新招聘的数量低得可怕。公司购买新机器,但不再招募新工人……”

　　这样的现实正在发生,大型制造企业富士康“机器换人”计划正在加速,每年都有上万台机器人投入使用。有报纸惊呼富士康昆山工厂 2016 年已经裁员 6 万名员工。富士康的回应是:并没有裁员,而是自然减员形成的。

　　2019 年度工业机器人安装量排名前 15 位的国家和地区如图 8-4 所示。

　　早在 2015 年 3 月,我国广东省表示会投资 9430 亿元人民币鼓励大型制造商购买机器人,而广州市则计划于 2020 年实现 80% 生产自动化。《纽约时报》中文网拍摄的一段视频显示,在位于广东顺德的“美的”公司的工厂,工人数量已经比前几年减少了超过一半以上,进入工厂看到的是大量的库卡(KUKA)工业机器人,同时看到了制造业机器人化的不可逆转的趋势。到 2017 年 1 月 6 日,美的集团宣布收购其供应

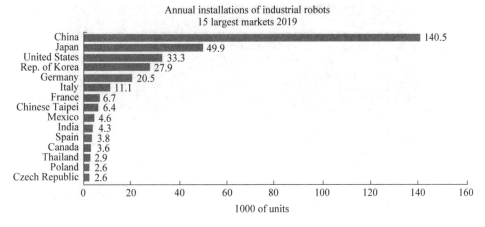

图 8-4　2019 年度工业机器人安装量排名前 15 位的国家和地区

（来源：World Robotics 2020 Report，IFR）

商——全球四大工业机器人公司德国库卡集团（其他三家为瑞士 ABB、日本发那科、日本安川电机）约 94.55％已发行股份，一跃成为全球主要的工业机器人提供商。2018 年年中，美的集团有关负责人介绍，库卡的目标是成为中国机器人市场的第一，到 2024 年，库卡在中国的机器人年产量预计将达到 10 万台。

　　人工智能的发展对工业制造业的影响是绝对不容忽视的，因为制造业由于自身性质，就容易受到自动化和工业智能化的影响，且制造业吸纳了大量的劳动力，相对受到人工智能发展的冲击更大。国际机器人联合会（International Federation of Robotics）统计数据显示：2013 年中国大陆市场共销售工业机器人近 3.7 万台，约占全球销量的 20％；2014 年中国大陆工业机器人销量为 5.6 万台左右，同比增长 51％，2016 年中国大陆工业机器人销量猛增 27％，达到 8.5 万台，连续 4 年居全球首位。由该协会发布的《新世界机器人工业机器人 2020》（*The new World Robotics 2020 Industrial Robots*）报告显示：中国工厂已有 78.3 万台工业机器人在运行，增长了 21％。2019 年，出货量约为 14.05 万台，虽与 2018 年相比减少了 9％，但仍是有史以来第三高的销售量。国际机器人联合会主席 Milton Guerry 说："中国是目前世界上最大、增长最快的机器人市场。这里每年安装的机器人数量最多，且拥有最多的可操作机器人。这种快速发展在机器人史上是独一无二的。"该报告还显示在全球工厂中正在运行的工业机器人已超过 270 万台，2019 年全球发货量为 37.3 台，现在像特斯拉这样的汽车企业工厂已经接近实现无人化（见图 8-5）。

图 8-5　特斯拉的工厂已经接近实现无人化

（来源：cbsistatic.com）

第二产业为我国提供了超过 2 亿的就业数量；无论是采掘业、制造业，还是建筑业，都有大量易被人工智能替代的生产人员。除了从事创造性劳动的研发人员和应对不确定性的经营管理人员，以及从事非规律性劳动的技术人员和设备维修人员，第二产业中多数就业岗位将被人工智能替代，即释放出超过 1 亿人的劳动力（劳动者保持当前劳动时间的情况下）。根据预测，2035 年前制造业所有细分领域都将会迎来"X交叉"（见图 8-6）——工业机器人进行生产的单位成本将永久低于使用人工进行制造的单位成本，90％以上的工厂实现无人化！

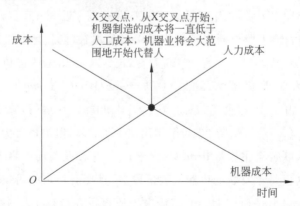

图 8-6　制造业的 X 交叉

（来源：《HR 的未来简史》）

不仅制造业,物流和快递行业也正处于变革的前夜,谷歌、亚马逊、DHL 正在尝试完成快递流程的"最后一千米"(见图 8-7)。

图 8-7　DHL 正在测试的无人机快递

(来源:consumerist.com)

8.1.3　第三产业

第三产业是典型的劳动密集型行业,其所需劳动力数量多,类型丰富。需要特别指出的是,批发和零售业、交通运输、仓储和邮政业、金融业等行业直接与消费者接触的服务人员,其工作性质是重复性劳动,但工作内容有一定情感性的内容,如果用人工智能替代人力提供服务,消费者将体验到快捷、便利及便宜的服务,而对于欠缺使用新技术知识的老年人等,他们可能愿意选择更加周到但也更昂贵的有人值守服务;当前,我国无人经济的快速发展,表明很多消费者愿意选择快捷、便利而便宜的无人服务。随着人工智能的发展,使用无人值守服务的知识门槛会降低,选择无人值守服务的消费者会大幅增加。总体而言,批发和零售业,交通运输、仓储和邮政业,金融业等行业除了经营管理人员和较少的研发和技术人员外,绝大多数就业人员的劳动都是重复性劳动,容易被人工智能替代;目前这三个行业的就业总量达到 1.65 亿,占我国第三产业总就业人数(3.49 亿)的 47.4%。除了这几个行业及各行业中的事务性、辅助性劳动外,第三产业其他行业的劳动主要为创造性劳动、情感性劳动或非规律性劳动。

相关研究使用结合机器学习方法预测每个职业被人工智能替代的可能性这一方

法预测美国 700 多个职业中有 47% 可以在短期内被替代,服务业中很多就业人员(如电话销售、标题检查人员、保险承销商、税务员、信贷员等)都有极大可能被人工智能所取代。但是,人工智能的发展也使得重复率低、社交性强的工作岗位的就业需求量增加,例如休闲理疗师、舞蹈指导、教学协调员、心理医生、设计师等。人工智能在服务业所占比重的变化情况取决于人工智能在工业和服务业部门的应用前景,如果人工智能在制造业中的应用比重显著大于服务业,那么人工智能将促进服务业的发展,反之则可能提高制造业的比重。预计人工智能在金融产业的应用前景将非常广阔,其可能通过促进金融产业的发展从而影响其他行业发展。

以金融业为例,中国银行业协会发布《2019 年中国银行业服务报告》,据不完全统计,全行业离柜率为 89.77%,并在不断提高过程中,过去网点(柜台)多是银行的优势,现在则逐渐变成银行巨大的负担,银行网点的工作岗位正在不断减少。因此,现金的利用率越来越低,ATM 的需求自然下降,仅 2020 年第二季度,中国 ATM 数量就减少了高达 3.09 万台。而这个现象不仅在中国,在欧洲乃至全球的银行更加惨烈。Betterment 和 Wealthfront 这两家全球智能投顾公司的鼻祖管理的资产规模分别高达近 30 亿美元和超过 50 亿美元。金融巨头纷纷跳转方向,张开双臂拥抱人工智能投资顾问,推出各自的服务产品。花旗银行的报告预测,人工智能投资顾问未来十年管理的资产会高达 5 万亿美元。但这并不意味着银行要倒闭了,却一定意味着传统银行要消失了,它将变得"面目全非"。很快,银行将不再有网点、柜台、ATM,甚至客服。事实上,无论是腾讯的微众银行,还是阿里巴巴旗下的网商银行,从开业第一天开始就宣布"没网点、没柜台"。

金融业面临史上最大的变局。花旗全球视角与解决方案(Citi Global Perspectives & Solutions)的一份最新报告认为,银行业正在快速接近其"自动化拐点",可能很快造成高达 30% 的从业人员失业。报告指出:"银行业的'优步时刻'(Uber Moment)指的并非银行自身,而是银行分支机构的脱媒化。这意味着,客户与银行之间的主要交互渠道将变成移动端派发。"花旗报告预测未来 10 年"银行业还将出现 30% 的裁员",根据这一预测,未来 10 年美国和欧洲的银行业就业人数将下降超过 180 万人。巴克莱(Barclays)银行的前首席执行官 Antony Jenkins 的预测更为悲观,他说"未来数年银行业分支机构和从业人员数量将下降高达 50%"。以前,美国华尔街对机器人投资顾问服务是持怀疑态度的。专业人士直觉上认为投资者希望自己的资金是被认真对待的,换言之,就是有真人来服务;另一方面,华尔街不大相信硅谷出来的小公司的算法真能比得上在华尔街多年的投资专家。于是巨头们一直处于观望状态,但是现在机器人投顾逐步渗透华尔街,而这些只是金融行业的一个开始……

再以零售业为例,2016 年 12 月 5 日,亚马逊宣布推出革命性线下实体商店 Amazon Go。亚马逊就 Amazon Go 申报的专利内容显示,这种无人便利店构想的关键技术在于其特殊的货架。它通过感知人与货架之间的相对位置和货架上商品的移动,计算是谁拿走了哪一件商品。Amazon Go 即拿即走的客户体验是前所未有的,无疑给零售业带来无比巨大的影响,另一方面,又预示了绝大多数超市收银员工作岗位的消失。

如果说亚马逊书店是想让用户更多地留在这里,那么亚马逊新推出的 Amazon Go 无营业员超市的目的是:不用结账,直接走人。直接出门就可以了,手机会自动显示你买了什么并自动扣款,不用排队,不用结账,不用注册。亚马逊的这项创举,简单来说,就是取消了排队结账步骤,使得人们到超市购物,可以选完东西拿了就走。亚马逊结合人工智能做的概念型超市,保留了逛的元素,并保留了实体商业带给人的体验感、愉悦感、互相比价选择的纠结感,但是剔除的却是排队、结账这样的时间成本,对于用户来说可以径直出门。

人工智能、图像识别、深度学习等最前沿、最时髦的技术都在 Amazon Go 上得到了充分的体现,并且还是亚马逊极简的产品思路。Amazon Go 占地面积大概有 167m^2,Amazon 给这个技术起了一个名字叫:"拿上就走"(感觉像在开玩笑,但又确实通俗易懂)。

Amazon Go 强调的是三个要点:

"不排队 No Lines";

"不用结账 No Check Outs";

"没有收银员 No Registers"。

毫无疑问,这项线下购物系统融入了机器学习、计算机视觉、传感器技术、人工智能等多个领域的前沿技术。过去我们只是认为亚马逊是一家在线购物公司,随着其进军新零售,那些传统的线下零售公司(如沃尔玛这样拥有高达 230 万员工的传统零售巨头)必须尽快转型。随着技术的突飞猛进,未来 10～20 年,零售业的大量营业员工作岗位将会消失殆尽。在占地 111484m^2 的美国加州特雷西仓储中心,亚马逊部署了超过 3000 台机器人。这些机器人旨在帮助亚马逊加快商品配送速度,特别是在订单井喷的假日购物季。方形低矮的搬运机器人 Kiva 最多能够提起 340kg 的商品,因而能够将整堆货架直接运送到拣货员面前，方便后者拣货，大大减少了其在仓库内的走动，如图 8-8 所示。这些机器人正在再次革新零售行业。

图 8-8　亚马逊的 Kiva 搬运机器人

（来源：entrepreneur.com）

另外，人工智能医生应用也在逐渐落地。医学界认为鉴定皮肤癌是一项复杂的工作，医生要分析它的外形和特征，甚至要动用活检技术，从患者的组织上切下一块，才能确定皮肤上的异物是否真的发生了癌变。而 2017 年年初《自然》杂志上的一篇论文给人类提供了一项快速、准确和方便的工具，它的背后是深度学习和人工智能（见图 8-9）。

科学家让一个卷积神经网络（convolutional neural network）分析了高达近 13 万张临床皮肤癌图片（这个数字比人类医生最大的样本研究数量高出两个数量级），在大量的学习资料下，这个神经网络迅速成为一名皮肤癌的"专家"。21 名非常资深的皮肤科医生表示不服，于是一场医学领域的"人机大战"一触即发。

第一轮是识别两种不同的皮肤疾病——角质细胞癌与良性脂溢性角化病，前者是最为常见的皮肤癌，结果则是人类医生全部败下阵来！不服气的人类医生做了第二项测试，这次比较的是恶性黑色素瘤与良性的痣，前者是最具杀伤力的皮肤癌。但在这场比试中，人类再次全部败下阵来。虽然这些人类医生都经过十多年以上的训练和培养，但还需要一代一代传承，而人工智能则完全没有这方面的限制。事实上，它只会变得越来越好，学习速度越来越快，成本越来越低，诊断的准确度越来越高！

国家超级计算长沙中心开发的"人工智能医生辅助诊断技术及系统"曝光，该系统

图 8-9　《自然》杂志封面：人工智能的威力

加载来自中国 200 多家三甲医院的 8000 多万份病例,囊括 100 多类常见疾病。这个机器人医生通过固定格式的问题和患者互动,根据症状描述开具检查单,检查结果出来后,系统自动出具诊断结论,一线临床医生再对结论予以确认。这个机器人医生跟中国 200 多位医学专家进行了比较,工作人员将 100 份患者数据瞬间输入给机器人医生,现场连接天河超级计算机,4.8s 完成全部诊断,机器人的诊断与医生的原始诊断达到 100％吻合!

　　腾讯公司发布的一款 AI 医学影像产品——觅影(见图 8-10),对早期食管癌的筛查准确率高达 90％,而且筛查一个内镜检查用时只需不到 4s! 食管癌是国内常见恶性肿瘤之一,由于缺乏有效的早期筛查手段,目前在中国早期食管癌检出率低于 10％。腾讯觅影可以使食管癌在早期被发现的概率大幅提升。由于早期发现食管癌的治愈率超过 90％,进展期和晚期的食管癌治愈率仅有 40％,因此早期发现对于治愈食管癌极为重要! 除了食管癌早期筛查外,未来这项技术也将支持早期肺癌、糖尿病性视网膜病变、乳腺癌等病种。

　　不难推论,随着基于人工智能的医疗影像识别技术的不断升级迭代,影像科医生

图 8-10　腾讯觅影的工作流程

（来源：miying.qq.com）

极有可能在接下来数年迅速被腾讯觅影这样的机器医生所替代。这些工作的流失对于医生可能是一个坏消息，但是对于患者来说肯定是一个福音：诊疗的成本更低，速度更快，准确度更高，这意味着更多的生命将会被拯救！而像世界尖端手术机器人的代表——达芬奇手术系统（da Vinci Surgical System）则会在未来 20 年内替代外科手术医生的大部分甚至全部工作。

综合分析人工智能发展对我国三个产业就业的影响，可以发现人工智能发展将对我国的就业产生严重的影响：第一产业、第二产业和第三产业中的批发和零售业、金融业和交通运输、仓储和邮政业中将释放出大量的劳动力；企业的研发人员、分析人员、经营管理人员等和第三产业其他行业中的劳动力则比较难以为人工智能所替代，这也表明这些领域是我国人工智能发展背景下就业的主要领域，是接收其他行业释放出的劳动力的领域，各级政府应从现在开始大力推动这些产业发展。为适应人工智能发展背景下就业人口在行业之间转移的需要，社会应积极帮助这些人适应新职业在技能上的要求，这需要尽快改革创新教育培训体系。

8.2　人工智能创造的新就业机会

据《国务院关于印发新一代人工智能发展规划的通知》，我国人工智能产业 2020 年成为新的重要经济增长点；到 2025 年人工智能的研发、生产，以及应用将成为带动我国产业升级和经济转型的主要动力；2023 年我国人工智能核心在产业规模上超过 1 万亿元，带动相关产业规模超过 10 万亿元，人工智能的理论、技术、应用总体达到世界领先水平。国家大规模发展人工智能的同时,其相关产业必然需要大量科学研究、生产制造,以及产品维护人员,新兴技术必然衍生新兴行业,从而催生新的就业机遇。以下将从人工智能产业链的三个层面对人工智能创造的新就业机会展开讨论。

8.2.1　基础层

基础层从硬件和理论层面为人工智能的实现提供了根本保障,主要包括 AI 芯片和深度学习算法。AI 芯片的发展进步,提供了越来越强的计算能力;深度学习算法的建立,提供了 AI 解决问题的计算方法。

基础层对应为支撑人工智能行业发展的基础设施和方法的产业链上游行业主要包括 AI 芯片、数据及 AI 算法。AI 芯片是支撑人工智能行业发展的基础硬件,提供适配于 AI 算法的计算能力,当前国内外有不少公司专注于 AI 芯片的设计;数据对于 AI 技术在具体行业的应用有非常重要的作用,主要数据掌握在行业中下游公司中,但是数据的处理是一个较为专业化的工作,当前国内外均出现少数公司专注于数据处理,为行业中下游提供数据资源服务;当前的主流 AI 算法基于深度学习技术进行 AI 算法研究的主力军一般是各大院校及科研机构。

8.2.2　技术层

技术层是基于基础层的支撑,设计出的解决某类过去需要人脑解决问题的通用方法,具体包括智能语音、计算机视觉、自然语言处理,以及其他类这四大人脑功能的处理方法。这些方法基于深度学习算法,根据具体的数据及处理场景形成了专门的成套技术处理方法和最佳实践。通过技术层的实现,可以将基础层提供的算力及计算方法运用到具体领域,真实对应到大脑的某一类功能,以及实践能力。

技术层对应为将基础计算能力和方法转化成各类 AI 技术的产业链中游行业。这些产业基于现有的 AI 算法,在实际应用中能达到较好的智能效果,具备扩展性,且基础性技术在各行各业的应用前景广泛。当前的基础技术分为智能语音、计算机视觉、自然语言处理以及其他类技术。

智能语音指的是利用计算机对语音信息进行分析处理,以模仿人类实现能听、能说等语音能力的技术,语音识别和语音合成目前是其核心应用。智能语音技术当前的发展已经比较成熟,在很多领域的应用已经接近人类的水平,如智能语音交互就在迅速成为主流的人机交互方式。

计算机视觉指的是利用计算机对图像或视频信息进行处理分析,以模拟实现人类通过眼睛观察和理解外界世界的技术,当前的主要应用包括图像视频的复原和增强、分割和识别、理解和自动匹配等。计算机视觉技术给机器安上了智慧的眼睛,能替代很多原本需要人类才能完成的工作。随着近年来计算机视觉技术在多个领域的应用取得突破,目前其已成为人工智能最炙手可热的技术分支。

自然语言处理指的是利用计算机对语言文字进行分析,以模拟实现人类对于语言的理解和掌控的技术,当前的主要应用包括自然语言理解和自然语言生成。自然语言处理是实现认知智能的关键技术,虽然当前依然面临较大挑战,但其未来的进步和突破对人类社会的意义将十分深远。

其他类指的是基于人工智能算法对一些特定类问题进行方案设计,利用计算机将其智能解决的技术,其从实际效果看,针对相应问题实现了模拟人类智能。这类技术相比前三类技术,其应用范围相对较窄,基础性较弱,为了便于分类,我们将这些技术统称为其他类。典型的应用场景包括棋类的 AlphaGo、智能游戏选手 AlphaStar、金融领域的反欺诈反洗钱、智能投顾、自动交易等。

在人工智能技术层的不断深入发展中,语音识别、计算机视觉、自然语言处理等各领域技术性人才的需求量不断增加,衍生出一系列技术人才的就业机会。

8.2.3 应用层

应用层是基于技术层的能力,去解决具体现实生活中的问题。例如,利用计算机视觉技术实现金融、安防等多个领域的人脸识别;利用智能语音技术,实现智能音箱、录音笔等的语音识别;利用自然语言处理技术,用于智能客服的问答。在实际的应用中,技术层和应用层关系是相互交叉的,某个领域的应用可能用到多个维度的技术层的能力,如金融行业的应用对智能语音、计算机视觉、自然语言处理技术都会有需求;同样,某个技术层的能力也可以广泛应用到多个不同的应用领域,如计算机视觉技术可以广泛应用到金融、安防、医疗、交通、教育等多个维度。

应用层对应为综合利用各类 AI 技术解决各自行业的应用问题的产业链下游行业,衍生出一系列新兴场景和技术落地的新机遇。当前人工智能应用落地比较多的下游行业包括金融、安防、教育、医疗、自动驾驶、智慧城市、智能穿戴等,产业链的中下游企业均有参与。下游企业指的是产业+人工智能的复合类企业。这类企业的特点是:

首先在某个行业背景深厚,专业能力、项目实施与营销能力都十分优秀;其次是具备技术创新的基因,能快速利用最新的人工智能技术将其应用到自己的行业产品或项目中,实现行业+人工智能的结合,进一步提升自己在行业内的竞争力,打造更好的产品或者服务。在各企业与人工智能技术的深度融合过程中,不仅会在劳动者需求上提高,还会对劳动者在"人机交互""人机协同"的工作能力、创新能力上提出新要求。未来,数据采集、存储、分析、编程等会成为主要工作内容,劳动者要面临更为复杂的人机协同和交互任务窗口,工作任务更具有丰富性和挑战性,不再单一刻板。

通过对人工智能的三个层面进行深入讨论,可以看出人工智能为社会发展带来了新动力,也为行业转型带来了新机遇。在新兴产业的持续发展中,对各类不同层次的新型人才有了新的需求,不断衍生出新的就业机会。而从另一方面考虑,人工智能的发展带来的生产效率提高也会导致更高的收入,因此也会产生更大的消费需求,包括很多没有被自动化的产品和服务。因此,来自其他产业更大的需求会抵消自动化的负面替代效应。1980—2010 年,新的工作任务、新职业的引入和扩张带来了大约一半的就业增长,尤其是劳动密集型的工作任务,相对于资本,新的工作任务更能发挥优势。

8.3　人工智能对贫富差距的影响

8.3.1　人工智能的发展可扩大劳动群体间的收入距离

人工智能带来的就业结构变化会导致劳动者收入差距加大,就业市场两极化趋势影响下,居于中间层岗位的劳动群体将面临下滑到低端岗位就业或者失业。目前我国人工智能研发人才的需求量较大,无法掌握人工智能研发、生产、应用相关技术或是被排斥在新技术、新产业外的低技能劳动者,其岗位适应能力较弱,如果在没有政府或社会补给情况下其收入会更低且无法提升。

而随着人工智能的快速发展,非重复性工作任务具备高超的分析技能、擅长的人际关系处理技能,如团队工作、关系管理、人员管理和护理工作等,对从事这些工作的工人,机器人可以发挥辅助作用。而对于技能日益变得过于专业化、简单化的劳动者,其人力资本反而变得更加脆弱,就业岗位反而变得愈加不安全。复杂的技术创造与简单的工作操作之间的不对称,使得具备知识和技能优势的群体在劳动力市场上更加具有竞争力,紧缺人才的收入水平不断提高,而被技术替代的员工将被迫在劳动力市场寻求更低端技能的岗位甚至失业,其收入将会明显减少,财富将聚集到资本和知识技能人才资源中,劳动者之间的收入差距不断扩大,具有高技能和低技能员工的收入结构呈现两极化现象,由此可能导致贫富差距悬殊。

另一方面,人工智能系统会使得某些工人的技能多余化,那些被自动化取代的工人不得不寻求新的就业机会。即便这部分工人能够找到新的工作,这种工作也常常是低附加值的,且工作稳定性更低。更进一步,如果学习新的工作技能非常昂贵,工人们或许会认为这种职业技能培训与新工作并不成正比。在这种情况下,人工智能系统不仅会增加社会不公,更会带来永久性的失业,以及贫穷。

8.3.2　人工智能发展短期可能影响劳动者的就业公平

就业的公平权利是每位员工极其关心的问题,但人工智能发展可能会引起地区间、行业间,以及群体之间的就业公平问题。这是由于地区间经济差异对人工智能的投入力度和应用程度的差异性可能导致地区间公平就业机会的异质性。在我国大城市中,AI企业存活数量相对较多,而我国中西部地区,受经济形势的影响,对人工智能投入力度不足,人才引进度较中心城市滞后,人工智能发展相对落后,未来各地区的就业结构、产业布局,以及收入水平会呈现显著的差异,这些经济欠发达地区有可能无法及时获得人工智能技术进步带来的积极效应,如人工智能研发、生产企业带来的创新服务、创新产品,以及由此衍生来的新商业运营形态、新就业模式、新工作内容。而这些由人工智能技术衍生的工作岗位或工作内容需要劳动者及时地匹配新的人工智能技能,而受经济影响的欠发达地区的劳动者无法及时提升人工智能所需的能力素养,因而容易被淘汰,无法公平就业,进而影响收入水平,由此拉开贫富差距。另一方面,信息通信技术是现代国家通过信息交流获得其他资源的支持和帮助,逐渐摆脱贫困的重要手段。然而,一方面网络使用在不断普及,另一方面却加剧了贫富差距,在信息"富有者"和"贫困者"之间形成一道数字鸿沟。

数字鸿沟(见图8-11)源于美国著名未来学家阿尔文·托夫勒(Alvin Toffler)于1990年出版的《权力的转移》一书,意指先进技术的成果不能为人公平分享,于是造成"富者越富,穷者越穷"的情况。数字鸿沟的概念囊括信息技术及与其有关的服务、通信和信息可及方面的失衡关系,在全球或各国贫富之间、男女之间、受教育与未受教育之间信息可及的不平等和不公平。与不同或差异的概念相反,鸿沟是指某些群体在信息可及方面遭到不合伦理和得不到辩护的排除。除了衣食住行、医疗、教育、安全等基本品外,信息也应该被视为基本品,从而要求信息公正分配,以及对信息技术及信息的普遍可及。

图 8-11　数字鸿沟

(来源: pittsburghtoday.org)

数字鸿沟造成对现在无法较为容易获得信息的群体的歧视,形成一种新的社会不公。人工智能的出现导致传统工作的流失,意味着大量劳动者成为"数字难民",加深了数字鸿沟,这将是信息时代面临的主要挑战之一。

8.3.3　人工智能的发展加剧社会资源的贫富差距

人工智能系统为经济价值的产生带来了新的方式,也对经济价值的分配产生了新的影响。在某种程度上,人工智能系统的价值分配会使一部分群体受益,从而延续或加剧现有的薪资、收入,以及财富分配差距。有能力研发人工智能技术的组织将会加剧这种不平等性。据预测,人工智能是一个每年市值达到数十亿美元的庞大产业。开发人工智能技术需要大量的前期投资,其中包括海量的计算资源及大数据,两者的成本都非常高,这导致人工智能的开发和应用被限制在一个特定的范围之内。在这种情况下,那些拥有强大数据以及计算能力的企业才能够通过人工智能系统深入了解市场动态,从而获取更多优势,为自己带来"富者更富"的马太效应,带来更多成功。

具体来说,人工智能驱动的产业天然趋向于垄断,会在压低价格的同时消除公司间的竞争。最终,小型企业会被迫关门,人工智能时代的行业主宰会获得以前根本无法想象的利润,经济权力集中到少数人手中。而超大型企业的自然垄断倾向会使它们通过算法和应用程序,排斥竞争与简单化劳动者技能,劳动者的人力资本变得更加脆弱。随着新部门、新工作任务的兴起,新技术的需求和工作任务与劳动者技能之间的差距,是目前中国人力资本积累体系面临的最大挑战。

相对于历史上以往的自动化,人工智能作为新技术的特点就是不断有新的工作任务产生,尤其是自动化过程中能发挥劳动力比较优势的工作任务。现实经济和劳动力市场对新技术的反应和调节受制于一个更为关键的因素——技术与技能的错配,新技术、新工作任务的要求与劳动者技能之间的错配。这种错配减缓了劳动力需求的调节,扩大了收入不平等范围,也减少了来自自动化和新工作任务创造的生产效率收益。快速的自动化深度学习、人工智能的一些最新发展正在重新改变资源向其他技术的配置,尤其是创造新工作任务的技术导致我们在通过创造新工作、新部门和新产品扩大劳动力需求的能力上,正面临新的洞见上的枯竭。

8.4 人工智能时代下的人力资源管理

8.4.1 人工智能促进人力资源的高效性管理

人工智能时代下自动化程序已贯穿从公司内部的行政到对外进行的业务拓展全过程,通过对以下领域的高度关注,人力资源管理的创新会体现出高度数字化的进程。

1. 数字化招聘

每当企业发出招聘信息时,总会收到海量的申请。原本由招聘者审核简历的繁重任务,通过全新的伦理道德的约束下所创造的新自动化审核程序,不仅能更准确地审核,还能尽可能避免因性别、种族、学历而引起的偏见,达到更为公正的判断。不仅如此,就连招聘环节中本应人与人面对面的流程,都能通过人工智能技术完成提问、记录、分析,然后将建议的结果发给招聘者。不同于先前将问题输入给程序,面试者的回答会被摄像记录,然后交由招聘者亲自审核。

不同于简单的语音识别,关键词匹配、聊天机器人的评分、情感识别技术还能根据人脸细微的变化,分析出面试者的情绪与态度,从而模仿面试官对面试者打分。尽管如此,人类面试官依旧会紧握着最后的审核决定权。因为冰冷的机器与服务永远无法真正了解一个人,面试不应该由智能或自动化的决策机器决定一个应聘者是否被录用。

2. 录用与入职

当一个新员工入职时,会出现大量的文书,注册、录入、全线开通和了解规则环境等工作要做。如果这个繁复冗长的过程配备上自动化程序,甚至投入沉浸式体验的设备用于了解环境,将大幅节约时间或减少意外的发生。

3. 绩效考评

人力资源管理者经常与业务部门负责人一起参与绩效考评。借助人力资源管理系统与自动化程序,可以轻松追踪被考评者的工作进度与其工作效率,并且能识别出高效率的员工,为其之后的发展晋升提供便利。消除手动输入的步骤可以有效降低错误产生的概率与徇私舞弊的可能性。

4. 员工考勤

目前依然存在公司通过书面方式记录员工的休假。通过自动化程序,考勤管理者可以自动识别并记录,使其与其他员工的数据一起保存,这样可以有效提高工作效率,减少损失和错误。

5. 员工的法律约束

通常基于人工智能道德准则所开发出的自动化程序来确保工作人员不会泄露用户交予其的个人隐私信息。当员工从数据库复制数据并将之转存到个人存储设备时,通过程序的识别就会对员工发起警告,甚至将之于第一时间报告安全监控部门。

8.4.2　人工智能对企业管理的影响

技术是一柄双刃剑,可以用于帮助、支持、赋能人类的工作,也可以用于监督、控制、压榨人类。2020 年,中国互联网上热议了困在算法"牢笼"中的外卖骑手问题,技术巨头们运用不断优化的算法不断压迫骑手们加快速度,以换取焦虑的点餐客户的满意和榨取更多的利润。而亚马逊更是发明了自动化裁员人工智能算法:亚马逊要求发货仓库的分拣工人每小时打包 100 个左右的包装箱,平均每分钟近 2 个。为了尽量提高工人的工作效率，减少"磨洋工"的损失，亚马逊建立了一套高度自动化的跟踪系统，自动记录每个员工的效率，并且该系统还会监测员工的工间休息安排（Time off Task，TOT），将休息时间和任务结合起来，统计类似上厕所这样的"工作无关"事情的时间，如果上厕所太久，工人也可能被解雇。整个过程全部由算法自动完成，无须管理人员参与就可以实现。有文件显示，在2017年8月至2018年9月这一年多时间里，仅在亚马逊的一个分拣中心，就有约300名全职员工因效率低下而被解雇，占员工总数的12%。如果按这个比例计算，亚马逊北美的75个分拣中心12.5万名全职员工，每年大约有近15000人可能因"效率低下"而被解雇。因此，为了防止被解雇，有的员工甚至放弃了"上厕所"的时间。事件曝光后，亚马逊发言人发出声明并承诺改进："员工通过自动化系统被解雇是绝对不正确的，如果没有被解雇，首先确保他们得到公司充分的支持，包括专门的指导，公司不会解雇员工。"亚马逊是一家不断发展的公司，企业的目标包括确保员工的长期职业发展的机会，对于没有达到预期工作水平的员工，公司表示会通过专门的辅导帮助那些没有达到预期水平的人。

尽管自动化决策用于企业员工管理可以提高员工的工作效率，但通过机器监督员工工作，现阶段受到普遍争议，该技术普遍应用于职场还需要很长的发展过程，特别是处理其中涉及的机器监督人的伦理问题。首先，这种监视是对员工隐私侵犯的伦理问题，更是对人类自主性和约束行为自由的威胁。这不仅是违背伦理，也是对未来各个领域工作者可能被人工智能完全操纵和胁迫的一个非常不友好的趋势的信号，而人工智能道德准则的存在是用来减缓人工智能潜在危害的。虽然它不具有法律约束力，但它可能会对将来起草的法律产生影响。

人工智能需要在职场中构建其伦理边界，具体应包括以下4个准则。

（1）以人为中心。

人工智能系统不应该用于监视、胁迫、压榨、欺骗、控制人类。相反，人工智能的设计应该以增强、补充人类的认知、社会和文化技能为目的。在流水线上，人类成为机器系统和流程的一部分，这是一种"反人类"的设计，而在人工智能与人类的协作中，应遵循"以人为中心"的设计原则，其工作过程要确保可以随时接受人的监督。人工智能应该在工作环境中支持人类，并致力于创造有意义的工作，而不是制造障碍。

（2）预防伤害、避免恶意。

人工智能系统不应该导致、构成或加重伤害或不良影响，保护人类的尊严和生理、心理健康，确保不会被恶意使用。人工智能这种强大的技术一旦被用于恶意目的，其造成的伤害尤为巨大。

（3）公正公平。

人工智能系统应当确保个人和组织不会受到不公平的偏见、歧视等，以增加社会公平性为目标。人工智能系统做出的决策，以及做决策的过程应该是可解释的，并可以经过公正公平程序审查。

（4）开放性。

人工智能算法的整个计算、决策的过程，输入和输出的关系都应该是开放的。目前的人工智能算法和模型都是以黑盒（Black Box）的形式运行的，这可能造成很多违反伦理甚至违反法律的可能。

而超人主义者在仅靠着有限理性和缺乏对人文精神的思考下，认为惊人的新技术在挣钱的同时还能改善几十亿人的生活。在利益驱动、缺乏监管和技术"上瘾"的作用下，无约束的智能爆炸将彻底终结人类存在的基本原则。纵使我们能定下上千条数字化伦理与道德，但那都是用来提醒那些创造技术的人的，技术本身是没有伦理和道德可言的——而没有伦理和道德的社会是注定要灭亡的。

人工智能和自动化的大趋势无可避免，因为它能有效降低成本，提高效率，从而获取更多的利益。从工厂里的自动化车床，到监控系统，再到用自动化程序、人工智能和物联网，职场里，人工智能和自动化已经从蓝领的职位进军白领的职位，生活中的社交软件、旅游点评软件左右人的生活。"唯有学习"这种建议显得苍白无力，在未来可能还没来得及读懂一个新产品的用户界面时，下一个全面升级的自动化程序就又出现了。

8.5　人工智能时代下关于就业的思考

8.5.1　从达特茅斯的野望到人类最后的阵地

1956 年 8 月，美国达特茅斯学院召开一次学术会议，这一会议汇集了一大堆世界级科学家和经济学家，他们中后来有 4 位获得图灵奖，1 位获得诺贝尔经济学奖，他们讨论了一个不食人间烟火的问题：如何让机器模仿人类学习，以及其他方面的智能。这一会议确定了所讨论主题的名称：人工智能，这一年称为人工智能元年。但是，受制于计算机性能和人工智能算法研究的发展,人工智能在数十年里始终处于缓慢的发展阶段,直到近几年,随着云计算、大数据及芯片技术和算法的成熟,人工智能再次进入突飞猛进阶段。在围棋、投资、医疗诊断等越来越多的领域,人工智能展现出优于人类的能力,人类的防线一个个被攻破,而创造力和想象力被称为人类最后的阵地。但这一最后阵地不幸被攻陷了:2012 年 7 月,伦敦交响乐团演奏了一曲名为《通向深渊》(*Transits to an Abyss*)的作品,有评论家认为它"充满艺术感并且让人愉悦"。但它的作曲者却不是人类,而是西班牙马拉加大学的"伊阿摩斯 IAMUS"人工智能程序,这个高产的作曲家已经创作了几百万首古典音乐风格的作品。

当下难以精确地预测人工智能未来对每个行业和每个岗位的影响,我们只能给所有人一个最重要的建议:持续学习、终身学习,这是人类应对未来冲击和不确定性的最佳策略。人工智能技术的发展,必然导致大量传统的岗位丢失,企业、社区、政府部门需要携手帮助这些技术失业者学习新的技能完成职业转换,技术发展带来的公正问题需要得到解决,而不是放任。

8.5.2　技术是手段,而不是目标

面对自动化决策程序时,人工智能和自动化软件根据数据处理所做出的无限接近客观理性的决定与以直觉和感性为思维主导的人类做出的决定相悖时,决策层与辅助决策层的自动化软件是否能做到公平合理的判断?这不仅是一个是与否所产生的冲突,更是对人力资源管理者继面对上级决策层的权威之后,又要承受的一个近乎权威的自动化程序产生的新增压力,即涉及心理压力、道德和认知的挑战。

人工智能伦理所提出的对个人信息安全更高的要求,考验系统开发者面对复杂近乎严苛的道德准则和伦理标准时,是否能开发出满足个人信息安全要求的程序。不仅能保护信息,也能审核信息的真实性,确保用户和员工双方都能有一个真实的数字信息环境。

越来越多的业务搬到数字环境中,对管理者的道德约束和伦理要求也会有所改变。随着辅助从业者的自动化程序和人工智能越来越多,即使多了一个可靠的辅助,也不应该忘记身为人类最重要的标志,即独立思考。为每个客户的需求进行独立的方案思考和规划,为每个求职者做出最客观的判断,为每个员工保障合法权利。当自动化程序和人工智能开始大放异彩时,每个工作者都会被要求保持独立思考,而不是对权威言听计从。

第 9 章

人工智能系统的偏见

随着人工智能技术的蓬勃发展和广泛应用,我们的社会正走向新的智能算法时代,人们开始陆续地把很多事务的决定交给人工智能系统。国内外有越来越多的政府部门、企业使用人工智能技术协助他们做出决策,2017 年 11 月有关媒体报道了全国第一个无人警局诞生,未来可实现通过刷脸入场依次办理业务,通过智能终端设备,全流程自助实现现场补证、换证、领证,和机器人客服全天候沟通,等等。它具有刷脸办证、凭证无纸化、全年无休等特点。借助人工智能的不单是政府部门,金融行业已成为人工智能场景中发展最为迅速的领域之一。金融场景下高度结构化的数据给人工智能技术的发展提供了机遇,在此基础上,身份识别、风控管理、流程优化等领域开始出现人工智能技术的身影。传统的工业制造业也大量融入了人工智能技术,以提高流程的自动化、智能化。另外,个人也主动或被动地使用人工智能帮助决定日常生活中的各种事情,例如在网上购物时,可以使用人工智能小助手帮助筛选适合自己的产品,购物网站也会基于我们的浏览历史借助算法给我们以个性化的商品推荐。可以把这种利用人工智能协助或取代人们进行决策的方式称为"算法决策"。人工智能是以算法为基础的技术,人工智能的火爆也让"算法"这个词为人熟知。所谓算法,是指一整套程序设计与运行、反应的规则,人工智能基于智能算法实现自主决策、自主学习、自主升级等核心功能。可以说,当今人工智能的突飞猛进很大程度上得益于智能算法技术的突破性进展。

人工智能技术利用强大运算能力优化个人及社会资源的配置和运用,人工智能也能替代人们处理复杂难题及琐碎问题,极大地提升了人们的生产效率及生活质量。虽然人工智能有很多优点,但是有关专业人士也指出它及算法决策可能带有偏见;而这些算法偏见可能对个人或社会整体带来不同程度的伤害,如"大数据杀熟"现象就受到了社会的普遍关注,自动驾驶所产生的交通事故引发了民众的担忧。另一方面,由于人工智能算法的研发设计具有较强的专业性,不容易被清晰分析与解读,因此更容易受到算法编写者主观意志偏好的影响。加之现在流行的深度学习模型内部高度的复杂性常导致人们难以理解模型的决策结果,造成深度学习模型的不可解释性,从而限制了模型的实际部署。因此,急需提高深度学习模型的可解释性,使模型透明化,解析算法"黑箱"带来的诸多问题,以推动人工智能领域研究的发展。

有鉴于此,我们有必要反思人工智能及算法决策可能带来的伤害,并对算法偏见等问题进行更深入的分析。本章首先介绍人工智能系统的算法偏见,特别是人工智能系统偏见的起源与治理方法;其次从伦理和技术的角度讨论人工智能算法中的透明性问题,以及引发的伦理问题,并介绍人工智能决策的可解释性和相关技术;然后讨论人工智能决策的透明性,结合人工智能算法的"黑箱"问题介绍人工智能的可解释性;最后简要讨论人在回路的人工智能的发展方向。人工智能的算法偏见是其隐含的伦理风险,人工智能的全面发展和人类自身的福祉提升,必然伴随对这一社会问题的正视和解决,我们不能不重视人工智能会导致偏见的现实,但是也不能将其作为抑制人工智能产业发展的理由,只有兴利除弊才能让人工智能产业健康发展。

9.1　人工智能时代的算法偏见

人工智能算法在收集、分类、生成和解释数据时往往会产生与人类相同的偏见与歧视,主要表现为年龄歧视、性别歧视、消费歧视、就业歧视、种族歧视、弱势群体歧视等现象。

9.1.1　人工智能系统中的算法偏见概述

在人工智能越来越深入地与人类生产、生活相融合的过程中,算法将广泛决定人们日常生活中的种种事宜。智能算法推送了我们想阅读的新闻、想看的节目、想买的商品;无人驾驶汽车在对道路状况做出决策反应的时候,也由算法支配。这时,像"电车难题"这样的伦理困境被交给智能算法,在千钧一发的关头,是选择撞死一个人还是五个人,是选择保全价值昂贵的汽车还是有情感与生命的小狗,也将成为智能算法的试验场。因此,人工智能的公平、公正性问题就浮出了水面。人类几千年的文明发展几乎都是在追求公平、公正的伦理秩序,无数复杂而庄严的制度安排也是为了保障公平,如果人工智能不能强化这一秩序反而带来伤害,这就构成了一种技术伦理困境。

虽说人工智能决策有这些潜在的伦理问题,但是大众一般还是认为人工智能及算法决策所做出的决定比人类的决定更加客观、公正,因为他们普遍相信人工智能系统决策的时候排除了人类主观的想法和成见。实际上,人工智能算法决策也有可能像人类一样充满偏见。在人工智能系统开发的不同阶段,人类的价值和取向都可能有意或者无意地被引入系统,那么,这样开发出的算法也会因为这些内嵌的价值而出现偏见,但是这种类型的偏见是由机器生成的,往往不易察觉。

在当前的人工智能实践中,已经露出种种算法偏见的端倪。例如,2015 年芝加哥法院曾使用一个犯罪风险评估算法 COMPAS,后来该算法被证明对黑人造成了系统性歧视,法院利用这个智能算法对公民进行犯罪风险评估,其结果直接影响到公民的社会信用,但是在这个程序中,黑人得到了不公正的待遇,一个黑人一旦犯了罪,他就更有可能被这个系统错误地标记为具有高犯罪风险,从而被法官判处更长的刑期。来自美国的学者凯茜·奥尼尔在她的著作中讨论了美国式的算法时代,诸如上学、贷款、交保险等各项事务的决策标准都由算法决定,这些数学模型产生了许多不公正的决策,如有些唯利是图的私立学校会利用信用评分数据发现那些容易上钩的潜在学习者,引诱他们入学,不管他们是否能承担得起高额费用;又如,一些所谓的犯罪预测软件引导警员们去贫困街区关注一些轻微滋事案件,结果会出现警察动辄就把少数族裔的穷孩子当街拦住,推推搡搡再警告一番的局面。

很多事例表明,人工智能并不是公允客观的代名词,算法偏见的存在也许比我们表面上看到的要深得多。更为严肃的问题是,源自数据库偏见和设计歧视的人工智能算法可能在自我学习和迭代的过程中催生出变本加厉的偏见,这种偏见可能会自我强化,进而在损害公平正义之外,还可能损害社会理智,人们长期依赖智能算法的推送结果进行认知,将变得狭隘、无思辨性和懒惰,随着人工智能越来越深入广泛的运用,它甚至会影响人类文明的进程。

9.1.2　人工智能算法偏见的主要表现和特点

人工智能算法应用正变得越来越普遍,越来越多的利益分配和算法及大数据直接相关,特别是在算法决策应用日益广泛的教育、就业、福利等领域,甚至刑事司法、公共安全等重要的高价值领域,算法偏见可能导致严重的政治与道德风险。

第一，人工智能算法引起的种族歧视难以察觉：

有形的种族歧视容易精准打击，无形的种族歧视却难以防范。被嵌入种族歧视代码的算法中隐藏的偏见在人工智能客观、公正、科学的正面包装下更容易大行其道，令人放松警惕，并在算法"黑箱"的遮掩下更隐蔽。

麻省理工学院（MIT）媒体实验室的研究员 Joy Buolamwini 与来自微软的科学家 Timnit Gebru 的论文具体分析了人脸识别系统的肤色偏见。该研究员分别利用三款人脸识别系统对三个非洲国家和三个北欧国家的上千名国会议员的照片进行了人脸识别。结果显示，人脸识别系统对白人的识别率达到99%，同时肤色越暗，发生错误率越高，尤其是黑人女性的错误识别率高达35%。近年来，算法引发的种族歧视现象层出不穷，充分说明了虚拟世界反种族歧视的紧迫性与重要性。

第二，人工智能算法延续了现实世界中的性别歧视：

大数据是社会的产物，人类不自觉的性别歧视会影响对大数据进行分析的 AI 算法，可能无意中强化了就业招聘、大学录取等领域中的性别歧视。例如，亚马逊试图研发的自动招聘程序在运用机器学习技术之后产生了歧视女性应聘者的情况。而谷歌的广告软件向女性推送的高薪职位明显少于男性。再如，当用工单位在自动简历筛选软件中输入"程序员"时，搜索结果会优先显示来自男性求职者的简历——因为"程序员"这个词与男性的关联比与女性的关联密切；当搜索目标为"前台"时，女性求职者的简历则会被优先显示出来。当"谷歌翻译"将西班牙语的新闻文章翻译成英文时，提及女性的短语经常会变成"他说"或者"他写"。美国《白宫对未来人工智能技术发展准备的报告》提到："人们对数据密集型人工智能算法的误用和滥用的敏感性，以及对性别、年龄、种族和经济阶层的可能结果表示了许多关注。"

第三，人工智能算法引起的年龄歧视防不胜防：

在就业招聘、员工管理中，就业者的姓名、性格、兴趣、情感、年龄乃至肤色等数据往往悉数被采集，运用大数据算法对年龄等数据进行筛选与评估非常方便。例如，对于寻求新工作的不同年龄段的人来说，他或她的日常工作可能包括搜索互联网工作网站和提交在线申请。表面上看，这似乎是一个非常透明和客观的过程，将所有申请人置于一个只有经验和资格的公平竞争环境中，但实际上年龄歧视无处不在。2016年 ACCESS-WIRE 的 ResumeterPro 项目组发现，在人工有机会审查之前，高达72%的简历会被申请人跟踪系统拒绝。这是通过复杂的算法完成的，可能导致基于不准确假设的无意识歧视，雇主则可以使用这些算法根据年龄专门丢弃申请。令人不安的是，这种公然的歧视很难被发现,因为申请人很难证明拒绝是由于年龄原因造成的。

第四,人工智能算法产生消费歧视五花八门:

大数据和算法时代产生的消费歧视五花八门,这种算法引起的消费歧视常见的形式有:一,对新老用户制定不同价格,会员用户价格反而比普通用户价格贵;二,对不同地区的消费者制定不同价格;三,多次浏览页面的用户可能面临价格上涨;四,利用繁复促销规则和算法,实行价格混淆设置,吸引计算真实价格困难的消费者。在某些细分市场,商家在公开透明的原则下进行差别定价是一种正常的商业策略,但是如果商家针对某个具体的个人或特定群体实行歧视性定价,就会造成选择性目标伤害。有网友反映,自己经常通过某旅行网站订一家出差常住的酒店,常年价格在 380～400 元。某日,网友发现自己的账号查到酒店价格是 380 元,但朋友的账号查询显示价格仅为 300 元。还有很多网友反映,有的网络平台会根据手机型号给出不同的收费待遇。其实,早在 2000 年,亚马逊网站就已经进行了价格实验。当时通过算法对一些 DVD 制定施行歧视定价策略。例如,对 *Titus* 碟片进行歧视定价,对新用户收取 22 美元,对老用户收取 26 美元。这一项目被消费者发现之后就立即终止了,但实际上新的价格歧视方式层出不穷。

第五,人工智能算法对弱势群体的歧视无所不在:

算法模型设计上存在的偏见会造成弱势群体在雇用评估、信贷、住房、保险甚至刑事司法上遭遇歧视。美国联邦贸易委员会的调查发现:广告商倾向针对生活在低收入社区的群体推送高息贷款信息。样本不平衡、有意遗漏或倾向性选择,同样会造成弱势群体歧视。任何有浓重或者不常见的口音的人都可能有过被 Siri 或 Alexa 误解的经历,如果某一种特定的口音或是方言没有足够的样本数据,这些语音识别系统就很难听懂他们究竟在说什么。自然语言科技支撑着与顾客的自动交流,也被用来挖掘网络和社交媒体上的公众意见和梳理文本材料里的有效信息,这意味着,基于自然语言系统的服务和产品有可能歧视特定族群。在就业招聘领域,很多企业采用 AI 面试工具 HireVue 评估求职者的工作资格,机器通过学习现有员工来寻找新员工。这意味着,如果一个部门所有员工全是白人,机器也会不自觉地偏向寻找白人。如果好员工恰好都是女性,那么男性面试者也会被降低权重。貌似客观中立的算法对弱势群体的歧视更隐蔽,危害更大。

9.1.3　人工智能算法偏见产生的原因

如果说人工智能算法引起的消费歧视、就业偏见等算得上一种比较小的侵害,那么在一些关键领域和特定情境下,比如司法和医疗领域,算法偏见不仅会侵害公民的权利、自由,甚至会危害其生命安全。因此,搞清楚算法偏见产生的原因,既是人工智能算法行业健康发展的重要保障,也是预防与治理算法歧视的必要手段。从人工智能算法的设计、研发、落地等环节考虑,算法偏见的产生主要有以下原因。

第一,算法研发设计者的偏见。

算法是由社会中的人创造的,算法偏见很大程度上是社会上早已存在的种种偏见、歧视与刻板印象在虚拟世界的投射。由于算法黑箱的阻隔,普通人看到的只是结果而非决策过程,很多人在毫不知情的情况下承受着种种隐形的歧视与精准的靶向不公正。算法偏见造成的最棘手的歧视问题还在于:一方面,即使算法研发者主观上没有性别歧视、种族歧视等观念,通常也难以完全避免刻板印象与偏见。这是因为研发者的技术思维与逻辑,使其易陷入"只见数字不见人"的唯技术主义陷阱;同时,由于缺乏对所设计算法模型适用领域相关知识背景和价值规范的深入洞察,因此对数据承载的描述信息缺乏深刻了解,往往难以把该领域的全景与细节用恰当与精准的代码表达出来;另一方面,人类歧视尚能通过自觉或外在压力进行纠正,但算法却可以通过数据挖掘、关联分析发掘呈现隐藏于大数据中的歧视与偏见;令情况更加糟糕的是,技术中立的科学外衣、无法识别的算法黑箱操作等都极大增加了算法偏见解决的难度。

第二,样本与训练数据的偏见。

近年来,人工智能技术的兴起和大数据的发展紧密相关,算法的效果与样本平衡与否、训练数据多寡密切相关。训练样本不能太少,各个类别的样本数量差别不能太大,数量太少、差异过大的数据无法有效代表数据的整体分布情况,这都容易造成过拟合。他在每个图像数据收集中存在偏见,最近在计算机视觉社区引起了很多关注,显示了在特定数据集上训练的任何学习方法的泛化的局限性。用于图片分类的深度神经网络通常采用的 ImageNet 数据集就存在样本不平衡与训练数据缺陷,这个数据集中有近 77% 的男性,同时超过 80% 是白人。这就意味着,以此训练的算法在识别特定群体时可能会出问题,女性和黑人很可能无法被准确标记出来。图像数据集中存在的偏见会导致算法泛化性变差的现象已经被不少专家关注和研究。数据本身的偏见是算法偏见早期存在的重要原因,前文也曾谈到犯罪风险评估算法 COMPAS 更容易将黑人评估为高犯罪风险。这种由算法黑箱运作的不公正的风险评估严重影响了司法公正。

第三,算法研发公司及购买企业的利益诉求。

算法研发的最终目的是为应用牟利,因此,研发公司与购买公司的意图无疑会深刻地反映在算法设计中。如果某些企业把利润追求凌驾于企业社会责任与社会公德之上，算法歧视也就难以避免。在 2016 年美国总统大选中，脸书的排名算法疯狂推荐假新闻，美国新闻聚合网站 BuzzFeed 的调查发现，在美国大选的这几个关键月份，来自恶作剧网站和超党派博客的 20 个表现最佳的虚假选举故事在脸书上产生了数万次的分享与评论，脸书获得了不菲的利益。算法研发公司侵犯公众隐私，同样会造成算法歧视。例如，一些顺风车司机在接单前不仅可以看到乘客以往乘坐顺风车的详细记录，还可以看到一些司机对该乘客的露骨评价，如"肤白貌美""安静的美少女"等，对公众隐私的侵犯、性别歧视使得一些打车软件备受诟病。

第四，算法自身原因造成的歧视。

算法自身原因造成的歧视主要表现为四方面：一是，算法黑箱，自我解释性差。AI 算法系统非常复杂，就像一个"黑箱"，给出的只是一个冰冷的数字。它是如何得出结论，依据什么，无人知晓。某些情况下，甚至连设计它们的工程师都无能为力；二是，算法极其复杂，涉及大量专业知识，难以理解，即使专业人士，很多时候都未必能在短时间内了解其设计结构，对于普通人来说，若想洞悉某种算法的奥秘，难度可想而知。这是算法难以审计、难以监管的重要原因，也是算法歧视难以预防之所在；三是，目前，人工智能领域陷入了概率关联的困境：不问因果只关问相关性，只做归纳不做演绎。算法可以学会识别和利用这样的一个事实，即一个人的教育水平或家庭住址可能与其他的人口信息相关联，族裔歧视、区域歧视和其他偏见可能被它"理所当然"视作"事实"。四是，算法已经自我学会歧视，也容易被"教坏"。普林斯顿大学的艾琳·卡利斯坎等学者使用内隐联想测试（IAT）量化人类偏见时发现，在利用网络上常见的人类语言进行训练时，机器学习程序从文本语料库中自动推导的语义中包含了类似人类的偏见。同时，算法容易被人类"教坏"，清华大学图书馆的机器人"小图"、微软的 Tay 聊天机器人都曾因被教坏而"下课"。

9.1.4 人工智能算法偏见的后果

期望算法、模型等数学方法重塑一个更加客观公正的现实社会的想法未免过于一厢情愿，正确认识算法偏见可能带来的后果才有利于我们采取正面积极的态度加以应对。随着人工智能技术逐步广泛地应用在社会的各个领域，大家在称道人工智能给人们日常工作、生活带来大量便利、惊叹于人工智能技术的巨大威力的同时，人工智能系统目前本身的偏见带来的负面效应也逐渐被越来越多的人认识到。

  媒体信息在内容上劣币驱逐良币,导致新闻价值观被操纵。2018 年 5 月,自媒体"暴走漫画"在"今日头条"上发布了一段恶搞叶挺将军生前创作的《囚歌》的短视频,被认为构成了对叶挺烈士名誉权益的侵害。深究其原因是因为其协同过滤算法本身的缺陷——只要低俗、恶搞类新闻信息达到一定的用户热度而被算法选中,那么传播就会形成愈演愈烈的态势,同时大量优质的原创内容无法被展示和推送到读者面前,加剧了信息传播的偏态。2016 年 5 月的"Facebook 新闻偏见门"中,运营团队常规性地压制美国有意保守派信息,2018 年 3 月"剑桥分析"事件暴露出新闻算法的人为偏见的可操作性,严重违背了新闻客观、公正的理念。

  自我实现的歧视性反馈循环形成越来越严重的固化偏见。如果用过去不准确甚至有偏见的数据训练算法,其输出结果自然而然也是有偏见的;然后再以其输出产生的数据对系统进行反馈,则会使算法偏见得到巩固,后果将非常严重。例如,司法判决的智能产品会对一系列类型案件的决策造成影响,长此以往甚至会对司法系统造成系统性威胁。然而,更值得关注的是隐匿的算法偏见所传播的歧视性信息,在潜移默化之中会一直携带着歧视特性并在算法的"反馈循环"中被巩固加强,固化和限制受众的思想,甚至形成极端的社会撕裂。

  固化原有的社会结构,造成社会资源分配的马太效应进一步放大。我们正在进入算法统治的时代,成为"物联网时代"的"量化自我"或"可测量自我",当算法应用于社会福利等资格审查监测中,算法测量和建构出的公民画像是被圈定在原社会条件和位置上的,底层公民、劣势群体、少数族群拥有的通往更多机会和资源的途径和概率越来越小(例如,女性在求职网上受到高职位简历算法推送的概率远小于男性),最终算法偏见将导致社会资源分配的马太效应进一步放大。

9.2 人工智能偏见的治理策略

  面对来自各方的强烈批评和信任危机,越来越多的国际组织、国家或地方机关、行业协会、网络科技公司、学术机构,以及非营利组织正纷纷加入人工智能算法偏见的治理行列中。只有对算法偏见善加治理,才能为算法及其行业健康成长创造良好的环境。

第一，构建技术公平规范体系。

人类社会中的法律规则、制度，以及司法决策行为要求符合程序正义原则。如今这些规则正被写进程序中，但是技术人员往往对如何是公平理解得不深刻，而且也没有一定的标准来指引他们。在面对关乎每个个体利益的决策程序时，人工智能决定着每个人的利益，人们需要提前构建技术公平规则。在技术层面上，我们需要将公平原则纳入技术设计中，通过技术保障公平的实现，预防算法歧视。例如，Google 在人工智能的设计中就提出了机会均等的概念来处理敏感数据，以防止出现歧视。还有的研究者设计了社会平等的技术模型，既满足了平等，也满足了效率的要求。这些研究者还开发了歧视指数，这个指数提供了对算法的歧视行为的评判标准。

第二，增加算法的透明度。

算法不透明是导致算法歧视的一个原因。我们在事后对算法进行审查可能比较困难，也可能会付出很大代价。但是，我们可以要求算法的使用者或者设计者对一些算法数据进行报备。例如中国人民银行、中国银行业监督管理委员会、中国证券监督管理委员会、中国保险监督管理委员会和国家外汇管理局联合出台的《关于规范金融机构资产管理业务的指导意见（征求意见稿）》，其中明确要求如果运用人工智能技术展开资产管理服务，必须报备智能投顾模型的主要参数及资产配置。算法的透明度问题在后文也会详细介绍。

第三，删除具有识别性的数据。

个人信息最主要的特点是可识别性，如果去除这些特征，仅利用大数据进行分析，那么对于造成歧视的概率比没有去除个人特定身份的数据分析要大大降低。监管部门应当建立具有可识别信息的数据库销毁制度。在进行数据录入的时候，可识别性和不可识别性的信息应当分别录入两个数据库中，不具有可识别信息的数据库可以应用到各种研究之中。对于具有可识别性的信息，应当在数据完成录入后永久性删除，任何人不得再次获取这些具有个人信息的数据，避免其不当利用。

第四，大力发展开源方法与开源技术。

现代人工智能框架软件的领地已经被来源软件占领，在业界大行其道的 Tensorflow、Pytorch 以及 scikit-learn 等人工智能程序包都是开源软件。开源社区已经证明它能够开发出强壮的、经得住严酷测试的机器学习工具。同样，相信开源社区也能开发出消除偏见的测试程序，并将其应用于这些人工智能软件。开源技术也已经证明了其在审查和整理大数据方面的能力，最明显的体现为开源工具（如 Weka、

RapidMiner 等)在数据分析市场的占有率。应大力支持开源社区进行设计,消除数据偏见的工具的设计和开发,网上流行的机器学习的数据集也应该使用这些工具进行识别和筛选。开源方法本身十分适合纠正算法偏见的问题。一般的私有软件开发决策过程不透明,会引入很多人为因素,从而不可避免地在算法中融入偏见。开源社区公开透明的信息发布以及与大众深入的沟通,有利于消除人工智能软件的偏见。

第五,完善人工智能相关制度。

为了避免算法歧视,可以对算法系统的设计者或者使用者进行问责和惩戒。行政机关可以依据相关法律进行劝诫、惩罚或者教育。面对人工智能时代的到来,我们需要考虑对算法的规制,算法是人工智能的核心,建议增加对人工智能行政规制的主体范围。结合我国的实际情况,可以参考将主体资格不仅仅限于行政机关,还可以将行政主体扩大,比如某些社会组织。算法发展带来的民事侵权、行政违法及行政侵权案件到底是人为因素导致还是算法导致并不容易搞清楚,在举证责任上也很困难,所以要明确算法歧视和人工智能致人损害时的责任分配规则。准入制度越严格,开展研究需要的时间就越长,研发的速度会随之减慢,但是,在人工智能领域,准入制度是必不可少的,我国应当尽快建立和完善人工智能的准入制度。

9.3　人工智能决策的透明性

9.3.1　人工智能算法"黑箱"问题

算法已成为生产、生活中的各种系统、程序和软件的后台运行规则,与用户界面清晰可辨、设计风格和交互元素不同,算法是不可见的;并且由于算法是用计算机的程序语言编写的,因此对于没有编程知识的大多数人而言,即使一个算法的全部代码摆在面前,所见的无非是一行行不可理解的"天书",其中真正的含义和规则依然无法理解。如果说大数据的增长和硬件的发展是相对客观的过程,那么专业性和技术特征却使算法的开发、应用与解释权由少数科技巨头企业高度垄断,使得其影响方式更加隐蔽;同时,也因为其开发和应用与商业机密、专利和知识产权保护等概念交织在一起,因此其也为其监督和审查留下了政策上的难点。除此之外,深度学习算法自身的复杂性和不可准确预期的特性,也为算法的监管带来很大的难度,同时在诸多领域埋下了隐患与风险。因此,算法,特别是广泛使用的深度学习算法所产生的算法"黑箱",正成为跨越学科备受关注的重要问题。算法"黑箱"正是现在已经日趋深入社会生产、生活的算法不透明的写照:排除算法的编写者和少数专业人士,算法是一个可以替代人们决策的机器,但是其中的规则对于大部分人来说是不可见的。

算法"黑箱"(Black Box)是一个被广泛承认但又缺少清晰定义的概念。"黑箱"可以泛指由输入得到输出,却不了解其内部运行机制的一切系统。1956 年,艾什比在其所写的《控制论导论》中对黑箱和黑箱方法进行了比较系统的阐述,"黑箱问题是在电机工程中出现的。给电机工程师一个密封箱,上面有一些输入接头,可以随意通上电压、电击或任何别的干扰;此外,有些输出接头可以借此进行观察。"与黑箱相对的是内部组件或逻辑可供检查的系统,这通常被称为"白箱"(White Box),也可称之为"玻璃箱"(Glass Box)。

近年来,已经为人们所熟悉的深度学习算法属于典型的"黑箱",复杂的网络结构使得深度学习具有很强的学习能力。但是,与此同时模型的复杂性和神经网络算法中隐藏层的存在,不仅使得非专业认识难以理解算法如何做出决策,就连算法的开发者也无从知晓算法最终将推导出什么样的结果。例如,谷歌大脑在 2012 年自发从 YouTube 的一千多万个视频中识别出了猫的头像,让研究人员感到意外。类似于深度学习这样的算法技术的快速发展与普及应用,使大量的算法开发和应用过程成为算法"黑箱"。对于大多数的使用者而言,他们无从知晓算法设计者与提供者的真实目标和意图,更谈不上对后者的行为善恶性质进行评判或规范,甚至很多使用者根本无法准确了解或感知算法应用对他们自身所产生的影响。由此,"黑箱"这个概念已经成为算法在设计和运行过程中缺少透明度的各类现象的代称。所有不可见和无法理解的算法在技术上和应用过程所带来的问题中,都犹如一个个"黑箱"。学术界和社会舆论越来越多地使用算法"黑箱"来指代算法透明度的缺失。

9.3.2　算法透明性与利益相关者

Prahalad 等人指出,企业透明度日趋重要,因为价值的意义和价值创造的过程迅速从以产品和公司为中心的视角转向个性化的消费者体验。通过互联网,知情、授权和活跃的消费者正在与企业共同创造价值。公司已经不太可能不受消费者监督,不与消费者互动而自主地设计开发产品,并进行生产销售。消费者希望与公司互动,并且已经逐渐在业务系统的每个部分发挥其影响力。因此,透明度已经不单单是企业被动回应外界要求的一种手段,而是主动提升价值创造能力的必然要求。

与算法相关的利益相关者分析虽然并不能完全以企业为核心,但无疑应用并控制算法的平台型企业是算法价值网络中最关键的节点。算法的开发者很多情况下与算法的应用者是一致的,但也有很多开发者仅负责算法的开发与维护,而并不直接与用户建立联系,也并不参与算法所做出的最终决策过程;而最终应用算法的企业往往都是具备强大经济实力并掌握着大量用户的平台型企业,它们可以直接自主开发算法,也可以通过购买服务、进行股权投资和并购的方式获得算法开发者所开发出的算法产品;而用户则通过企业平台的算法产品实现了自身的某些需求,同时也受到了算法的影响;对于监管者来说,其所制定的法律法规的出发点,应立足于社会整体的发展和最广泛的群体共同的利益公约数——由于算法的开发者与应用者在算法中的主导地位,因此他们无疑也成为监管的主要对象。

在开发者层面,算法"黑箱"问题所涉及的相关问题首先体现在:

第一,所使用的算法技术本身是否存在"黑箱"问题。如前文提到的深度学习就存在难以解决的算法"黑箱",这是算法开发与应用中的盲点,因为只有了解算法做出决策的原因和边界条件,才能明确知晓算法为什么会做出相关的决策,并能在一定程度上知晓特定条件下的算法会做出怎样的决策,这种算法模型才能被认为是安全可控的,而更加安全可控的算法也理应成为算法开发者的目标。

第二,训练算法的数据集应该来源正当并避免偏见。在开发者进行算法开发的过程中,数据来源和采用什么样的算法处理数据,看似是完全客观的研究过程,实际上却存在产生各种偏差和风险的可能性。有时算法模型产生了难以预料的结果,正是因为当时用于训练模型的数据集出现了偏差。

在算法应用平台层面,算法"黑箱"问题主要体现在:

第一,算法的应用过程是否考虑不同利益相关者的需求并接受反馈。由于算法的应用者多为企业平台,同时对接算法用户和开发者等不同利益相关者,并作为直接的监管对象,因此算法的应用者在关系到软件和程序中的算法透明度时,掌握庞大的用户数据资源,也面临更加直接的监管政策影响。开发者所编写的算法一旦被应用在面向海量用户的应用程序中,很可能会出现设计过程中所不曾预料的种种后果,因此,作为衔接不同利益相关者的平台方,算法应用者不仅有必要做好算法应用之前的利益相关者参与以防范风险,也应当在应用过程中随时根据利益相关者反馈不断改进和调整算法。

第二,应保证算法应用过程的合法合规不存在欺骗行为。作为面向用户的平台,涉及向其他开发者进行开源与支持插件和应用安装等功能,因此算法的应用者需要关注的透明度问题应该包含对避免自身算法滥用的不当行为,也应该避免通过自身的算法平台的滥用行为,并从源头上制止算法"黑箱"和算法"作恶"。

第三,应保证组织自身管理不违背商业道德和企业社会责任。如前文文献梳理中指出,一般公司透明度可以分为财务透明度和组织透明度,而算法透明度问题可以分为算法自身的透明度和组织透明度,其中组织透明度是对其他维度透明度的重要保障。如果一个企业无视商业道德,不正当利用算法,凭借算法黑箱而获得垄断利益,或者通过强调商业机密逃避监管,那么这些问题所牵扯的就是组织透明度的问题,除了考虑算法自身特性外,也需要借助一般的信息披露工具和监管手段。

用户对算法"黑箱"问题的诉求主要体现在两个方面:

第一,充分了解算法产生的与自己相关的影响,以及其决策过程。绝大多数用户在使用软件时对软件如何通过算法实现其功能,并且如何通过算法向自己进行相关推荐和提高用户黏性的过程仅存在着感性认识,并不了解其中真正的机制和可能带来的影响,而这些影响往往是提供算法的企业刻意回避的。

第二,拥有在算法广泛渗透和进行决策的过程中保护自身权益的知识与手段。很多情况下,即使用户了解企业或机构在通过算法收集自身数据并基于此做出与自己相关的决策,也缺乏必要的知识和手段对自身权益进行立法保护。这一方面是由于目前相关的立法和制度建设已经滞后于算法目前的发展,而算法对用户的影响始终在不断加深;另一方面则是由于掌控算法的企业和用户在算法的生态环境中的不对等关系,用户无论是在相关知识储备上还是对政策制定的影响方面,与企业相比都明显处于劣势。

监管者对算法"黑箱"的诉求和定位主要体现在:

第一,既要尽可能确保算法透明和安全,又要规避因过度的政策制定阻碍算法的发展。政策制定需要由对算法足够了解的专家和技术人员充分参与,避免出现只考虑用户诉求,而忽视算法自身规律的政策要求,正如 Desai 与 Kroll 在研究中指出的,"政策制定者可能会发现好的问题,但所提供的解决方案却可能基于对技术的误解,这种误解可能导致对技术人员来说几乎毫无意义的法规要求。开发者通常将算法视为中立的工具,而只有当算法与现实世界交互时,才会存在需要被管理的种种问题。"以上说法指出了算法对于监管者的两难境地,既要及时跟进算法开发的技术进步,做出符合社会各方预期的监管政策,又要考虑算法开发的相对独立性,不能做出阻碍技术发展的错误决策,即开发者层面虽然也涉及深度学习的黑箱和随之而来的风险问题,但最终对其他利益相关者产生影响都需要基于算法在商业或在公共领域的部署,与单纯的算法研究开发相比,如何应用算法才是监管者应该关注的政策焦点。

第二,确保政策和法规的制定过程透明,促进最广泛的利益相关者参与,平等地保障不同利益相关者的诉求。可以看出,开发算法的企业能够通过在产品的设计和使用中设置种种前置条件而规避自身责任,因此,在监管者层面制定政策时,必须充分考虑算法开发、部署、应用的各个环节所涉及的不同的利益相关者诉求,推动对算法在开发者层面、用户层面,以及研发和部署算法的企业层面的透明度的实现,以防范算法风险,进而推动构建算法责任。

9.4 人工智能决策的可解释性

9.4.1 人工智能可解释性概述

虽然基于计算机、网络、大数据和人工智能的智能系统已成为当代社会的基础结构,但其过程与机制却往往不透明、难以理解和无法追溯责任。一旦人工智能和自动系统的智能化的判断或决策出现错误和偏见,时常难于厘清和追究人与机器、数据与算法的责任。例如,在训练深度学习的神经网络识别人脸时,神经网络可能是根据与人脸同时出现的领带和帽子之类的特征捕捉人脸,但人们往往只知道其识别效率的高低,而不知道其所使用的究竟是什么模型。正是这些透明性和可理解性问题的存在,使得人工智能潜在的不良后果的责任难以清晰界定和明确区分。随着自动驾驶、自动武器系统等智能系统的出现,其中涉及大量自动化乃至自主智能决策,如自动驾驶汽车中人与智能系统的决策权转换机制、紧急情况下的处置策略,还有基于深度学习的医疗诊断等。由于这些决策关乎人们的人身安全和重大责任的界定,因此其透明性、可解释性及可追责的重要性越发凸显。

人工智能可解释性也受到公众的关注,2016 年,白宫科技政策办公室公布的美国人工智能的报告,题目为"准备人工智能的未来"。这篇报告表示,人工智能系统应确保是透明的、开放的、可以理解的,这样就能清楚地知道人工智能系统背后的假设和决策模型。2017 年,美国计算机协会下属的公共政策委员会发布了一份"算法透明度声明和问责",也要求算法透明,以达到可解释的目的。2018 年,荷兰 AI 宣言的草案中,专注于可辩解的人工智能,要求人工智能的准确性与可解释性并重。同年 7 月,欧盟委员会发布的一份关于负责任的人工智能和国家人工智能的战略报告中,将不透明和可解释性风险列为人工智能的两个性能风险。2019 年 4 月,欧盟委员会的人工智能高级别专家组发布了"值得信赖的人工智能",可解释性原则被列为人工智能系统中的伦理原则之一,透明性被作为可信任 AI 的七个关键要求之一,并指出"一个系统要成为可信赖的,必须能够理解为什么它会以某种方式运行,为什么它会提供给定的解释",强调了对可解释人工智能领域研究的重要性。

由此可见,深度学习等人工智能技术的可解释性研究意义重大,其可以为人们提供额外的信息和信心,使其可以明智而果断地行动,提供一种控制感;同时使得智能系统的所有者能够清楚地知道系统的行为和边界,人们可以清晰地看到每个决策背后的逻辑推理,提供一种安全感;此外,也可监控由于训练数据偏差导致的道德问题和违规行为,能够提供更好的机制来遵循组织内的问责要求,以进行审计和其他目的。

当前,学术界和工业界普遍认识到深度学习可解释性的重要性,*Nature*、*Science*等知名学术杂志近年来都有专题文章讨论这一问题,AAAI 2019 设置了可解释性人工智能讨论专题,David Gunning 则领导了美国军方 DAPRA 的可解释 AI 项目,试图建设一套全新且具有可解释性的深度学习模型。

9.4.2　解释人工智能模型的技术手段

为了解构人工智能中的黑盒模型,更好地理解模型的预测结果,人们提出了很多可解释性方法。根据不同的标准,这些可解释性方法可以分为不同的类别。例如,建模中的可解释性是训练可解释的模型(如决策树、线性模型等);建模后的可解释性是对模型的预测进行解释,不依赖模型的训练。基于解释黑盒模型的原理,本文将这些可解释性方法大致分为模型内部可视化、特征统计分析、本质上可解释模型。

模型内部可视化:对模型内部学习的权重参数、神经网络的神经元或者特征检测器等进行可视化。由于权重直接反映特征对模型最终预测的贡献,所以可以非常粗暴地可视化出模型内部的权重。同理,也可以对神经元或特征检测器可视化,展示出输入特征在模型内部的变化。尽管通过这类可解释性方法可以直观地观察到模型内部输入的运算过程,但是缺乏普适性,很难得出通用的可解释性,而且解释的效果也有待提升。

特征统计分析:对不同的特征进行汇总统计或者显著性可视化,以此建立特征和预测之间的因果关系。许多可解释性方法根据决策结果对每个特征进行汇总统计,并返回一个定量的指标,如特征重要性衡量不同特征对预测结果的重要性程度,或者特征之间的交互强度。此外,还可以对特征显著性统计信息进行可视化,如直观地展示出重要性特征的特征显著图,或者显示特征和平均预测结果关系的部分相关图。特征统计分析方法主要是从特征层面上解释深度模型,特征作为可解释性和模型之间的桥梁。

本质上可解释模型:利用本质上可解释的模型近似模拟黑盒模型,然后通过查看可解释性模型内部的参数或者特征统计信息解释该黑盒模型。例如,借助可解释的决策模型或稀疏性的线性模型来近似黑盒模型,可以通过蒸馏等方法在可解释的模型上建立输入和输出之间的关系,实现可解释性的迁移。这种与可解释模型近似的方法通常不考虑黑盒模型内部的参数,直接对模型进行“端到端”的近似。

9.5　人在回路的人工智能

作为一种可以引领多个学科领域、有望产生颠覆性变革的技术手段,人工智能技术的有效应用意味着价值创造和竞争优势。然而,人类社会还有许许多多脆弱的、动态的、开放的问题,对此人工智能目前都束手无策。从这个意义上讲,任何智能机器都没有办法替代人类。因此,有必要将人类的认知能力或人类认知模型引入人工智能系统中,来开发新形式的人工智能,这就是“混合智能”。这种形态的 AI 或机器智能将是一个可行而重要的成长模式。智能机器与各类智能终端已经成为人类的伴随者,人与智能机器的交互、混合是未来社会的发展形态。如何把人类认知模型引入机器智能中,让它能够在推理、决策、记忆等方面达到类人智能水平,是目前学术界讨论的焦点。

人在回路(human-in-the-loop)是人工智能的一个分支,人在回路将人的作用引入智能系统中,形成人在回路的混合智能范式,在这种范式中,人始终是这类智能系统的一部分,当系统中计算机的输出置信度低时,人主动介入调整参数给出合理正确的问题求解,构成提升智能水平的反馈回路。把人的作用引入智能系统的计算回路中,可以把人对模糊、不确定问题分析与响应的高级认知机制与机器智能系统紧密耦合,使得两者相互适应、协同工作,形成双向的信息交流与控制,使人的感知、认知能力和计算机强大的运算和存储能力相结合,从而形成一个更精确的模型,构成"1+1>2"的智能增强智能形态,如图 9-1 所示。

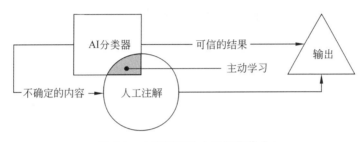

图 9-1　人在回路的人工智能范式

在这样的系统中,人们通过创建从训练到测试过程的反馈循环来参与算法输出的每个阶段,从而形成一个更精确的模型。这种方法是监督学习(使用有标签的训练数据)和主动学习(与用户互动以获得反馈)。任何机器学习算法的背后都是数据,通常这些数据集都没有标签。在人工智能模型的训练阶段,需要一个人手动给这个数据集中的数据加上标签,比如给一个图像数据集的一些图片加"猫"或"狗"这样的标签,然后将这些数据输入机器学习模型进行训练,这被称为监督学习。在这种技术模式中,算法从有标签的数据集中学习,然后对不在数据集中的数据进行预测。在此基础上再结合运用人类的知识经验,就可以建立起更准确的模型,以揭示存在于训练数据集中的更深层次的规律与特征,目的是获得更准确和更加自动化的结果。

在测试和评估阶段,人类纠正机器产生的不准确结果,使得人类和机器的"专业知识"得以结合。具体来说,每当机器算法无法以高精度分类或者分类错误时(如把狗归类为猫),人类将纠正数据的标签。当机器对错误的预测结果过于自信时,人类也会采取同样的方法。在每次迭代中,算法的性能将增强,并不断减少对人工干预的需求,逐步实现自动终身学习。在这些工作结束时,结果将被发送给相关领域的专家,为他们的重要决策提供参考。例如,在医院,肿瘤图像可以使用人工智能进行评估,将新图像与所有以前的数据进行比较,一旦产生输出,就可以发送给癌症专家进行进一步筛查,并把结果反馈给模型。

　　人工智能开发与应用的业务流程一般包括数据收集、模型训练、测试、部署和维护,引入人在回路将会显著改变业务工作流的大规模执行方式。但是,要创建一个完善的机器学习生态系统,需要对人在回路的角色和定义进行大量工作,了解整合人机知识过程最有效的方法,以便为将来自动化系统的发展提供支持。这些方法将超越机器学习工作流并扩展到智能机器人等其他领域,一步步突破人工智能技术的极限,推动人工智能技术向更快、更准确、更智能的方向发展。

第 10 章

无人驾驶系统的法律责任

无人驾驶系统可追溯至 20 世纪 20、30 年代，美国军方为了尽可能减少战区路边炸弹等袭击导致的军人伤亡，率先提出军用车辆"无人驾驶"这一概念。此后，DARPA 持续投入资金资助相关研究但始终发展缓慢，无人驾驶行业也并未受到广泛关注。1984 年，卡内基梅隆大学推动 Navlab 计划与 ALV 计划，1987 年，梅赛德斯-奔驰公司与德国慕尼黑联邦国防大学共同推行尤里卡普罗米修斯计划，开启了大型公司与研究机构合作研发制造可运作的无人驾驶汽车原型；1999 年，美国卡内基梅隆大学研制的无人驾驶汽车完成了第一次无人驾驶试验；2013 年，美国第一台民用无人机被批准上路测试，后续特斯拉汽车也率先推出特定环境下的无人驾驶汽车，无人驾驶技术开始受到关注，并越来越趋向实用化、商业化。随着人工智能技术的发展，无人驾驶作为人工智能应用中备受关注的热点，现阶段的发展更是如火如荼，不管是商业巨头，还是大型汽车厂商，都在无人驾驶方面砸入巨额资金用于研发，很多国家开放道路测试，为无人驾驶汽车开放道路实验的法律法规也相继出台。总之，无人驾驶正在跳出概念，向生活走来。

10.1 无人驾驶系统概述

无人驾驶技术借力人工智能开始爆发式的发展，各个科技公司投入大量资源进行研发，技术进步呈现高速增长趋势。目前，无人驾驶技术经过长达十年的技术积累和近两年来的商业试验，正在开放商用的道路上逐渐加速。2020 年 10 月，百度 Apollo 无人驾驶出租车在北京海淀、亦庄等区域向用户全面开放无人驾驶（配备了安全员）出行业务；美国 Waymo 公司在凤凰城向公众开放了完全无人驾驶出行服务；特斯拉的全自动驾驶(FSD)系统 Beta 版也开始向部分用户推送。一方面是无人驾驶系统的高歌猛进,逐步开放商用;另一方面是无人驾驶系统发展对传统法律体系的严重冲击,诸如道路交通侵权责任分配,乃至无人驾驶汽车的法律地位考察等,无人驾驶系统对创新监管制度提出了迫切的现实需求。

10.1.1　无人驾驶系统的概念

无人驾驶(又称计算机驾驶)是依靠计算机与人工智能技术在没有人工操纵的情况下,完成完整、安全、有效的驾驶的一项前沿科技。理论上,对无人驾驶概念的理解,通常不存在疑义,在对无人驾驶进行研究时,往往直接使用这一概念。但是,对于无人驾驶概念的内涵是否包含现有的驾驶辅助技术,人们存在一定的理解差异,目前世界各国对此也尚未形成共识,这种差异直接体现在已经出台的相关文件中。美国交通部(DOT)颁布的《联邦无人驾驶汽车政策》(Federal Automated Vehicles Policy)中规定,无人驾驶汽车由无人驾驶系统操控,是基于每种操作环境设计(Operational Design Domain)的智能汽车。但是,美国高速公路安全管理局(NHTSA)则规定无人驾驶汽车是指在执行转向、油门或者刹车等安全控制功能时无须人类驾驶员直接参与的汽车,仅具备安全警告功能(如自适应巡航系统、车道保持辅助系统等)的汽车并不被认为是无人驾驶汽车。对这种无人驾驶的理解差异主要体现了各国对无人驾驶汽车的监管范围变化,以及与之相关的监管严格程度。

换句话说,无人驾驶的英文表达可以是 autonomous cars 或 self-driving cars,前者表达与如今的交通工具类似,是在特定环境下接管驾驶人的控制,而后者则更进一步,方向盘会完全消失,车辆在全程行驶时会使用感测器、雷达与全球定位系统(GPS)。虽然说这可能只是汽车制造厂商为了自身利益而做出的区分,但其暗含了对无人驾驶的表述与无人驾驶发展程度的某种关联。与之相似,目前的无人驾驶系统是一项正在发展中的技术,无须人为操纵的驾驶系统是其终极发展目标,而不是现有特征,距离实现真正意义上的无人驾驶还有很长的路要走。因此,本文讨论的无人驾驶这一概念可以理解为由计算机系统介入和操控,逐步代替人类驾驶员的智能汽车系统。

值得注意的是,根据我国当前出台的一系列有关无人驾驶汽车的规范性文件,无人驾驶汽车更多地被称为智能网联汽车。例如,中华人民共和国工业和信息化部、中华人民共和国公安部、中华人民共和国交通运输部三部委于 2018 年 4 月共同发布《智能网联汽车道路测试管理规范(试行)》,其中第二十八条明确了智能网联汽车的概念。据不完全统计,除了北京市政府部门、重庆市和保定市政府部门发布的路测规范文件称之为无人驾驶汽车外,上海、深圳、广州、广州南沙区、天津、长沙、长春等地方路测规范都把智能汽车统一称为智能网联汽车。

10.1.2　无人驾驶系统的智能化分级

正如前述对无人驾驶系统的定义,将其理解为通过计算机系统介入和操控,逐步代替人类驾驶员的智能汽车系统。探讨无人驾驶系统发展离不开对其智能化分级。对无人驾驶系统智能化分级的主要标准是人类驾驶员对驾驶系统的参与程度或干预程度。目前,国际上比较权威的分类标准是美国汽车工程学协会发布的 SAE J3016 标准,它将无人驾驶汽车分为 6 个级别,如图 10-1 所示。

其中,动态驾驶任务,是指在道路上驾驶车辆需要做的操作和决策类的行为,操作是指如转向、制动、加速对车辆的监控,决策是对突发事件的反应,确定编导、转弯、信号灯等,但并非如确定目的地及路标等策略。驾驶模式,是指带有动态驾驶任务需求的驾驶场景,如高速公路合并,高速巡航,低速拥堵交通,学校附近场景等。

从上述分类可以看出,L0～L2 级只能算作驾驶辅助下的人类驾驶,L3～L5 级才是无人驾驶系统起到监控驾驶作用。其中,第 3 级意味着驾驶员可以"移开目光"一段时间,但必须能够在出现问题时立即接管。这也是目前多数商用、量产汽车能够达到的水平。L4 和 L5 级都可提供基本上是完全的无人驾驶,它们之间的主要区别在于L4 级驾驶将限于诸如主要高速公路和智慧城市这样的具有地理缓冲的区域,因为它们重度依赖路边的基础设施来维持其所在位置的毫米级精度画面。只有 L5 级车辆可在任何地点实现无人驾驶,它才是适于所有情况的完整意义上的无人驾驶。德国联邦公路研究院把无人驾驶汽车发展划分为部分无人驾驶阶段、高度无人驾驶阶段及完全无人驾驶阶段,其分类标准与美国类似,核心在于人类驾驶员在驾驶过程中对系统的干预程度。我国将无人驾驶划分为 DA(辅助驾驶)、PA(部分无人驾驶)、CA(有条件无人驾驶)、HA(高度无人驾驶)和 FA(完全无人驾驶)5 个阶段,基本与上述分类标准吻合。当然,这也是目前无人驾驶系统比较公认的分级类型,在研究开发和实践生产中均具有指导意义。

NHTSA 分级	SAE 分级	SAE 名称	描述性定义	转向、加减速操控	对驾驶环境的监控	复杂情况动态驾驶任务执行	系统支持路况和驾驶模式	功能范围
L0	L0	非自动化	所有驾驶任务都由人类驾驶员操控	驾驶员	驾驶员	驾驶员		
L1	L1	辅助驾驶	在特定的驾驶模式下由一个辅助系统根据驾驶环境信息控制转向或加减速中的一项,并期待人类驾驶员完成其他所有的动态驾驶任务	驾驶员和系统	驾驶员	驾驶员	部分路况和驾驶模式	驾驶员控制环境(仅具备辅助驾驶功能)
L2	L2	部分无人驾驶	在特定的驾驶模式下由一个或多个辅助系统根据驾驶环境信息控制转向或加减速,并期待人类驾驶员完成其他所有的动态驾驶任务	系统	驾驶员和系统	驾驶员	部分路况和驾驶模式	
L3	L3	有条件的无人驾驶	在特定驾驶模式下由一个无人驾驶系统完成所有的动态驾驶任务,但期望人类驾驶员能正确响应请求并接管控制	系统	系统	驾驶员	部分路况和驾驶模式	无人驾驶系统(简称"系统"控制驾驶环境)
L4	L4	高度自动化	在特定驾驶模式下由一个无人驾驶系统完成所有的动态驾驶任务,即使人类驾驶员无法正确地响应请求,并接管控制	系统	系统	系统	部分路况和驾驶模式	
L5	L5	全自动化	无人驾驶汽车在全部时间、全部路况和环境条件下完成所有的动态驾驶任务(也可由人类驾驶员管理)	系统	系统	系统	系统	

图 10-1　SAE J3016 标准

10.1.3　无人驾驶发展的意义

了解无人驾驶系统的意义对于无人驾驶的发展至关重要,能够指导无人驾驶监管策略的制定与执行。无人驾驶系统发展的最重要的意义在于解决汽车发展引发的系列问题。中华人民共和国工业和信息化部党组成员、副部长辛国斌在《智能网联汽车道路测试管理规范(试行)》新闻发布会上表示,"智能网联汽车发展首先要解决的就是交通安全问题,我国智能网联汽车的发展愿景之一也是提高车辆安全水平、大幅降低交通事故和伤亡人数"。无人驾驶系统可以大量减少交通事故的发生,虽然这与目前人们对无人驾驶的认识和担忧相悖。但事实上,数据足以说明这个问题:无人驾驶每 6.44×10^9 m 发生一次事故,人类驾驶员每 8.05×10^8 m 就有一次事故。全球每年大约发生 217 万起交通事故,约 124 万人死于交通事故,70% 的原因都是酒后驾驶、超速驾驶、疲劳驾驶等。无人驾驶系统在正常状态下视野更宽阔、反应更敏捷、出错概率低,甚至为零,可以很好地降低驾驶风险。实验证明,无人驾驶比人类驾驶更安全,只是目前的技术还没有完全实现全部无人驾驶。

其次,无人驾驶汽车与共享经济模式结合在一起,可以极大地减少私人汽车的数量,有效缓解交通拥堵问题,节省人们的通勤时间和成本,并且有效解决空气污染问题。尤其是面向机场、港口、厂区等具体场景,提供全天候、全功能的无人物流运输服务,安全、高效地完成行李、货物的"点到点"运送。目前,无人驾驶系统 L4 级已经实现了无人物流、无人微公交等限定道路和环境条件的全无人驾驶。例如,香港国际机场已落地运用无人驾驶进行行李的运送,并将实现规模化部署。无人驾驶的 L5 级如果实现,将给世界数十亿人提供一种更安全、更简洁甚至更方便的出行模式,还可以帮助更多的人享受便利的个人出行,特别是老年人、视力受损的人或因其他身体原因不能亲自驾驶汽车的人。总而言之,无人驾驶作为人工智能大潮中最大的应用场景,未来将会对经济、社会、文化等产生深远影响。

10.2 无人驾驶系统对现行法律制度的挑战

无人驾驶技术的发展为社会治理带来了新的挑战。作为人工智能应用的集大成者,无人驾驶系统技术发展还处于起步阶段,无人驾驶汽车出行的安全风险仍然是最引人关注的问题。2016 年,一辆以无人驾驶模式行驶的特斯拉汽车与垃圾清扫车碰撞导致一人死亡,这是全球首起无人驾驶致死事故;2018 年 3 月,Uber 无人驾驶汽车在美国超速行驶撞死一名横穿马路的行人。无人驾驶汽车的安全事故频发,引发人们对无人驾驶汽车交通事故的责任分配问题、无人驾驶系统的安全性能问题、网络安全,以及涉及的隐私与数据保护问题等的关注。保障公众权益,维护安全稳定的社会交通秩序是无人驾驶汽车立法规制的最终目标,立法者需要着重处理解决无人驾驶汽车安全风险带来的相关法律问题。

10.2.1 无人驾驶交通事故侵权责任

无人驾驶的责任问题是人工智能时代下新技术为侵权法提出的新课题。从制定法看,无论是《侵权责任法》还是《道路交通安全法》,均未预见目前出现的无人驾驶问题,由此产生了责任主体与责任形式不明的问题。

1. 交通事故侵权民事责任

我国传统的机动车交通事故责任框架以《侵权责任法》及《道路交通安全法》的有关规定为主共同构建,其中既包括机动车相互之间发生交通事故造成损害适用过错责任的情形,又包括机动车与非机动车驾驶人或者行人之间发生交通事故适用过错推定责任的情形,但并没有对无人驾驶汽车致人损害的问题进行直接的规定,类推适用相关规则也无法解决责任承担主体定位不明的难题。具体而言,未来完全无人驾驶阶段,假设无人驾驶技术已经达到 L4 级或者 L5 级水平,可以完全实现无人干预的无人驾驶,在某些情况下无人驾驶系统充当了驾驶人的角色,若此时发生交通事故,承担责任的主体又是谁呢? 是无人驾驶汽车还是消费者、驾驶者抑或是汽车生产厂商? 无人驾驶系统的自主性一定程度上切断了传统人类驾驶者的控制权,阻断了传统驾驶者与交通事故过错之间的路径联系,以驾驶者对交通工具的控制过错为中心构建责任体系,便无法妥善地解决无人驾驶引发的交通事故侵权问题,是否需要适用严格责任? 此时严格责任的承担主体是谁? 如此诸多问题不明引发了学界的广泛讨论:有学者呼吁应当基于智能汽车侵权责任的独特性,确立智能汽车工具性人格,从而确定相应主体的责任。但更多学者更倾向在现有的法律框架下解决侵权问题——在机动车事故责任难以适用的情况下,可以将视线转向第三方责任。在无人驾驶汽车造成人身伤亡或者财产损失的情况下,可以以产品具有缺陷为由追究生产者的产品缺陷责任。但是,若追究无人驾驶汽车的产品责任,则会面临无人驾驶汽车交通肇事后的因果关系具有难以预测性或不可解释性特征,不仅使产品缺陷等已有责任变得异常困难等,而且使得被侵权人的损害难以得到弥补。由此引发的无人驾驶汽车内部的责任分配问题,无人驾驶系统设计与汽车生产厂商以及无人驾驶技术构成所需要的必要零件提供厂商之间的责任归属,都变得更为复杂。

人们对混合中间状态下的责任归属也有争议,这是未来几年无人驾驶汽车发展亟待解决的问题。这也引发了许多讨论:有人认为,对于无人驾驶汽车而言,由于驾驶员被期望能及时响应系统请求、接管车辆,因此,如果驾驶员没有响应系统请求,没有及时接管车辆造成的事故,则应当由驾驶员承担侵权责任。所以,辅助驾驶功能本质上并未对侵权责任构造形成挑战,驾驶人仍完全控制着机动车,驾驶人过错也较为容易判断,实际上与传统交通事故并无区别。但是,也有人认为,无人驾驶汽车是为了让人类享有更舒适、安全的驾驶体验,尤其是宣称可以为老年人、残疾人提供便利。发明无人驾驶系统的目的是为了解放驾驶任务对自身的束缚,此时如果再苛以驾驶员相当程度的注意义务则难言合理。并且,即使无人驾驶系统向其发出了接管系统的警报,其能在合理时间内做出有效反应的可能性也是微乎其微。"接管义务"超出了正常人的反应速度。如果立法强制要求消费者接管,就会与人们的消费预期相悖,从而也不利于无人驾驶汽车的发展。

2. 交通事故侵权刑事责任

当然,责任主体不明确会进一步导致交通肇事罪的责任主体不明的问题。首先,当无人驾驶系统运行导致侵权事故时,不论是赋予人类驾驶员监管环境的义务还是及时接管义务,都无法满足交通肇事罪主观心理与客体行为相契合的要求;其次,正如前文所述,无人驾驶汽车侵权的民事责任已经很难澄清系统与驾驶员之间的责任分配,更遑论交通事故与行为之间的因果关系证明;最后,关于责任承担的问题,无人驾驶汽车虽然是高级别人工智能产品,但其仍然不具有主体资格,无法承担刑事责任,而人类驾驶主体既无控制行为又无主观过错,如果被要求承担刑事责任,则背离了法律的精神与本质。因此,无人驾驶汽车在无人驾驶状态下导致重大交通事故时,与交通肇事罪的内在要求相去甚远,无法适用相关规定。

总而言之,无人驾驶的出现对我国现行的侵权责任和产品责任分配带来了挑战,甚至对刑事责任的构成也提出了新要求。如何在产品责任和侵权责任之间以及二者内部进行责任分配,无人驾驶模式下人类驾驶员的注意程度要求等具体制度设计都还需要进一步思考。

10.2.2　无人驾驶交通事故保险责任

无人驾驶汽车的规制构成主要分为责任和保险。立法者需要考虑无人驾驶汽既已存在并且在很长一段时间都可能持续的侵权问题,并基于无人驾驶汽车的风险控制者变化等因素对其中的责权分配做出解释或变更;与此同时,因无人驾驶汽车导致的潜在的损失和责任大,而各种参与者之间的责任难以确定,需要通过保险转移分散,否则便限制了技术厂商的研发生产热情,无人驾驶汽车的商业市场难以形成。所以,现有的无人驾驶汽车技术需要运用保险制度来保障参与者所面临的潜在责任风险。因为保险具有的风险管理功能有助于在事前将不确定性转化为当事人可以内化的成本,促进无人驾驶技术从研发转入市场。

首先,无人驾驶技术对现有的汽车保险体系提出了挑战,原有的针对汽车保有人开发的保险产品并不够,还需要对无人驾驶系统新的特性做出必要创新。传统的保险服务于传统汽车,以及高级辅助驾驶系统汽车,但是当汽车拥有了无人驾驶功能,人类驾驶员对汽车的掌控与干预减弱,转为对汽车行驶途中的环境监测以及接管责任。在此情形下责任发生转移,人类驾驶员的责任将会减少,相应的汽车制造商的责任可能增加。责任风险发生变化之后,原有的保险架构显然就不合时宜了。因此,需要修改、完善传统的保险架构,从而在无人驾驶汽车进入市场后,使其能够确保路人、乘客、司机、制造商等得到适当的保险保障。如何修改、完善目前的保险框架,是需要以汽车产品责任保险替代交通事故责任保险,还是维持交通事故责任保险但投保人由车主转为汽车生产商?抑或维持现有的汽车交通事故责任保险框架,不予改变?两者之外是否还存在其他的选择或者构想?这些都是无人驾驶汽车保险需要厘清的问题。

其次,侵权责任往往和保险责任息息相关。无人驾驶的发展不仅使得原有的侵权责任和产品责任混淆不清,也导致交通事故保险责任难厘清的困境。我国《道路交通安全法》第11条和《机动车交通事故责任强制保险条例》第2条规定了机动车交强险强制投保义务。在交强险之外,还可以自由选择投保机动车商业险。正如上文所言,如果交通事故责任难以分配,一旦超出交强险的范围并进入需要商业险理赔的范围,就会因责任不明导致保险赔偿责任划分问题变得非常棘手。具体而言,无人驾驶汽车交通事故难以确认事故发生时车辆的控制者是无人驾驶系统还是人类驾驶员,无法判断是人类驾驶员的操作不当或接管不及时导致的侵权责任,还是无人驾驶系统设计缺陷导致的产品责任。如此一来,即使人类驾驶员或车辆的保有人,以及无人驾驶系统设计、生产厂商均购买了高额的保险来分担风险,但是保险公司之间仍会对彼此之间的权责划分产生争议,问题并没有得到实质性的解决。

最后,若要求无人驾驶汽车购买强制责任保险或者其他商业保险,则投保人的确定会变成一个非常棘手的问题。具体来讲,无人驾驶汽车在无人驾驶模式下发生交通事故造成第三者损害时,若判定事故的发生与汽车使用者无关,那么这种责任保险保的是无人驾驶机动车无缺陷,而不是驾驶人的过失,因而应当由生产者承担,而非由无人驾驶机动车的所有人承担;若判定事故的发生与汽车使用者相关,是由于不当接管或者不当干预导致的,则更需要对于驾驶人的过失购买保险。并且,学界对购买保险的责任主体存在争议:如果让无人驾驶汽车消费者去投保强制险或其他商业保险,可能会限制消费者购买的积极性,从而阻碍无人驾驶汽车的发展;若由无人驾驶汽车生产者或者无人驾驶系统的提供者投保,也可能产生因投保义务过重而限制技术的发展。当然,也有人认为,若要求无人驾驶生产者投保责任险,则会将其风险责任内化,促进其用更大的热情提高无人驾驶的安全性,以减轻自己的责任及投保支出。域外的制度也许给我们提供了一种可行的方案,美国内华达州 2011 年通过的"511 法案"考虑了汽车生产商和消费者两方面的立场,谨慎地设立了保证金与保险金制度,严格规定了保险金的金额和数量,为可能的受侵害方的权益提供了保障。

正如安全带、安全气囊在最初产生的时候,因其在减少消费者驾驶风险的同时导致产品缺陷造成损害的风险。这种风险负担的失衡和严苛的产品责任使得安全带、安全气囊等新技术无法迅速普及开来。倘若法律规范过于严厉,将会极大地挫伤汽车制造商与研发机构的积极性,从而阻碍科学技术的进步;而将责任归由消费者,有可能严重抑制消费,从而也阻碍无人驾驶机动车技术的发展。因此,我们需要考虑用保险分担无人驾驶系统的技术风险,并平衡无人驾驶汽车责任保险设计的投保责任分担。

10.2.3　无人驾驶风险的监管缺失

我国目前尚未制定专门的法律规则条款对无人驾驶汽车安全风险进行规制。对于无人驾驶汽车的开发与应用应当如何推进,如何进行监管,以及相关责任的承担问题,也尚未制定相关立法。由此,立法规范规则的缺失使监管层对无人驾驶汽车的态度更为保守,必然也可能限制无人驾驶汽车的开发进程。

1. 网络安全

无人驾驶技术的实现,需要深度依赖人工智能系统及各类核心软硬件。然而,无人驾驶汽车的网联化属性不断增强,意味着无人驾驶汽车面临的网络安全风险也随之提升。因此,在无人驾驶时代,信息网络安全的保障成为重中之重。中国汽车技术研究中心有限公司、中国智能交通协会、社会科学文献出版社联合发布的《无人驾驶蓝皮书:中国无人驾驶产业发展报告(2020)》称:网络安全是汽车智能化发展的核心要素,没有网络安全的保障,智能汽车就难以得到快速发展与应用。无人驾驶车使用传感器和信息与通信技术(Information and Communication Technology,ICT)终端检测和分析周围环境,以控制方向盘和制动。随着网联车的发展,无人驾驶系统的运行是不断进行信息的获取和交互的过程,这就导致无人驾驶汽车在运行过程中可能存在受网络攻击的风险。一旦无人驾驶汽车系统出现程序故障或者无人驾驶汽车网络收到黑客的攻击,这将严重打击无人驾驶汽车的安全性。例如,黑客入侵车辆 GPS、摄像头、激光雷达、毫米波雷达、IMU 等常见传感器装置,就足以影响无人驾驶系统对周围环境的判断,以及对行驶轨道的选择和处理。除了黑客攻击之外,道路基础设施故障也是另外一个网络风险来源,在极端天气或者糟糕路况情况下无法准确收集和分析相关信息,也会增加道路驾驶的危险系数。

网络安全风险是无人驾驶汽车所面临的新风险。近年来,特斯拉、克莱斯勒公司生产的无人驾驶汽车均受到过白帽黑客的攻击。无人驾驶系统一旦被黑客攻克,就会对车内外的人员产生巨大的安全威胁,扰乱交通,甚至变成杀人工具,其危害性不可估量。域外的一些国家立法和大型公司已经有所行动,2018 年,大众、博世等公司联合高校开展联合研究项目 Security For Connected,Autonomous Cars (Sec For CARs),旨在弥补现有的无人驾驶系统安全漏洞,提高联网系统的安全性。总之,如何增强无人驾驶汽车的预期功能安全和防碰撞功能,使其即使在计算机系统遭到入侵和破坏或者其自身出现网络故障的情况下,也能把危险降到最低,以保证其停靠在安全区域是值得关注的安全问题。

2. 隐私保护

除了无人驾驶汽车网络安全风险外,无人驾驶汽车还面临用户信息保护不当的风险。无人驾驶汽车需要方向定位与导航技术的支持,对乘客的乘车时间、所经地点、行车轨迹及最终目的地等信息均有清晰的记录。此类信息一旦丢失,或遭遇黑客入侵、盗取,极有可能被恶意泄露或利用。此外,无人驾驶系统的一个未来预设应用场景是共享交通方面,若在智能驾驶网络平台下,无人驾驶汽车的运营还将收集大量乘客的个人信息,虽然我国现行法律对个人信息保护有明确规定和保护措施,但是仍然无法涵盖个人的乘车时间、地点及目的地等行程轨迹。法律如果不能有效地规范无人驾驶汽车关于各种相关信息的采集、处理、存储和删除事项,不能明确生产者、销售者、车主、驾驶者及乘客的相关权利和义务,这将给乘客个人隐私权的保护带来挑战。如何保护此类信息,确保其不被泄露和非法利用,明确相关主体的法律责任是无人驾驶安全领域的重要议题。

10.3　无人驾驶侵权责任体系重构

从制定的法律来看,无论是《侵权责任法》还是《道路交通安全法》,均未预见目前出现的无人驾驶问题,无法为其提供合理的规制路径。目前,无人驾驶仍然在发展中,距离全面商业落地还需要一定时间,其规制规则仍处于生成时期。对于无人驾驶汽车侵权责任的研究,除适用传统的产品责任规则与交通事故责任规则外,还存在赋予无人驾驶系统法律主体地位,以及类比高度危险责任、核事故侵权、电梯事故侵权责任规则的模式的观点,这两种观点虽有一定的借鉴意义,但均存在一定的理论问题。片面地将责任归结于消费者或者生产者其中一方并不合适,无人驾驶事故的侵权责任需回归产品责任与机动车交通事故责任之中。

10.3.1　无人驾驶侵权责任主体

相较传统驾驶模式而言,无人驾驶汽车对法律关系带来的最大挑战是驾驶主体的转变。因此,对于无人驾驶侵权责任的主体就存在许多争议。因为不论是 L5 级的完全无人驾驶汽车,还是处于自动驾驶状态的 L3～L4 级无人驾驶汽车,在发生交通事故侵权损害时,都不存在驾驶人的责任,以人类驾驶者驾驶行为为中心构建的现行交通事故侵权责任制度难以继续适用。从外部形态来看,无人驾驶汽车致损按照现行规定,人们对由机动车一方承担责任的要求并无异议,只是对内审视机动车一方具体延伸至驾驶者还是生产商抑或是汽车本身,理论上存在分歧。

有学者认为,将无人驾驶汽车定位为人造机器或者工具,并不能妥善解决汽车交通事故致人损害的问题。传统的产品责任对无人驾驶汽车也不能够完全适用,应当基于无人驾驶汽车侵权责任的独特性,确立汽车的工具性人格,从而确定相应主体的责任。如果赋予无人驾驶汽车独立的法律人格,将会进一步优化无人驾驶汽车事故侵权责任的分配。承认无人驾驶汽车的自我担责能力,以其私产作为损害担责的保证并直接承担责任,可以有效避免其行为所产生的其他责任的复杂性。他们认为,人工智能是人类社会发展到一定阶段的必然产物,具有高度的智慧性与独立的行为决策能力,其性质不同于传统的工具或代理人。强人工智能时期可能出现具有拟制法律人格或类法律人格的智能机器人,传统法律制度将出现颠覆性变革。无人驾驶汽车作为人工智能发展中的典型代表,当然也可以赋予其法律人格,如此便可解决工具主义视角下,实现无人驾驶技术所导致的问题,这是法律在公民权利与新兴技术发展之间所寻求的平衡。但是这种说法并不妥当,基于科幻想象的主张不具有现实意义。且不说人工智能的发展还远未到强人工智能阶段,不具备独立行为决策力和意思表示,应当在工具视角下进行规制。更不能因为现有的责任框架回应新技术存在困难,就直接求助所谓的无人驾驶汽车面向技术的"自主性",进而主张赋予其法律人格并由其自负责任。

其次,有学者提出应当由无人驾驶汽车生产商负责,将无人驾驶侵权责任落入严格的产品责任框架中。因为从预防损害发生的角度来看,在无人驾驶状态下人类驾驶员并未参与控制,让其担责并不能预防侵权事故的发生,若强行规定由消费者或驾驶者承担责任,反而会引发对无人驾驶汽车的排斥,不利于科技的创新与发展。反而,由无人驾驶汽车生产商承担责任更能促进其在编写、更新自动驾驶系统算法和硬件设施等问题上更加尽心尽力,进而督促其持续地提升自动驾驶技术的安全性。相较于消费者,制造商不仅能够有效控制风险,还拥有强大的风险分散能力,能够通过提高产品售价等方式将成本转移出去。生产者自然不会因承担过高的责任而丧失研发创新的积极性。

还有一些观点认为,无人驾驶的产生是以减少事故发生、提高安全性为目标,符合产品标准的无人驾驶汽车极少会因为发生过错而导致过错,责任的产生主要仍在于驾驶者的操作错误,而非在于无人驾驶汽车的制造商。因此,无人驾驶汽车所有者或者使用人应该承担责任,因为其过于相信或错误使用了智能汽车的性能。总而言之,不论是汽车所有者或使用者,还是生产商对事故侵权责任负责,都具有一定的道理,但也有其局限性。本文认为无人驾驶的侵权责任构造还需要放眼整个发展阶段,对应无人驾驶技术分级,回归交通事故侵权责任与产品责任的协调配合的框架之内,在驾驶者与汽车生产者之间进行责任分配。

10.3.2　无人驾驶交通侵权责任构造

无人驾驶汽车侵权事故相较于传统交通事故来讲,最大的区别便是无人驾驶系统承担了部分乃至全部的驾驶任务,人类驾驶员的身份逐步从司机过渡为乘客,移交了对汽车运行的控制权,这也是导致传统交通法规和侵权责任不能完全匹配适用的根本原因。目前,我国立法从一定程度上避开了对无人驾驶汽车侵权责任的探讨。《智能网联汽车道路测试管理规范(试行)》(以下简称《规范》)第 18 条规定了测试车辆的驾驶人的接管义务,第 20 条规定了在测试路段以外不可使用无人驾驶模式。但事实上,已有 Waymo 等商业公司准备推出无人驾驶打车服务,无人驾驶技术的发展必然走向商用落地的阶段,法律的完善能够为人工智能技术发展提供方向。不仅如此,法律如何应对无人驾驶技术对于人工智能发展的规范具有极强的示范作用,将为人工智能的法律规制提供一个宝贵的样本。

1. 分级比例责任路径

本文赞同部分学者提出的不对无人驾驶汽车侵权责任"一刀切"划分,而是根据智能系统与人类驾驶员的分工来判断。抽象地看,如果事故的可归责性是基于智能系统的缺陷(包括设计缺陷、制造缺陷和说明缺陷),则可基于产品责任的思路运用无过错责任解决;如果事故的可归责性是基于人类驾驶员的过失驾驶行为,则应当采纳过错责任(包括过错推定责任)的路径进行探讨。当无人驾驶汽车的级别仅在 L0～L2 时,人类驾驶员是汽车运行的绝对控制者,驾驶辅助功能不影响侵权责任的判断,因此这里不再赘述,仍按照传统的机动车致害案件处理即可。如果按照无人驾驶技术发展的预设,L5 级别时系统已经全面接管,人类驾驶员仅有管理的权限。如果遇到系统"突然"将控制权交回到人类的情况,驾驶员很有可能完全无法顺利接管,也无法达到无人驾驶系统解决老人、小孩等弱势群体出行的目的。因此,L5 级别的事故处理应当完全交由产品责任人,应将无人驾驶系统的风险最大限度地内化为厂商进行研发、生产的动力。而无人驾驶汽车处于 L3～L4 级别时,监控路况已由智能系统接管,但此时驾驶人须有紧急状态的控制能力以及对路况监管的义务。因此,以交通侵权责任与产品责任两项责任基础为根据,使驾驶人与无人驾驶系统的制造商对被侵权人承担连带责任,对内按各自过错比例承担责任。

自汽车发明以来,其危险性就已得到法律认可,交通事故责任也远早于产品责任被法律确认。产品责任与交通事故责任经过了长足的发展,即使无人驾驶的适用构成了一定挑战,但仍在产品责任与交通事故责任的框架之内,两种责任性质兼而有之,也是学界比较认同的观点。无人驾驶交通事故应协调适用产品责任与交通事故责任,只是需要考量驾驶人与生产商之间的责任分配问题。在确定责任比例时,可参考几个因素:第一,事故发生时的人类驾驶员的控制能力,在L3~L4级无人驾驶系统中,人类干预系统的权限有哪些,所占比重如何?系统交予人类驾驶员接管的反应时长是否充足?第二,以果推因。根据同等状态下人类驾驶员可能采取的决策及国家标准、行业标准反推无人驾驶系统决策的合理性。第三,充分结合车辆的设备情况、事故当时的环境因素、人类驾驶员的状态等综合因素判定车辆对于结果的发生是否有可避免性。在综合考量以上因素的基础上,对事故中人类驾驶员的过错责任与无人驾驶系统的产品责任进行责任比例的划分,以尽可能实现公平正义的制度价值。

2. 交通事故侵权责任规则

无人驾驶虽然是新技术,但是其引发的交通事故民事责任问题却带有深刻的历史印记。完善的现有法律类型能够被合理地应用于机器人,并能有效地规制其行为。因此,应用产品责任与交通事故侵权责任分配能够合理地处理无人驾驶汽车的侵权事故。我国的《道路交通安全法》和《侵权责任法》关于道路交通事故责任和产品责任的规则大体上可以适用于无人驾驶汽车交通事故责任。

具体而言,对外证明责任分配方面,应当适用过错推定。根据刘朝教授的考证,现阶段我国无人驾驶专利在海外布局、高质量专利分布和学术论文影响力等几个方面相较于其他国家,都存在明显劣势。无人驾驶系统设计公司、汽车制造商、测试机构、数据公司和地图公司等机构作为无人驾驶事故侵权责任的可能承担者,技术上后发劣势较为明显,且无法在短期内解决,很有可能数量巨大的非机动车方会成为无人驾驶汽车交通事故的受害者。因此,在自动驾驶法律规制和民事责任这一议题上,应更加理性和审慎,立法上更为保守也并非坏事。所以,无人驾驶侵权责任的分配应当继续坚持对弱者的保护,适用过错推定。在驾驶人或者生产商能够证明受害人本身具有过错的情形下,才可以减免其赔偿责任。

其次,无人驾驶汽车侵权事故的对内责任分配,由驾驶者承担部分过错责任。现阶段以及未来很长一段时间,无人驾驶汽车都无法实现完全的自主,将处于"不完全的机器信任"中。所以,应当在无人驾驶汽车生产商宣称技术达到完全的自主阶段之前,要求驾驶者承担适当的对环境的监管责任和必要的接管责任。在此前提下进行驾驶人承担部分过错责任,汽车制造商承担产品责任,不仅可以使得驾驶人对无人驾驶汽车运行保持必要的注意以降低无人驾驶汽车的安全风险,也避免了无人驾驶汽车生产商因为过于严苛的法律责任而停滞发展。一方面,无人驾驶汽车应当始终确保驾驶人能够随时介入运营,并且保留必要的接管时间以应对无人驾驶汽车所面临的安全风险问题。而驾驶人需要在汽车发出接管警示后适当的时间内切换至人工驾驶。否则,驾驶人应当对自己的过错承担责任;另一方面,驾驶员在无人驾驶汽车运行过程中仍具有对驾驶环境和系统性能保持充分的注意义务,在自动驾驶汽车明显不按照预期工作时,驾驶员应当及时履行接管义务。驾驶员应当在汽车启动之前对其各项功能进行充分的检查。否则,可能导致对安全义务的违反,并根据双方的过错程度承担损害赔偿责任。对内双方按照比例责任分配,其中因果关系与证明责任的承担将在产品责任中详述。

10.3.3　无人驾驶的产品责任构造

根据无人驾驶汽车交通事故责任的基本属性,无人驾驶汽车交通事故责任兼有道路交通事故责任和机动车产品责任。只有在无人驾驶汽车交通事故是由使用人的过错引发时,才属于一般的机动车交通事故责任。因此,对于无人驾驶汽车交通事故侵权责任,在建立交通侵权与产品责任按比例承担的责任路径之后,主要是对产品责任进行重构。在 L3~L4 级高度的无人驾驶系统阶段,产品责任有替代机动车交通事故责任的发展趋势,成为无人驾驶汽车致损的主要责任路径之一,在 L5 级阶段甚至可能完全替代交通事故侵权责任。现阶段已有国家开始实践,例如,英国交通部明确指出自动驾驶系统适用产品责任。

1. 产品缺陷的构成与发展风险抗辩

可以预见,无人驾驶汽车的产品缺陷相较于传统产品缺陷认定,主要集中在设计缺陷方面,对于制造缺陷和警示缺陷与传统产品责任无异,本文不再赘述。《产品质量法》第 46 条规定,可从"不合理的危险"与"不符合国家标准、行业标准"两个角度认定无人驾驶汽车的产品缺陷。但一方面,因无人驾驶系统行为难以预测,所以我国目前还未出台相关的国家标准与行业标准来明确产品缺陷;另一方面,"不合理的危险"标准过于抽象,导致难以有效适用于复杂的无人驾驶汽车产品缺陷的具体判定。因此,适用产品责任确定无人驾驶汽车侵权责任,确定制造商、销售商的严格责任将面临不小的困境。

首先,未来无人驾驶汽车立法的理想状态,是构建具有实操性的无人驾驶汽车产品安全外部标准,这是认定无人驾驶汽车存在产品缺陷的第一步。美国在《自动驾驶法案》(*Self Drive Act*)中规定了无人驾驶汽车的安全标准,要求装有能够持续执行整个动态驾驶任务的无人驾驶系统的机动车辆通过国家公路交通安全管理局要求的评估认证,具体包括对人机界面、传感器和执行器识别高度自动化的车辆性能标准的构成要素进行审查,以及视需要考虑软件和网络安全的构成与程序标准。该法案同时规定安全标准需要定期审查和更新。日本国土交通省修订的《道路运输车辆安全基准》也对无人驾驶汽车的安全标准进行了详细规定。

其次,在没有相关标准或符合国家安全标准、行业标准但却出现了事故的无人驾驶汽车,需要适用"不合理的危险"来认定无人驾驶汽车的产品缺陷。但是,无人驾驶汽车系统行为的难以预测性以及标准得过于抽象会导致难以有效适用于复杂的自动驾驶汽车产品缺陷的具体判定。目前对"不合理的危险"的判断存在两个标准:一是消费者合理期待(Consumer Expectations Test),指产品在正常使用时无法满足普通消费者对产品安全的合理预期,则认定该产品具有设计缺陷;二是风险—效用标准(Risk-utility Test),是指通过对产品的改进成本与既有的风险进行对比,检验制造商是否采取了适当的安全保障措施,进而判定产品是否存在设计缺陷。不过,对无人驾驶汽车的产品确认适用何种标准认定,学者之间存在分歧。按照传统产品责任发展逻辑,风险—效用标准是在消费者合理期待标准无法适应日趋复杂的产品,消费者对产品无法形成合理、可预期的观念的情况下发展而来,风险—效用标准很好地解决了产品日趋复杂的问题。但是,这一标准在无人驾驶汽车领域的适用却存在难度。无人驾驶系统是目前人工智能发展领域的集大成者,无人驾驶系统的行为控制背后是算法和代码,是普通的消费者无法理解的。但是,风险—效用标准需要消费者提供可行的替代方案,这无异于让消费者放弃权利,即使是聘请律师,也无法做到,往往需要聘请相关领域的专家介入,这极大地增加了消费者请求产品瑕疵责任的难度和诉讼成本,增加了消费者经济上与技术上的成本。因此,大多数学者都建议回归消费者合理期待标准,若人类驾驶者或者其他自动驾驶系统在同样情形下能做得更好以避免或减少损失,则该自动驾驶系统就存在缺陷。不过,在细节上还是存在一些差异的,有学者建议直接适用消费者合理期待标准。但也有人认为无人驾驶的技术发展将远超普通消费者可以理解的范围,预期的合理性也有待审查。因此,有人建议将消费者合理期待标准和风险—效用标准相结合,以消费者合理期待标准来辅助风险—效用标准的适用。

最后,关于产品瑕疵的认定,还需要考虑发展风险的抗辩。《产品质量法》第 41 条规定,"将产品投入流通时的科学技术水平尚不能发现缺陷的存在"可作为产品瑕疵认定的免责事由,即发展风险抗辩。无人驾驶汽车作为智能化产品,基于技术的先进性与革命性,生产商更容易依据这些免责条款而豁免。是否在产品责任中保留发展风险抗辩,需要基于对保护消费者利益和促进企业创新的平衡考量,充分考虑到产品责任对企业生存、技术进步乃至对一个国家的经济发展可能产生的影响。回归无人驾驶汽车产品责任中保留发展风险抗辩,是基于无人驾驶汽车出于发展初始阶段,需要鼓励企业对无人驾驶汽车技术的更新、改革与应用,促进人工智能的发展,回应国家发展的政策方针。当然,鼓励企业创新的同时,需要防范新科技带来的风险。正因为现阶段无人驾驶汽车出于发展的初始阶段,所以不能无限制地让其将可能存在重大风险的产品投入使用,这样会对消费者人身安全乃至社会安全构成重大危险,所以要在宏观的监管方面进行严格的准入制度把控,要对投产使用的无人驾驶汽车进行充分的汽车道路测试等。而在微观个体层面,需要严格限制企业使用发展风险抗辩。对于评判产品是否能为投入流通时的科学技术水平所发现,应当以当时社会所具有的科学技术水平为标准,而不是依据产品生产者自身所掌握的科学技术水平来认定。值得注意的是,人工智能技术先进水平的认定,应当放眼全球范围,而不仅仅局限于本国。

2. 因果关系推定与举证责任倒置

《产品质量法》第 41 条第一款仅规定了生产者对免责事由承担举证责任,受害人仍需对产品责任的构成主张举证。也就是说,产品责任并未规定因果关系推定与举证责任倒置。但是,无人驾驶汽车是集激光雷达、GPS 定位、IMU 惯性导航等多种高精模块组成的复杂科技。普通消费者无法理解产品复杂的生产过程及其技术性,更遑论发现生产过程中的缺陷问题。并且,无人驾驶汽车中涉及诸多的其他硬件组合,也会使得因果关系判断变得更为复杂。如果法律要求因产品缺陷致损的消费者承担举证责任,证明产品缺陷与损害之间的因果关系则过于苛刻。受害者会因为过于严格的举证责任而承担更多的诉讼成本,甚至可能因举证困难而难以使损失获得有效弥补。因此,对于高科技产品致害,理论上一般认为应采取因果关系推定,受害人只需证明使用产品后发生损害,而无须对因果关系举证。无人驾驶汽车作为高级人工智能产品当然也适用因果关系推定,由受害人举证证明使用无人驾驶汽车导致发生了某种损害,且损害通常可能是由该产品缺陷造成的,并能够排除造成损害的其他原因。在这种情况下即使不能确切证明产品缺陷与损害之间存在因果关系,也可以推定该因果关系成立,然后由生产商举证证明产品不存在缺陷。

此外,许多学者提出在无人驾驶汽车上安装黑匣子记录事故发生的情况,为产品缺陷及因果关系的证明提供了更为客观的数据,同时还可减少对专家证言的依赖,降低诉讼成本。并且,由于在 L3 至 L4 级高度无人驾驶发展阶段存在驾驶员的接管责任,因此黑匣子的运用也可为交通事故侵权责任与产品责任之间的责任分配提供依据。

3. 责任主体范围

无人驾驶汽车产品责任主体需要有所扩张。一方面,无人驾驶汽车的生产过程涉及多方参与主体,对生产者的范围应作广义的理解。无人驾驶汽车生产商不仅包括汽车本身的生产者,还应包括如激光雷达、IMU 惯性导航等部分关键零部件的生产者。在无人驾驶汽车生产分工细化的情况下,如果排除零部件等生产者的产品责任地位,则对最终的成品生产者要求过于苛刻,这样也不利于对受害人的充分救济。另一方面,国内一些掌握无人驾驶技术的科技巨头公司(如谷歌、百度),通过对其他制造商生产的普通汽车进行智能化改造,成为自动驾驶汽车研发阵地的重要力量。如果经改造后的自动驾驶汽车存在产品缺陷致人受害,则应当将普通汽车看作无人驾驶汽车的半成品,并根据个案中的产品缺陷定位追究半成品提供者的责任或者无人驾驶系统的责任。因此,无论上述何种情况,现行《侵权责任法》所确立的生产者和销售者的产品责任主体范围应当有所调整。

10.4 无人驾驶的保险体系

保险作为社会主体使用的一种风险管理的工具,具有转移风险的功能。因此,对于自动驾驶汽车这一高风险的新兴产业来说,尽管产品责任配合交通事故侵权责任可以解决侵权问题,但仍有必要引入责任保险制度。具体而言,有学者认为应当基于无人驾驶汽车侵权责任特性,在汽车保险上体现为独特的三层结构,包括汽车所有人或管理人投保的交强险、使用人或生产者投保的商业险,以及生产者或销售者投保的产品责任险。也有学者认为,因为实质上汽车交通事故责任和产品责任未做较大改变,所以可以将无人驾驶汽车系统缺陷导致的交通事故损害风险纳入交强险范畴。

10.4.1　汽车交通事故责任强制保险

无人驾驶汽车与普通汽车具有同样的功能和效用,所以也应当按照《道路交通安全法》的规定,缴纳机动车强制责任保险,在发生交通事故后,首先由交强险在承保限额内予以赔偿。就目前立法和实践来看,交强险的赔偿是与侵权责任脱钩的一种政策性保障。按照《道路交通安全法》第 76 条规定,在交强险保险范围内,无论被保险人是否在事故中负有责任,保险公司均需要在责任限额内予以赔偿。只有在强制保险责任限额范围内赔偿不足部分,责任承担才涉及侵权责任的归责问题。实践中,交强险赔付也是按照这样的理解进行操作的。交强险的设计安排是为了确保受害人的救济能够及时获得补救,提高救济的效率,实现受害人救济的最大化。这对于分散驾驶员的风险具有重要意义,同时也契合了无人驾驶汽车保护交通事故中弱势的第三人的立法目标。

我国交强险虽然可以吸纳无人驾驶汽车缺陷导致的交通事故损害,但仍有不适应之处。首先,传统汽车交强险中分项限额问题在无人驾驶事故赔付上会更加突出。无人驾驶汽车因内部责任划分模糊必然导致赔付程序的繁杂,由保险先行赔付受害人全部损害而不需要受害者再付出更多的时间和金钱,才更有利于保护受害人。其中自然希望达到对受害人全部损害的弥补,而不需要受害者再付出更多的时间和经济成本。其次,无人驾驶汽车的最高限额也应当提升。目前主要在道路测试方面要求提供一定的保险,例如北京、上海等地对无人驾驶进行道路测试要求提供 500 万元的保险或等额保函。但是,我们也需要注意到,现行 500 万元的规定是对研发公司进行道路检测的标准,如果未来投入商用时仍采用如此严格的要求,则可能给无人驾驶汽车生产厂商造成负担,一定程度上抑制无人驾驶技术的发展。未来,在投保限额上还需要进一步调整,但其相较于现在的限额一定是有显著提高的。

在交强险的投保主体上,理论观点存在分歧。学者对生产商需要购买对交通事故承担责任并通过购买保险进行风险的转移基本赞同。但有人认为,随着无人驾驶汽车的发展,责任保险的投保应当逐步从消费者转向经营者,应当直接要求生产商购买交强险,但也有人认为生产商购买产品责任保险更为适当。这也直接影响了对无人驾驶汽车交强险的构造,若直接要求生产商购买交强险,那么交强险便替代了前述所说的部分产品责任,投保主体就包含可消费者和生产商,投保限额应当更高。并且,还需要进一步考虑是由消费者购买交强险还是由生产商购买,还是二者均需要购买。购买交强险以后,还需要再购买商业保险和产品责任险吗? 这都是需要思考的问题。

10.4.2　商业险与产品责任险

关于无人驾驶汽车是否需要在交强险外再购买商业三责险及产品责任保险的问题并无定论。因为毕竟可能存在一些极端风险,造成交强险无法覆盖的损失,而交强险的限额虽有提高,但也是根据评估做出的平均水平。对其他商业三责险及产品责任险等,法律不应当进行限制,应当充分尊重投保人的选择。不过,2017 年 2 月,英国政府颁布的《车辆技术与航空法案》对无人驾驶汽车交通事故侵权责任及投保责任做出了阐释,要求汽车强制性保险需要覆盖汽车事故赔偿,事故损失由保险公司先行赔付后,再根据侵权责任与产品责任的分配向相关责任主体进行追偿,以此帮助受害人尽快获得赔偿。这种"一单到底"的无限额汽车责任险为我们提供了一种无人驾驶汽车责任保险的思路,也符合法律在无人驾驶发展阶段中对第三人的保护偏好。

无人驾驶技术日渐成熟,交通事故将大幅降低,保险将改变保险模式,从关注传统的驾驶人过错风险逐步转变为关注制造商提供产品故障风险。无论是上述哪一种模式,关注的核心内容都是一致的,均能达到保险分散风险,甚至辅助社会治理的目标。期待无人驾驶汽车投入商用之后,市场对保险模式进行选择,并在此基础上进一步完善无人驾驶的责任保险制度。

10.5　无人驾驶的监管政策考量

无人驾驶汽车的发展离不开法律、政策的引导作用。对于无人驾驶汽车的风险,除了关注造成侵权事故的责任分配之外,还要关注如何最大限度地防范风险的发生,以及治理无人驾驶涉及的个人数据隐私、网络安全等问题。

10.5.1　我国现有的监管制度

宏观层面上,我国对于无人驾驶汽车以监管政策引导为主,除国家出台《智能网联汽车道路测试管理规范(试行)》之外,我国相关立法还处于空白,没有具体可操作性的法律规范专门用于规制无人驾驶汽车侵权事故及网络安全风险等。国家最主要是战略层面对无人驾驶汽车的发展做了引导与规划(具体文件参照表 10-1)。

表 10-1　无人驾驶汽车政府规范文件

时间	牵头部门	文　件	主 要 内 容
2015	国务院	《中国制造 2025》	提出把智能网联汽车作为汽车产业的发展方向
2016.4	中华人民共和国工业和信息化部	《新一代人工智能发展规划》	智能网联汽车发展规划
2016.8		《装备制造业标准化和质量提升规划》	明确技术发展路径,提出产业目标和任务
2016.11		《中国智能网联汽车技术发展线路图》	
2017.4	国家发展和改革委员会	《汽车产业中长期发展规划》	从技术、产业、应用、竞争 4 个层面提出智能汽车发展战略,主张建立智能网联汽车标准体系,并逐步形成统一协调的体系架构
2017.12		《国家车联网产业标准体系建设指南》	
2018.1		《智能汽车创新发展战略(征求意见稿)》	
2018.4	中华人民共和国工业和信息化部	《智能网联汽车道路测试规范》	主要包括技术标准建设指南、道路测试管理规范等内容
2018.6		《国家车联网产业标准体系建设指南(总体要求)》	2020 年构建能够支撑 L3 级及以上的智能网联汽车技术体系,实现特定场景规模应用
2018.12		《车联网(智能网联汽车)产业发展行动计划》	
2020.2	国家发展和改革委员会	《智能汽车创新发展战略》	要求强化智能汽车发展顶层设计,2025 年实现高度自动驾驶的智能汽车在特定环境下市场化应用

可以看到,国家发布的战略性政策文件中明确了无人驾驶汽车未来在智能交通建设方面的重要地位,须高度重视无人驾驶技术的研发和使用。从地方层面来看,由于道路测试是无人驾驶汽车技术研发与实现商用的基本前提已是共识,因此全国 20 多个城市(如北京、上海、广州、深圳、重庆、浙江、南京等)都陆续出台了具体的道路测试实施细则。北京、上海等地更是在《智能网联汽车道路测试规范》颁布之前就率先试点

出台监管细则允许无人驾驶汽车上路测试。可以说,国内对无人驾驶汽车的发展提供了充分宽松的政策条件。从条文内容上来看,多为借鉴其他国家的先进经验,逐步由宏观政策转向具体标准。

上述现有的规范性文件显示,我国与无人驾驶相关的立法层级低,缺乏法律与行政法规的规定。虽然关注了无人驾驶道路测试及产业标准,但是仍然难以有效地规制无人驾驶带来的安全风险,没有在侵权责任法、道路交通法及保险法相关法律法规中对无人驾驶的侵权问题及保险问题做出回应。因此,无人驾驶汽车作为一个新兴产业,对于其行业准入、产品质量监管,以及对于其可能产生的道路交通安全风险、网络安全、隐私风险的防范等问题还需要构建对应的监管制度。如何监管无人驾驶系统收集存储的个人数据信息,防止被非法滥用? 如何确立无人驾驶汽车的安全标准? 如何防御无人驾驶汽车网络信息安全风险? 这些都是无人驾驶汽车安全监管亟待解决的重要问题。

值得注意的是,我国最新的《智能汽车发展战略》对无人驾驶技术进行了展望。2035—2050 年,中国标准智能汽车体系将全面建成。所谓全面建成,不仅包含了技术层面的要求,也包括了完善无人驾驶汽车的测试评价技术体系及测试基础数据库,通过出台规范无人驾驶汽车测试、准入、使用、监管等方面的法律法规规范,配合《道路交通安全法》等法律法规修订完善,强化无人驾驶车辆产品管理,致力于构建一套从无人驾驶汽车的生产、准入、销售、检验、登记到召回全方位、全生命周期流程的管理规定。

10.5.2　域外监管

根据对无人驾驶技术高质量专利分布态势的考证,无人驾驶技术先进的国家主要包含美国、德国、日本等。美国已经制定《无人驾驶汽车法案》,德国修订通过了《德国道路交通法(第八修正案)》,走在无人驾驶汽车的立法前沿。因此,本文聚焦美国、德国以及欧盟成员国、日本等具有代表性的国家,评析其无人驾驶立法中的经验与优势。整体来看,域外关于无人驾驶汽车立法规制主要关注以下四个方面:一是无人驾驶汽车道路测试制度;二是保险制度;三是运行报告制度;四是信息安全制度。

1. 美国

美国是最早对无人驾驶汽车进行立法的国家。现行通用的对无人驾驶的等级划分也是采用美国汽车工程师学会发布的 SAE J3016 标准。联邦层面已经出台一系列与自动驾驶汽车相关的法规,地方层面,有 33 个州允许在公共道路上测试自动驾驶汽车(具体分布见图 10-2),尤其是佛罗里达州,2012 年通过的立法鼓励安全开发、测试和操作使用无人驾驶汽车,并没有禁止在公共道路上的机动车辆自动驾驶技术的测试或操作,甚至在 2016 年取消了有关的自动驾驶汽车测试和驾驶员在车内的要求。

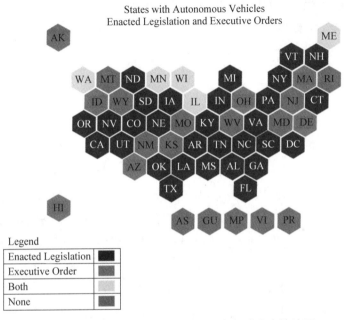

图 10-2　美国各州关于自动驾驶立法与行政命令统计图

《联邦自动驾驶汽车政策》为无人驾驶技术的安全检测和运用提供了指导性的监管框架,明确了联邦与州的立法权限,并列举了现有监管工具配合创建新的监管机构,协助无人驾驶汽车的道路测试与发展部署。2017 年,美国国家交通安全管理局(NHTSA)又推出《联邦自动驾驶系统安全愿景 2.0》,其在《联邦自动驾驶汽车政策》规定的评估标准基础上,增加了 12 项非强制性车辆安全评估标准,为后续的无人驾驶汽车立法提供了重要指导。2017 年 9 月,美国众议院一致通过《H.R.3388 安全确保车辆进化 的 未 来 部 署 和 研 究 法 案 》(Safely Ensuring Lives Future Deployment and Research In Vehicle Evolution Act,Self Drive Act)(以下简称《自动驾驶法案》)。《自动驾驶法案》首次提出对无人驾驶汽车的生产、测试和发布的统一管理,是推动美国无人驾驶汽车部署的首部法律。《自动驾驶法案》还对《美国法典》第四十九条交通运输章节部分的法条做出了修正,扩大联邦优先权,更新美国联邦机动车安全标准

(FMVSS)。该法案授权 NHTSA 具有特殊情况下 2.5 万无人驾驶汽车的道路测试许可权限,且该数据三年内将逐步提高到 10 万元。同时,《自动驾驶法案》还授权 NHTSA 获取无人驾驶汽车安全数据,目的是更新和发展有关安全标准,以制订更好的消费者隐私保护计划,且要求高度无人驾驶汽车的制造商必须制订书面的网络安全和隐私计划,然后才能将其出售。美国在无人驾驶技术、立法方面都走在世界前列,尤其是在车辆豁免、技术安全标准、隐私保护方案和网络安全防护措施等方面,这些都值得我国参考和借鉴。

2. 德国

2017 年 5 月,德国联邦议院对表决通过了《道路交通法》修订案。首部针对智能汽车的法律规范,表明了对高度或完全自动驾驶的支持态度,并澄清了包括基本概念、许可条件、责任归属等一系列重要问题,在一定程度上为无人驾驶汽车在德国的发展清除了法律上的障碍。具体来讲,首先,修正案第 1a 条对无人驾驶汽车(包含完全的无人驾驶与高度无人驾驶)做出了定义,并强调了可以被驾驶员手动关停或接管,且需要预留充足的接管时间;其次,明确了驾驶员相应的对周围驾驶环境保持警觉,以及接管义务;再次,针对无人驾驶事故设置了高于普通事故的赔偿额度;最后,法案对车主设置了若干提供数据的义务,包括为了执法活动所需的相关信息、事故相关数据,明确了无人驾驶存储数据信息要求,智能保存 6 个月,除相关事故数据需要保存 3 年,这与德国的侵权行为的诉讼时效是一致的。总体来说,德国交通法的此次修订,回应了无人驾驶汽车发展中关于驾驶员与无人驾驶系统的权责划分问题,在既有的法律框架下对无人驾驶汽车的许可适用无人驾驶"功能",以及交通事故认定问题一定程度上确保了其法律制度演进的稳定性。但是,该法案仍存在一些问题。驾驶员严格的无过错责任会造成消费者用脚投票;对汽车生产商的产品责任还需要进一步明确;关于信息安全与数据处理过于粗浅,缺乏更精细的技术标准;并且最遗憾的是,没有对保险责任做出规定。但是,德国作为大陆法系国家,其对无人驾驶汽车的立法回应不论是优势还是不足,都为我国的立法和监管提供了借鉴。

3. 其他国家

欧盟成员国、日本以及部分欧洲国家也通过鼓励立法推动自动驾驶汽车的发展。联合国于 2016 年 3 月在欧盟的推动下,正式修订《维也纳道路交通公约》,允许自动驾驶技术应用到交通运输中;日本也发布《自动驾驶系统公共道路验证试验方针》,允许无人驾驶汽车在高速公路(即一般公路)上进行大规模测试;荷兰、芬兰也陆续批准无人驾驶汽车可以在公共道路上大规模测试;瑞典、新加坡等国家也明确经批准可以进行规定路段的道路测试。可以说,在推进无人驾驶技术发展方面,各国政府都在积极推进道路检测。其中最需要特别说明的是,英国政府除了于 2015 年正式允许路测,并颁布了一份非官方的无人驾驶汽车的道路测试准则之外,还在 2018 年出台了《自动与电动汽车法案》(Automated and Electric Vehicles Bill,AEV 法案),对机动车强制责任保险条款进行了修改,使得无人驾驶汽车能够与传统车辆一起承保,明确了无人驾驶汽车的责任与保险框架。AEV 法案秉持最大化保护受害人的立法目的,确立了"单一承保模型",即在无人驾驶事故中的受害人可以直接向保险公司索赔,而保险公司则赔偿后再根据产品责任法或其他现行法向直接责任人进行追偿。英国 AEV 法案建立无人驾驶汽车的责任和保险框架是对无人驾驶领域监管的重要举措。

10.5.3　我国的无人驾驶监管

其他国家对于无人驾驶的立法规制为我国的无人驾驶监管提供了可靠的样本。因此,针对我国无人驾驶目前的发展情况,有 3 个最重要的风险防范举措:第一,通过道路测试及无人驾驶汽车的准入设置一定的门槛,减少因为不合规带来的安全风险;第二,对于无法掌控和回避的技术发展中的风险,可以通过保险制度将其风险分散;第三,在技术发展中对网络安全及个人数据隐私的保护不可忽视,把握数据开放与个人隐私的保护之间的平衡是人工智能发展不可回避的问题。

1. 道路检测制度与准入制度

道路检测在我国各地已经陆续开展,从无人驾驶技术演进的路径来看,前期技术测试验证主要分为场地测试、道路测试、无人化道路测试(车内有安全员)和车内无人道路测试四个阶段。据报道,百度 Apollo 已经在长沙开展无人驾驶出租车项目,甚至已经拿到北京市自动驾驶测试管理联席工作小组颁发的首批 5 张无人化路测通知书。道路检测是无人驾驶技术发展的重要环节,需要各地政府根据发展情况规划且已在实践中执行,本书不再赘述。值得注意的是,道路检测制度一方面是为了检验无人驾驶技术的发展情况及其存在的安全风险,另一方面,检测是为了更好地发展、更新无人驾驶技术,提升其对复杂路况的应对能力,其暗含了政府对无人驾驶技术的支持,地方政府在实践中表示了对无人驾驶的积极态度。但是,未来对无人驾驶汽车的监管更需要用一套合理而透明的标准来权衡和量化无人驾驶汽车的能力。美国已就无人驾驶技术颁布了一系列政策法规,不断完善无人驾驶汽车的安全标准。需要注意的是,准入制度设计不仅是关于无人驾驶技术本身的特征标准,也包含保障数据安全、强化隐私保护等方面的技术标准。借鉴域外制度,结合目前我国无人驾驶的发展情况,应当逐步建立一个无人驾驶汽车质量评估体系以作为统一的准入标准,做好无人驾驶汽车的安全评估与许可制度。一方面,技术标准的确定将为无人驾驶侵权事故责任分配,以及无人驾驶汽车的产品瑕疵认定提供可靠的依据;另一方面,通过各项标准来定义无人驾驶系统,将倒逼设计者和制造者进行大规模的投资和研发,以提升获得准入资格的可能性,从而促进无人驾驶技术进一步发展。

2. 强制保险制度

关于保险制度,本文前面已详述不同的学术观点。强制责任保险是将公共利益作为基本出发点,追求最大化社会效益的制度设计,因此本文认同对于无人驾驶汽车更新强制责任险的观点。类似于英国的保险制度设计能够最大限度地照顾到无人驾驶汽车事故的受害者,在赔偿顺序上,由保险公司向受害人进行赔偿,之后保险公司再向生产者或者驾驶人员根据真正责任进行追偿;保险标的上,该交通强制责任险应当根据无人驾驶汽车事故的特性,以产品责任与事故侵权责任作为标的;投保人及受益人范围上,该强制保险应当将无人驾驶汽车的所有者、汽车的生产者都纳入投保人范围,并将受益人范围扩大到车内人员。在无人驾驶汽车实现完全的技术目标之前,以创新保险制度来化解技术风险,既可以减轻生产商对潜在重大赔偿责任的担忧,也能减轻消费者对事故责任的担忧。只是具体的保险设计还需在市场实践中进一步考察确认。事实上,英国保险公司 Adrian Flux 于 2016 年已经公布了一项关于无人驾驶汽车的保险政策,为未来无人驾驶汽车保险的革新提供了思路。除了制度设计之外,也建议强制要求无人驾驶汽车安装黑匣子。黑匣子可在交通事故发生后,为警方和交通监管部门提供其所需要的事故相关信息,也能为保险公司调整保费和改进保险种类提供参考,具有重大意义。

3. 个人隐私与网络安全保护制度

无人驾驶汽车技术的发展要强调其中涉及的网络安全和个人信息安全,抵御黑客攻击,防范网络故障和个人信息泄露的风险。我国《网络安全法》关注了网络空间数据的保护,提出了对数据的匿名化处理,也要求网络运营者采取数据分类、重要数据备份和加密等措施,以防止网络数据泄露或者被窃取、篡改。《个人信息保护法(草案)》的出台,对数据处理不同环节、不同主体的法律责任进行了明确。虽然没有对无人驾驶技术做出特别说明,但是为无人驾驶中的网络安全责任要求、个人隐私数据保护要求,以及个人数据使用限制提供了依据。不过,无人驾驶汽车的网络安全不仅存在一般的网络安全共性问题,也存在新的挑战:无人驾驶汽车的网络安全涵盖车联网安全、外部动态安全及云空间安全等重要内容。因此,关于无人驾驶网络安全的规制,主要问题是其规范过于宏观,缺乏具体的指导标准。虽然《国家车联网产业标准体系建设指南(智能网联汽车)》明确指出,网络安全标准必须能够保证车辆的安全性和可靠性,但遗憾的是,指南中并没有针对无人驾驶汽车的网络安全问题制定更详尽的标准,无法为企业提供行为预测和指引。车载信息服务产业应用联盟发布《车联网网络安全防护指南细则(征求意见稿)》中从身份认证、远程访问安全、安全监测、资产数据安全、供应链管理及落实责任等角度对网络安全做出了规定。这一指南细则虽然尚未正式出台,但对于无人驾驶汽车的网络安全规范具有重要参考意义。

除此以外,无人驾驶汽车需要收集大量的数据以保证其安全运行,这导致汽车使用者及乘客的个人信息和隐私存在泄露风险。对此,可以参考美国的《自动驾驶法案》,要求未来在无人驾驶汽车商用时,汽车生产商必须出具无人驾驶系统开发的安全评估认证,为此类车辆制订书面的网络安全和隐私计划,然后才能将其出售。具体来说,计划书中应当包括以下几方面内容:一是,关于收集、存储和利用乘客、车主个人信息的方法,以及将其提供给乘客和车主的方式;二是,对收集的个人信息进行管理和处置的方法;三是,汽车生产商向其他部门或企业共享信息的条件,其中包括车主和乘客的知情同意权。所以,一定要重视无人驾驶汽车发展中的网络安全风险,强调对个人数据及个人隐私的保护,强化无人汽车研发、生产企业的合规意识。未来在具体规制时,对无人驾驶汽车准入规则设计一定要依托《网络安全法》《个人信息保护法》,将网络安全与个人信息保护落实到技术标准层面,纳入无人驾驶汽车准入规则中。

无人驾驶的发展是当前世界人工智能发展不可逆的潮流。从技术层面来说,我国在无人驾驶技术发展上拥有 5G、云计算及庞大的数据库等优势,但是我国也面临着道路交通复杂、技术的后发性劣势等问题。这要求我们实事求是、客观看待我国无人驾驶的发展。并且,法律对于技术创新有一定的引导作用,但是也不宜操之过急或者基于想象立法,构建空中楼阁。另外,关于无人驾驶汽车的侵权责任包括伦理选择问题,是一个无法完全厘清的难题,如何管制依赖政府对无人驾驶技术的政策态度,也可静观其变。总而言之,国家政策对于无人驾驶的发展是秉持积极支持的态度,但是也应当在法律和行政规制中保持应有的理性,强化无人驾驶汽车的网络安全和个人信息保护,明确无人驾驶汽车侵权责任,革新汽车保险制度,构建无人驾驶汽车监管框架,防范无人驾驶可能带来的各种安全风险。

第 11 章

人工智能造假与欺骗

第 10 章详细介绍了自动驾驶系统的法律责任,事实上自动驾驶只是人工智能发挥巨大价值的一个领域,未来人工智能还将更加深入地改变我们的生活。我们都知道造假与欺骗问题始终伴随着互联网的发展,并且造成了大量的损失。那么,作为产业变革的新动能,人工智能是否也存在类似的问题呢?

从历史来看,任何新技术的落地应用都伴随着新的安全问题,人工智能技术也不例外。一方面,利用人工智能技术在明确、重复任务中高效和智能的特点,造假者能够以低成本轻易造假,比如可以利用深度伪造技术快速制作天衣无缝地冒充他人的假脸视频;另一方面,人工智能的广泛应用增加了新的攻击面,攻击者能够利用人工智能技术自身的漏洞达成攻击目的,比如可以利用对抗样本技术欺骗人脸识别模型冒充他人进行实名身份认证。

人工智能的商业化落地给安全领域带来了一系列新的挑战,本章将从人工智能滥用和人工智能自身的脆弱性等角度论述人工智能造假与欺骗。

11.1　人工智能造假与欺骗的起源与危害

算法上的突破、数据数量和质量的不断提升以及计算能力的增长,使现代人工智能在不少应用场景中的效果得到了巨大提升,因此其能够在多个领域中深入应用。与此同时,人工智能安全问题也相伴而生。

人工智能造假最早引起关注是在 2017 年年底,一位名为 deepfakes 的用户在美国 Reddit 网站上发布了多个人工智能造假的色情视频,视频中演员的面部被替换成明星人物的脸。从此,媒体和大众开始使用 deepfake 一词代指基于人工智能技术的造假行为,即深度伪造。美国在其发布的《2018年恶意伪造禁令法案》中将深度伪造定义为"以某种方式使合理的观察者错误地将其视为个人真实言语或行为的真实记录的方式创建或更改的视听记录","视听记录"即图像、视频和语音等数字内容。

随着人工智能造假内容的传播,其背后的人工智能技术开始引起广泛的关注和探索。开源的视听觉内容的合成方法和工具不断涌现,例如 FaceSwap、FakeApp、DeepFaceLab、RealTalk、MelNet 等。后来更多涉及政治人物和明星名人的造假内容开始出现。例如2019年年初,Facebook 网站上出现了一段关于特朗普的造假视频,视频中的"特朗普"批评了比利时在气候变化问题上的立场,传达虚假的消息。同年,Facebook 的 CEO 扎克伯格也被伪造,伪造者发布了宣扬侵犯个人隐私数据的不实言论。这些事件将人工智能造假推向社会舆论的风口浪尖。

人工智能造假会对个人声誉、企业形象乃至国家安全和社会信任带来恶劣的影响。对于个人而言,利用某人的形象,发布色情内容、恶搞内容,或者篡改其言论,发布不实观点等人工智能造假行为,会直接影响个人的声誉。对于企业而言,企业中核心人物的行为代表着企业的形象。利用企业核心人物的形象发布散播虚假信息,将直接影响公司的信誉与经济利益。对于国家而言,针对政要人物的人工智能造假已经屡见不鲜,奥巴马、普京、特朗普等政要人物都曾被制作成伪造视频。人工智能造假成为虚假信息战争的新武器,威胁着国家安全。对于社会信任而言,人工智能造假可以利用伪造的图像、视频与声音制造欺诈案件,甚至也能传播虚假新闻操纵公众舆论。人工智能造假使声音信息不再可信,也推翻了"眼见为实"的基本常识。真假难辨的社会将产生严重的信任危机。

除造假外,当前的人工智能技术还存在未被良好解决的安全问题,在被攻击者欺骗后可能出现各种异常,比如识别准确率大幅下降或做出完全错误的决策。

针对人工智能欺骗的研究可以追溯到2004年,Dalvi 等开始持续研究针对垃圾邮件过滤线性分类器的对抗样本攻击。他们的研究表明,在不显著影响垃圾邮件消息可读性的情况下,精心修改少量邮件的内容即可欺骗垃圾邮件线性分类器。自此之后,不仅对抗样本的研究在持续深入,其他攻击手段也不断被发现,其中2008年 Nelson 等便开始了数据投毒攻击的早期研究,他们发现仅修改1‰的训练数据,所训练出的垃圾邮件分类器就会失效。

2014年,Szegedy 等将对抗样本的研究拓展到深度学习领域。他们认为深度学习算法主要依赖于数据驱动,训练数据不足会导致训练出的模型存在"盲区",这些盲区会导致模型泛化能力较差,容易被攻击者找到对抗样本导致模型错误分类。在此之后,Xie 等也证实了对抗样本问题不仅出现在图像分类中,也存在于目标检测等其他场景中。2017 年,Gu 等提出通过修改训练数据的方式在模型中植入后门,他们在手写数字的数据集 MNIST 上的一系列测试表明模型后门攻击的成功率可以达到 99% 以上,并且这种攻击方式非常隐蔽,只有在触发器图案添加到手写数字样本上,才会触发后门产生分类错误。

在此之后,随着人工智能商业化落地不断成熟,针对人工智能的欺骗研究也如雨后春笋般不断涌现,攻击效率和效果不断提升,攻击手段也日益多样。人工智能的落地应用能够大幅提升人类的预测能力和效率,但其自身容易被欺骗的特性也为后续人工智能的深化应用埋下了巨大的安全隐患。

11.2　人工智能造假与欺骗的主要类型

11.2.1　人脸深度伪造

目前的人工智能造假类型中,人脸深度伪造类的图像和视频内容传播范围最广,带来的影响也最大。人脸深度伪造,是指利用深度学习的技术生成或篡改人脸信息,创造伪造图像和视频的行为。在人脸深度伪造中广泛使用的深度学习技术主要有生成对抗网络(generative adversarial networks,GAN)、卷积神经网络(convolutional neural networks,CNN)和自动编码器(autoencoder)等技术。

根据伪造方式的不同,人脸深度伪造主要可分为四种类型,分别是人脸替换、表情操纵、全脸合成和属性编辑。

人脸替换(identity swap),是指将图像或视频中的人物的面部替换成另一个人物的面部。该伪造类型通常采用两种不同的方法:基于传统计算机图形学的方法、基于深度学习的方法。人脸替换的应用中,换脸应用 App ZAO 曾掀起一轮热议,用户可以在该 App 中操作,将本人面部"嫁接"到影视剧段落中的明星面部上,实现人物面部的替换。如图 11-1 所示,第一行最左侧为真实人物照片,右侧三张照片分别是第二行对应人物的面部替换到该真实人物的面部后生成的图片。实现该技术的主要步骤是:首先进行图像采集与预处理,采集原始人物与目标人物的图像,人脸识别并提取面部特征;其次训练自动编码器生成网络,使编码器可以识别并提取面部信息,使解码器可以重现面部信息;最终是图像生成,通过解码器互换和图像融合的方式生成最终的图像。

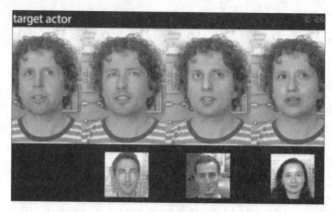

图 11-1 人脸替换示例

表情操纵(expression swap),是指修改人物的面部表情,比如将一个人的面部表情移植到另一个人的面部,从而让被移植人看起来说出一些本来从未说过的话。比较常用的技术是 Face2Face,使用该技术可以实时地进行表情操纵。如图 11-2 所示,左上角是源角色,提供实时表情,左下角是目标角色,将源角色的表情复制到目标角色的脸上,眼神、嘴型、头部动作等的复制效果都十分逼真。

图 11-2 表情操纵示例

全脸合成(entire face synthesis),是指创造完全不存在的人脸,即"无中生有"。常用的技术是 StyleGAN,它可以实现生成高逼真度的人脸形象,如图 11-3 所示。Generated Photos 是一个 AI 自动生成人脸的网站,上面有 10 万张全脸合成的人脸图片,包含不同性别、年龄、肤色、情绪等特征的"无中生有"的人群。This person does not exist 网站上,每次刷新都会随机生成一张全新的全脸合成的人脸照片。

图 11-3　全脸合成示例

属性编辑(attribute manipulation),是指修改人脸的某些属性,如头发或者皮肤的颜色、性别、年龄等。这类伪造通常使用 StarGAN 技术实现。FaceApp 就属于属性编辑的伪造方式。在该 App 上可以实现让用户"变成"老人或孩子、戴上眼镜、改变发色等功能。如图 11-4 所示,上面一行是真实的图片,下面一行是修改不同面部属性后生成的图片。

图 11-4　属性编辑示例

11.2.2　语音造假

利用人工智能方法同样可以实现对语音的造假。伪造语音的生成,最初的研究专注于实现文本到语音的转换(text-to-speech,TTS),在此阶段生成的伪造语音,和真人语音有显著的差别。之后技术不断演进,发展为语音伪造任务能够保证伪造音色与目标说话人相比有较高的相似度。在此基础上,由于人类可以轻易地识别韵律过于平均的伪造,因此一个自然的韵律效果也是语音伪造任务的一大目标。由于音频是一维连续信号,相比图像的二维信号更容易建模,因此使用传统的信号处理技术就可以提取一些如语谱图、共振峰、功率谱密度等特征,用以表示和分析音频中说话人的声纹、音色和发音风格等信息,在此基础上就可以使用拼接剪辑等技术进行音频的合成与伪造。由于最终伪造波形几乎原封不动地取自原始目标伪造说话人,因此,对目标伪造获取的原始语音的获取与整理对伪造结果的自然度至关重要。不过,传统方法由于需要多阶段的操作,在信号特征的连续性、信号统计规律等方面都会显得不够自然,因此人类鉴别者在收听时很容易感知到伪造。

得益于深度学习技术对复杂信号特征学习的能力,使用常见的自动编码器模型就可以很好地学习到音频数据的隐状态表达,模型里后半段的解码器就能够用来做根据音频特征合成音频输出的工作,嵌入到序列学习的全卷积神经网络就可以提取特征建立声学模型、组合润色与合成输出,从而实现端到端的语音伪造。这种造假技术可以做到伪造音色与目标人物的音色一致,在此基础上还可以提升韵律效果的逼真程度。相比传统的统计参数合成方法,由于生成过程不再是从原始语料库的音频素材中截取和拼接,与 TTS 联合使用就可以很好地实现,让输出的整段音频都是自然而连续的。基于深度学习的端到端语音合成方法的合成效果大幅提升,在某些数据集上甚至达到媲美真实语音的水平。

与假视频一样,攻击者通过为算法提供训练数据来创建语音模型,且需要丰富多样的语音样本来捕获说话者的自然语音节奏和语调,还要对训练语音进行静音剔除和降噪处理,尽可能得到纯净有效的语音片段。目标的各种语音片段通常从公共来源收集,如公开演讲、企业视频和访谈录音。对于政府官员、公司高管、公众人物而言,这些数据是很容易从互联网上收集到的,因此这些人就很容易成为诈骗团伙的伪造对象。进行欺诈的案例通常都是将假音频发送为语音留言或实时用在电话对话中,迄今为止在实际发生的攻击中都巧妙地使用了背景噪声来掩盖瑕疵,例如模拟信号不佳的电话呼叫或是拥有复杂背景噪声的繁忙区域,这也使得鉴伪和防御的难度进一步加大。

加拿大一家创业公司推出语音合成系统 RealTalk,与以往基于语音输入学习人声的系统不同,它可以仅基于文本输入生成完美逼真的声音。所有音频均为机器学习模型使用文本输入生成的,音频中甚至包括换气声、语气词和噪声。此外,美国

Modulate.ai 公司开发的语音合成产品,可以将用户的声音变到其他人的声音属性上,比如奥巴马的声音等。Facebook 公司发布的音频生成模型 Melnet,复制并模仿人类语音语调的效果同样十分逼真。

11.2.3　人脸识别欺骗

人脸识别是以人脸特征作为识别个体身份的一种个体生物特征识别方法。其通过分析提取用户人脸图像数字特征产生样本特征序列,并将该样本特征序列与已存储的模板特征序列进行比对,用以识别用户身份。

人脸识别相较于其他生物特征识别技术具有识别速度快、无须特殊的硬件支持、识别过程中无须直接接触等优点,具有非常强的便捷性。中国报告网发布的《2018 年中国生物识别市场分析报告——行业深度分析与发展前景预测》显示,人脸识别技术已被广泛用于门禁控制、金融身份认证、安防监控等领域中。

然而,人脸识别技术自身也存在着安全问题,比如可以在人脸照片上添加难以察觉的微小扰动,使人脸识别系统误判。攻击者既可以实施定向攻击使人脸识别模型误将某个人识别为另一个人,窃取身份标识;也可以采用无定向攻击,使人脸识别系统将某个人随机识别为其他人,从而逃脱审计。

在最早对人脸识别系统的攻击研究中,设计攻击算法往往需要事先了解目标模型的结构、参数和训练数据。但在现实世界中往往无法获得这些信息,即算法对于攻击者来说是“黑盒”状态。那么,在只能通过输入数据和对应的反馈结果时,应该如何实施攻击?

对于信息了解极少的黑盒场景,攻击者有两类攻击方法可供选择。其中一类攻击方法为查询攻击方法:通过多次查询不断获取输入数据对应的反馈结果来优化对抗样本生成;另一类攻击方法是迁移攻击方法:不同深度学习模型之间具有迁移性,攻击者也可以利用这种迁移性在本地构造与攻击目标类似的“替代模型”,利用对抗样本的迁移性,针对替代模型生成对抗样本用于攻击。

早期的人脸识别欺骗研究主要集中在数字世界中,这种攻击方法通过修改图像实施攻击。如图 11-5 所示,左一和左二为两个人的照片,利用 RealSafe 人工智能安全平台在左二人脸上添加少量噪声生成的对抗样本(左三)可使大部分商用人脸识别服务将两个原本不相同的人误识别为同一个人。

在现实世界中,劫持摄像头在图像上直接添加扰动往往非常困难,在这种情况下,

图 11-5　数据世界人脸识别欺骗案例

攻击者可以通过佩戴对抗补丁在物理世界直接发起攻击。例如,Sharif 等提出的物理世界对抗样本攻击方法,能够通过将对抗样本打印出来并贴在眼镜架上进行攻击。如图 11-6 所示,研究者佩戴上对抗样本眼镜,即可改变模型预测结果,使模型将测试者误识别为右侧女性。

图 11-6　物理世界人脸识别欺骗案例

由上面的分析可以看出,人脸识别系统的确存在很多安全问题。为此,一些关键性场景为了保证安全性,还需要用户再次输入手机号、验证码等信息进行二次身份确认。

11.2.4　目标检测欺骗

目标检测是计算机视觉中的一类基本任务,与图像分类任务不同,目标检测旨在从图像中检测到指定类别的物体,并标识出检测结果的位置。目标检测技术已经广泛应用于机器人导航、智能视频监控、工业检测、航空航天等领域,如视频监控系统会利用人体检测技术监控敏感区域人员闯入情况等。

Xie 等首次系统地研究了针对目标检测的对抗攻击。他们的研究表明,对抗样本攻击不仅仅出现在图像分类场景中。如图 11-7 所示,添加少量扰动后即可使目标检测模型 FR-VGG-07 出错,将鸟类误识别为狗,并检测到不存在的目标。

同样,针对目标检测的欺骗也能够在物理世界中实现。如图 11-8 所示,将事先生

真实样本检测结果　　　　对抗样本检测结果

图 11-7　目标检测欺骗案例

成的对抗补丁打印出来,并将其挂在测试人员身前即可欺骗目标检测器,使人能在目标检测系统下实现隐身效果。

图 11-8　目标检测的物理世界对抗样本攻击

　　利用打印出的对抗补丁攻击还存在一定局限性,由于通常情况下需要检测的目标都处于移动状态,固定的对抗样补丁欺骗效果往往不够稳定。美国东北大学、IBM 和麻省理工学院联合研发的对抗样本 T 恤提供了解决上述问题的思路。如图 11-9 所示,多场景的测试表明,实验者穿上对抗样本 T 恤后对两种非常普及的目标检测模型 YOLO 和 Faster R-CNN 都有非常好的隐身效果。例如,YOLO 对没有穿 Adversarial T-shirt 的人体的检测成功率为 97%,而穿上对抗样本 T 恤后检测成功率仅为 57%。

　　目标检测系统如果在运行过程中出现以上描述的各类安全问题,势必会严重影响具体的生产生活应用,因此,未来目标检测相关的研究不仅需要重视检测效果,还需要考虑安全性。

图 11-9　对抗样本 T 恤

11.2.5　自动驾驶欺骗

自动驾驶是汽车制造、人工智能、大数据、高精地图等领域深度交叉融合的产物。自动驾驶技术的应用有助于降低驾驶人力成本、缓解交通拥堵、减少空气污染、提高驾驶安全性等,对城市交通治理和未来汽车产业结构调整有深远的影响。

依据美国汽车工程师学会(SAE)2014 年制定的自动驾驶分级标准,自动驾驶可分为 L0～L5 六级:完全人类驾驶、机器辅助驾驶、部分自动驾驶、有条件自动驾驶、高度自动驾驶和完全自动驾驶,如图 11-10 所示。随着智能感知、车路协同等核心技术的快速发展,自动驾驶技术正逐步从 L2 迈入 L4 级别,自动驾驶测试也开始从固定园区走向公开道路商业化试点。

安全性对自动驾驶可谓至关重要。2016 年在美国的佛罗里达州,一辆特斯拉汽车由于在强烈日光照射下未能检测到白色货车,因此导致世界上自动驾驶系统的第一起致命交通事故。在正常情况下发生这种极端事件的概率极低,但可怕的是攻击者能够利用算法漏洞欺骗自动驾驶智能感知系统复制此类事件。

如图 11-11 所示,Eykholt 等在停车标志牌上粘贴黑白胶带构造对抗样本即可使交通标志识别模型将停车标志误识别为限速 72.42km/h。不仅如此,攻击者还可用对抗样本技术干扰车道线、行人、车辆等交通场景中常见目标的识别,极有可能造成交通事故的产生。

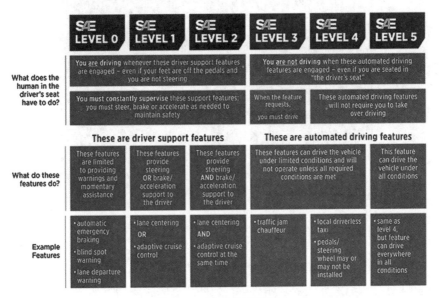

图 11-10　自动驾驶分级

图 11-11　针对交通标志的对抗样本攻击实例

　　除对抗样本攻击外,无人驾驶智能感知系统还有可能被植入后门。如图 11-12 所示,将部分叠加方块的停车标志牌训练数据标签修改为减速,利用含有这批投毒数据的训练集所训练出的模型在一般情况下依然可以正常识别,然而,一旦交通标志牌上粘贴方块即会触发后门,将停车标志识别为减速。相较于对抗样本攻击,模型后门的攻击更加隐蔽且难以防范。

图 11-12　针对交通标志的模型后门攻击实例

　　自动驾驶作为一个整体的系统,智能感知只是其应用人工智能技术的一个模块。除了以上针对图像识别算法的攻击外,新型的安全威胁还能欺骗语音识别、自然语言处理、文本处理等多种模型。

　　综上所述,对抗样本等技术为自动驾驶带来了全新的挑战,应对新型安全问题除需要更加深入地研究人工智能对抗攻防技术外,还需要结合自动驾驶场景设计更加安全的多传感器融合策略,在人工智能技术被欺骗时,利用激光雷达、车路协同等技术降低事故发生的概率。

11.3　针对人工智能造假与欺骗的监管政策

　　人工智能造假由于其门槛低、效果好、传播快等特性,极容易被恶意滥用,自出现以来争议一直不断。面对人工智能造假的行为,各国政府积极出台相关监管政策。

　　从全球来看,美国对人工智能造假的规制最为积极。2018 年 12 月,美国参议院提出《2018 年恶意伪造禁令法案》(Deep Fakes Accountability Act of 2018)。该法案要求内容创作者对发布和修改的内容负责,同时需要使用数字水印标记深度伪造,还为受害者提供了帮助渠道。之后,2019 年 6 月,美国众议院提出《2019 年深度伪造报告法案》(Deepfakes Report Act of 2019),该法案主要包括四项内容:一是深度伪造内容制作者具有披露义务;二是受害主体享有私人诉讼权;三是伪造行为应包括采用深度伪造技术实施的冒充身份的行为;四是政府应采取措施开发相关检测识别技术。法案同时要求美国国土安全部(DHS)定期发布关于深度伪造技术的评估报告。除美国之外,欧盟成员国、德国、新加坡、英国等也出台了相关的监管政策,如欧盟成员国出台的《通用数据保护条例》《反虚假信息行为准则》和德国出台的《社交媒体管理法》等都对相关内容进行了规制。

我国针对人工智能造假问题,也出台了相关的监管办法。2019 年 11 月 22 日,中华人民共和国国家互联网信息办公室、中华人民共和国文化和旅游部与国家广播电视总局联合发布《网络音视频信息服务管理规定》,其中的第 10～13 条对人工智能造假相关内容做出了规定,包括"网络音视频信息服务提供者和网络音视频信息服务使用者利用基于深度学习、虚拟现实等的新技术新应用制作、发布、传播非真实音视频信息的,应当以显著方式予以标识"。2019 年 12 月 15 日,中华人民共和国国家互联网信息办公室发布《网络信息内容生态治理规定》,旨在加强网络生态治理,进一步推动网络综合治理体系的建立和健全。该规定中的第 23 条规定"网络信息内容服务使用者和网络信息内容生产者、网络信息内容服务平台不得利用深度学习、虚拟现实等新技术、新应用从事法律、行政法规禁止的活动",这为人工智能造假技术划定了应用边界。2020 年 5 月 28 日,第十三届全国人大三次会议表决通过了《中华人民共和国民法典》,其中第 1019 条规定"任何组织或者个人不得以丑化、污损,或者利用信息技术手段伪造等方式侵害他人的肖像权。未经肖像权人同意,不得制作、使用、公开肖像权人的肖像,但是法律另有规定的除外",同时对个人语音的保护也参照肖像权的规定,即总体要求禁止利用信息技术手段伪造的方式侵犯他人的肖像权和声音。

针对人工智能的欺骗可能导致的种种危险后果,各国政府都给予了非常高的关注度,均制定了一系列监管政策。

从全球来看,不同国家或地区的监管政策会存在一些差异,如人工智能技术非常发达的美国主张在审慎监管的同时需要能够促进创新发展。例如,针对自动驾驶领域,在 2017 年 7 月,美国众议院通过了《自动驾驶汽车法案》,2018 年 10 月,美国交通部发布了《准备迎接未来交通:自动驾驶汽车 3.0》,一系列监管政策为自动驾驶汽车在开放道路商业化运营奠定了坚实的基础。相对而言，欧盟更加强调安全性。例如，2020 年 2 月，欧盟发布的人工智能白皮书强调，凡是在欧盟境内提供人工智能产品或服务的所有主体都需要受到监管，特别是高风险的人工智能产品或服务需要保证安全可控、可被人类接管等要求后方可运营，有关部门还需要验证人工智能产品或服务的算法、数据集、应用等测试是否合规。此外，欧盟也在积极从"以人为本"的理念出发，着力打造可信赖人工智能体系，支撑人工智能产业持续健康地成长。

面对人工智能欺骗问题，我国也在积极构建相应的监管政策。在重点领域，相应的监管规范已开始推行。例如，针对金融行业，2018 年 4 月，中国人民银行、中国银行保险监督管理委员会、中国证券监督管理委员会等印发了《关于规范金融机构资产管理业务的指导意见》，规范金融机构使用人工智能技术开展金融业务，预防金融风险。2020 年 4 月，中国人民银行下发《关于开展金融科技应用风险专项摸排工作的通知》，对人工智能算法提出了一系列具体的要求，例如算法应具备抗逃避攻击能力，避免攻击者通过产生一些可以成功逃避安全系统检测的对抗样本，引导算法做出错误决策等。

除了重点领域的监管规范外，我国还在密集研讨制定更加完善的监管政策。例如，2018 年 11 月 24 日，全国人大常委会委员长会议组成人员进行专题学习，围绕人大立法监督工作保障和规范人工智能发展进行学习讨论。2019 年 3 月，在第十三届全国人大二次会议上，与人工智能密切相关的立法项目被列入立法规划。中华人民共和国工业和信息化部印发《促进新一代人工智能产业发展三年行动计划（2018—2020 年）》，提出"到 2020 年，初步建立人工智能产业标准体系，建成第三方试点测试平台并开展评估评测服务，支撑相应监管政策的落地执行"。同时，我国也专门成立了人工智能治理专业委员会，并在 2019 年 6 月发布了《新一代人工智能治理原则——发展负责任的人工智能》，治理原则提出人工智能治理的框架和行动指南，并提出人工智能技术需安全可控，尤其是需要提高人工智能的鲁棒性和抗干扰性。

综合国内外对人工智能造假与欺骗的监管政策，不难发现世界各国均希望能够通过敏捷有效的监管政策在推动人工智能创新发展的同时，及时发现和解决潜在的安全问题，最终完善监管治理体系，确保人工智能产业始终健康有序地发展。

11.4　针对人工智能造假与欺骗的检测防御

11.4.1　深度伪造检测

随着深度伪造技术的发展,深度伪造内容数量多、传播快且效果逼真,急需有效的深度伪造检测方法来应对挑战。学术界和工业界都大力开展深度伪造检测的研究,并举办相关赛事推进该领域的发展。现有的深度伪造检测方法多依赖深度学习的技术,基于真实的和深度伪造内容的素材进行神经网络模型的训练,实现特征提取并构建真实与伪造内容的分类器。

对于人脸深度伪造的图像,目前的研究中主要有四种检测方法:第一种是借鉴传统图像取证方法,在像素级别构建模型检测深度伪造图像;第二种是通过修改卷积神经网络(CNN)框架和损失函数等方式进行深度伪造图像的检测方法;第三种是通过分析和提取真伪图像自身的差异化特征,进而训练分类器实现深度伪造图像的检测方法;第四种是通过真伪图像频谱中的差异化分析,找出特定的生成对抗网络(GAN)的指纹特征,最终实现对伪造图像的识别。

对人脸深度伪造的视频,由于视频压缩后的帧数据会发生退化,以及视频帧之间具有时间特性,所以对人脸深度伪造的视频的检测,会有一些和静态图像检测不同的方法。第一种是基于视频帧的时间特性的方法,如利用眨眼等生理特征的时序一致的特性进行视频的伪造检测;第二种是探索每一帧图像中的伪造特征,提取视频帧中的图像特征,并将这些特征分配至分类器中进行训练,最终得到有意义的伪造信号与分类器模型。

2019 年,AWS、Facebook、Microsoft 等共同发起深度伪造人脸检测挑战赛(deepFake detection challenge,DFDC),这是首个国际范围内针对伪造人脸检测的挑战赛,旨在促使世界各地的研究人员研发新的技术,以帮助检测深度伪造的内容。共有 2200 多支团队参加了此项比赛,参赛模型超过 35000 个。赛会方准备了 11 万个伪造人脸视频提供给选手训练,最终在测试集中检测,得到的最高准确率为 82.56%。

对于深度伪造的音频,目前的研究中针对不同的伪造生成方式,主要有四种伪造检测的方法。第一种是面向参数生成式的伪造语音检测,参数生成的语音往往存在一些不同于天然语音的特征,如参数生成语音的语音参数的动态变化往往小于天然语音的动态变化,利用这些特征检测该类伪造音频;第二种是面向波形拼接式的伪造语音检测,波形拼接合成的伪造音频会呈现出相同的实例存在很高的相似性等特征,利用这些特征检测该类伪造音频;第三种是面向语音模拟的伪造语音检测,语音模拟与参数生成有一定的相似性,在此基础上可以引入声码器等方法区分真实与伪造音频;第四种是基于深度鉴别网络的伪造语音检测,利用神经网络构建真实和伪造音频的分类器。

2019 年,英国爱丁堡大学、法国 EURECOM 和日本 NEC 等多个世界领先的高校和科研机构共同发起自动说话人识别欺骗攻击与防御对策挑战赛(Automatic Speaker Verification Spoofing and Countermeasures Challenge,ASVspoof 2019),这是迄今为止针对虚假语音鉴别规模最大、最全面的挑战赛。ASVspoof 旨在针对虚假语音攻击对声纹识别系统所带来的严重安全威胁寻求检测和防御方案。在物理攻击领域(重播欺骗)最终获得第一名的团队,等错误率(EER)达到 39% 的水平;在逻辑攻击领域(语音合成、语音转换)最终获得第一名的团队,等错误率达到 22% 的水平。

关于深度伪造的检测,虽然现有研究已经取得了一定的成就,但仍然存在诸多挑战。其一,目前所有的检测都集中在相对受控的场景里,但在实际应用的场景里,如果对图像、音频与视频文件进行压缩、模糊、加入噪声等处理,现有的检测结果会受到影响;其二,现有的检测模型仍然存在泛化能力不足的问题,如在训练数据集中不存在室外光照场景的数据,那么当检测样本中突然出现强光照的图像,检测效果同样会受到影响;其三,深度伪造的技术不断发展,新的攻击方式会给检测防御的方法带来挑战。例如目前很多检测技术依赖 GAN 生成网络中的 GAN 指纹进行识别,而未来如果生成方式中去掉这些指纹特征,将给现有的检测方法带来挑战。

11.4.2 对抗样本检测

对抗样本指在数据集中通过故意添加细微的扰动所形成的输入样本,添加扰动之后的输入样本欺骗模型,导致模型给出错误的输出。

目前针对对抗样本的检测仍然充满挑战,比如基于样本扰动的对抗样本往往只会对原始图片进行少量修改,通常不易分辨两者的区别;基于对抗补丁的对抗样本经常被应用于物理世界攻击,但形式通常非常多样。

为了解决这些问题,有研究者提出基于特征空间上的分布差异进行检测。虽然人眼直观看起来对抗样本与原始样本区别不大,但对抗样本毕竟是攻击者精心构造的攻击样本,在特征空间中,两者的分布往往存在较大差异。基于此,可以训练特定的模型进行检测。例如,Pang 等利用反交叉熵函数定义了一种无最大值熵(non-maximal entropy)鼓励在真实类别以外的其他类别上输出相同的概率,这样便可以使得正常样本特征分布在更低维的流形上,从而更好地将正常样本与对抗样本特征区分出来。

此外,还可以从图片数据的流形的角度进行对抗样本的检测。比如 Gardner 等的研究表明,图片本质上处于低维流形空间中,即便通过小心地在流形空间中调整数据,可以在原始的数据空间中改变图片的预测类别,但是在低维流形空间中,一定是将数据做出了偏离真实类别的改变。基于此,可以利用核密度估计的方法比较正常样本和对抗样本的不确定性。由于对抗样本的不确定性较正常样本会显著偏大,因此可以利用这种方法有效地检测对抗样本。

11.4.3　模型后门检测

模型后门是指通过在训练数据中添加少量投毒数据的方式在模型中埋藏后门,埋藏好的后门通过攻击者预先设定的触发器激发。在后门未被激发时,被攻击的模型具有和正常模型类似的表现;当模型中埋藏的后门被攻击者激活时,模型会给出错误的输出。

在前面的章节中,我们已经提到通过修改数据集的方式可以植入后门。这种攻击方式中,利用后门进行攻击的成功率接近 99%,而被植入后门的模型性能并没有出现明显的下滑。Liu 等还提出了不依赖数据集进行攻击的 Trojan Attack 方法。其依据神经网络内部神经元产生最大响应值来设计触发器,在保证较高攻击成功率的情况下,也不会对模型性能造成过大的影响。综合以上研究,被植入后门的模型在正常情况下性能变化很小,攻击极为隐蔽,因此检测模型是否存在后门会非常困难。

针对于此,Wang 等提出了一种模型后门检测方法。他们发现如果某类别已被攻击者植入后门,那么对输入数据进行微小修改即可使模型将该数据错误分类为该类别。例如,某类别标签未被注入后门,若想使得输入数据被分类至该类别,则需要做大量的修改。因此,只要遍历模型的所有类别标签,然后比对使输入数据错误分类所需的修改程度即可判断模型是否被植入后门。

由于攻击者可以利用各式各样的触发器埋藏后门,因此现有的检测方法往往无法检测出所有类型的后门。同时,由于攻击具有高隐蔽性的特点,模型后门攻击的研究非常热门,不断有新的模型后门攻击方法被提出,因此相应的检测工作还亟待加强。

第 12 章

人工智能武器化

人工智能与其他的新兴技术一样,可以被攻击方用来作为攻击的工具。在极端情况下,国家武装机构利用人工智能作为网络空间和物理空间的攻击手段,就形成了人工智能武器化。相对于其他新兴技术武器,人工智能武器的潜在杀伤力更加巨大,如果不加以控制,人工智能武器有可能发展成为继常规武器与核武器之后的毁灭性武器,人们在科幻影片中看到的智能机器人消灭人类的场景不再是天方夜谭。2020 年,阿塞拜疆与亚美尼亚爆发战争,AI 辅助的无人机把"陆战之王"坦克当成活靶子进行精准摧毁震惊了世界,加上武装力量使用无人机对沙特油田的袭击、美国用无人机在巴格达机场定点清除伊朗苏莱曼尼将军等事件,人工智能武器化开启了实战案例。

12.1 人工智能军备竞赛

人工智能武器具有一些独有的特点,包括指挥高效化,打击精确化,操作自动化,行为智能化等,未来在军事领域,人工智能武器将占有相当重要的地位。人工智能武器可以有意识地寻找、辨别需要打击的目标,它还具有辨别自然语言的能力,是一种会思考的武器系统。世界上一些人工智能领先的国家已经把军用机器人、智能无人机等列入研制计划,并且已经开始小批量在军方装备应用,各国的人工智能军备竞赛拉开序幕,人工智能军事化革命开启。

人工智能武器的攻击场景涵盖陆地、海面、深海、空中、太空,可以装备陆军、海军、空军、海军陆战队、太空部队等。从它的使用目的与范围来讲,可以分为人工智能防御武器和人工智能攻击武器。人工智能武器的任务主要包括四个方面:信息任务、战术任务、战略任务和经济任务。人工智能大大提升了对数据的收集和分析能力,使得在处理信息的速度和质量方面取得一定优势。在军事情报领域，将出现更多的可能性和各种信息源，还包括对敌人掩盖真相的可能性。在"虚假新闻"方面，人工智能能够向信息空间投放大量人为制造的数据、假象，这一方面迷惑了敌人，另一方面也增加了政治风险。

基于人工智能本身的 3 种演进分类，人工智能武器目前基本上分为 3 类。

(1) 弱人工智能武器：它完全由人类决定并由人远程操作，例如美国 MQ-1 捕食者无人侦察机，这类人工智能武器只能完成某一项特定任务或者解决某一特定问题。

(2) 强人工智能或通用人工智能武器：它可以自己做一定的判断，但在执行任务期间，人类可以中断或取消派遣的任务，如以色列哈比自杀式无人机，这类人工智能武器可以像人一样胜任任何智力性任务。

(3) 超人工智能或超级智能武器：虽然这类武器本质上还是要由人来决定，即由人编程并在一定程度上让人工智能自己决策，但它可以像人类实现智能上的生物进化，对自身进行重编程和改进，即"递归自我改进功能"，如人类完全不参与决策过程的自主型杀手无人机或机器人。这类武器的最大隐患在于可能出现程序错误而导致误伤，另外，它通过自我学习和自主判断也可能做出人类意想不到或违背人类意愿的行动，如扩大打击范围和强度，这类武器扩散到不法分子手中将会造成更大的灾难。超级智能武器的英文缩写是 LAWS(Lethal Autonomous Weapon Systems)，即致命性自主式武器系统。

人工智能武器的应用场景丰富，包括但不限如下 8 类。

(1) 作战平台：各国国防力量在陆、海、空、太空部队作战平台中将 AI 能力植入武器和其他系统，增强协同攻击与防御的能力。

(2) 网络空间安全：军事系统经常因漏洞遭受网络攻击，导致军事机密泄露和军事系统损毁。AI 可用于网络安全自主保护网络、计算机、应用程序、数据等防制非授权访问，并通过网络攻击的特征溯源反击。

(3) 后勤与运输：AI 可以有效地帮助运输军事装备、货物、武器、弹药等，降低运输成本和人力操作成本。

(4) 目标识别：具有 AI 能力的目标识别系统可以预测敌人的行为、天气与环境条件，并评估任务的策略与执行，机器学习通过数据可精准跟踪与发现目标。

(5) 战场医疗：在战场上，集成 AI 的机器人手术系统与地面平台能够提供远程手术支持与撤离活动，AI 系统还可通过受伤士兵的医疗记录数据协助诊断。

（6）交战模拟与训练：这个场景牵扯多个交叉领域，如系统工程、软件工程、计算机科学等，AI 能很好地建模，帮助士兵熟悉军事行动中的各种作战系统。

（7）威胁监测与态势感知：在军事情报、监视、侦察行动中，AI 工具（如无人巡逻车等）能够取代人工增强态势感知能力。

（8）反自主武器：AI 武器化已经出现了"反自主性"概念，根据这一概念，人工智能（武器）在遭到袭击但未被摧毁的情况下，能迅速学习并得出结论，之后对敌人实施致命的最后一击。

12.1.1　美国人工智能武器的发展

美国是人工智能武器化领先国家，自 2016 年以来，先后发布了《为人工智能的未来做好准备》《国家人工智能研究与发展战略规划》《人工智能、自动化和经济》《人工智能与国家安全》等多部白皮书或报告，美国国防部每年举行军事 AI 大会，详述人工智能的发展现状、规划、影响及具体举措。同时，为打赢下一场战争，美国军方已将人工智能置于维持其主导全球军事大国地位的科技战略核心，将目光锁定人工智能武器化，并不计血本投入大量资金部署了一系列人工智能技术研究项目，旨在抢占人工智能军事化应用先机，保持美国在该领域的技术优势。

1. 战略理念

1）战略引领

美国国防部表示，未来人工智能战争不可避免，美国需要"立即采取行动"加速人工智能战争科技的开发工作。美军推出的"第三次抵消战略"认为，以智能化军队、自主化装备和无人化战争为标志的军事变革风暴正在来临，为此已将以自主系统、大数据分析、自动化等为代表的人工智能技术列为主要发展方向。美军计划 2035 年前初步建成智能化作战体系，对主要对手形成新的军事"代差"；到 2050 年前，美军的作战平台、信息系统、指挥控制全面实现智能化，甚至无人化，实现真正的"机器人战争"。军队不应只将大数据看作信息来源，而应将其当成武器。

2）高层推动

当前，美军高层正在推动军队内部思想变革，即从严重依赖人力转到发挥机器学习与人工智能的作用上，提出"军队不应只将大数据看作信息来源，而应将其当成武器""军事智能化将彻底改变现有的军事体系，给美军带来极大利益"等观点。美国国防部副部长曾表示,"利用人工智能技术,可以压缩指挥员在观察、判断、决策和行动循环中的时间,实现多域联合作战指挥和控制的目标,以取得未来战争的制胜权。"

3) 机构落实

在美国国会众议院武装力量委员会新兴威胁与能力小组委员会召开的"2019年国防部科技项目预算申请"主题听证会上,美国国防部高级研究计划局(DARPA)局长提出,"可解释的人工智能"是该局确定的全球战略优先事项的核心项目。在美国白宫举办的"美国工业人工智能峰会"上,白宫科学和技术政策办公室宣布将组建"人工智能特别委员会",以向美国政府提供人工智能研究与发展建议。美国国防部于2018年成立联合人工智能中心,计划联合美军和17家情报机构共同推进约600个人工智能项目,投入超过17亿美元。联合人工智能中心作为一个专职负责军队智能化建设的机构,是美军近年来在人工智能建设发展领域的一个重要举措。DARPA宣布,未来5年将投入20亿美元推动人工智能领域的发展。上述举措表明,在国家人工智能发展战略的牵引下,美军开始统筹规划建设智能化军事体系。

4) 理念创新同步

美军认为,人工智能技术在军事上的应用还将全面体现在作战条令、军事理论之中,这将是美军智能化军事体系真正建立和能够发挥效用的最终体现。国防部副部长曾表示,"国防部必须在各种行动中更有效地融入人工智能与机器学习,以维持对日益强大的竞争对手的优势",这正是人工智能技术在作战理念领域的集中体现。美军将人工智能武器化称为"算法战"。根据人工智能技术的特点和优势,美军率先提出以机器学习、深度学习技术应用为核心的"算法战"这一全新作战概念。"算法战"的具体做法是将军队大数据汇集到云平台,再利用云平台进行数据分析,最终建立人工智能作战体系。"算法战跨职能小组"于2017年由美国国防部宣布成立,由国防部情报和作战支援中将主管担任主任。该项目将计算机视觉和机器学习算法融入智能采集单元,自动识别针对目标的敌对活动,实现分析人员工作的自动化,让他们能够根据数据做出更有效和更及时的决策。

2. 发展历程

2014年,美国国防部发布《第三次抵消战略》,目的是探索人工智能并用于国防部战争网络。

2016年,《准备AI的未来》报告中强调,科学家、战略家、军事专家一致同意致命性自主武器的未来很难预测并且竞赛加剧。美国辛辛那提大学开发的人工智能系统阿尔法驾驶三代机,在高保真空战模拟器上击败了有预警机支持、驾驶四代机的美空军王牌飞行员,展现了算法的巨大应用潜力。

2017 年,第三次"抵消战略"的设计师罗伯特·沃克首次提出算法战,并建立了美军算法战跨职能小组,以推动人工智能、大数据及机器学习等战争算法关键技术的研究,成立不到半年已开发出首批 4 套算法。美国密苏里大学训练出的深度学习算法,可在 TB 级的数字图像中检测、识别地空导弹阵地。

2018 年,美国谷歌公司与美军算法战跨职能小组建立合作,共同进行机器学习相关研究。随着人工智能技术的不断突破,尤其是类脑芯片的发展,战争算法将在处理数据、计算能力等方面发生跃迁,将牵引美军人工智能军事化应用,为后续战场预演、战时感知与智能决策奠定基础。美国陆军组建了一个认知计算和机器学习团队,目的是帮助增强陆军在电子战、情报、监视与侦察、目标获取、进攻性网络行动、信号情报大数据分析方面的能力。DARPA 战略技术办公室(STO)发布了一项名为"指南针"的项目,旨在帮助作战人员通过衡量对手对各种刺激手段的反应来弄清对手的意图。"指南针"项目包含三个技术领域:第一个技术领域侧重对手长期的意图、策略;第二个技术领域为战术和动态作战环境的短期态势感知;第三个技术领域是建立了指挥官工具箱。

2018 年 4 月,美国陆军宣布研发应用人工智能决定攻击目标的无人机,使用该无人机可发现并瞄准人员和装备。这也许代表着巨大的技术进步,因为当前的军用无人机仍由人操控,而这项新技术将使无人机决定攻击目标,几乎无须人类干预。然而,这不可避免地会对社会产生广泛的法律与伦理影响。

2018 年 5 月,美国《国家利益》网站发表《陆军新的超级武器:无人坦克?》称,无人装备与有人装备在战斗中配合,为指挥官带来一系列新的战术。几乎所有正在研发的未来战车的设计,都将不同程度地涉及自动驾驶技术。陆军正在设计高技术无人装备,旨在使无人坦克和其他装甲战车能够在很少或根本不需要人为干预的情况下进行作战,从而为未来的地面作战带来新的战术和作战维度。

2018 年 7 月,美国国防部大力推进主战装备的人工智能化。如采取技术手段扩展人工智能的应用,同时利用互联网强化其"海上网络与体系化服务"(CANES)在航母、两栖攻击舰、驱逐舰及潜艇等平台上的应用;依靠先进算法的人工智能正在用于快速读取大型数据库,以此进行实时分析,用于识别与恶意软件相关的异常现象;由人工智能驱动的实时分析已经在陆军和空军的视情维修(CBM)中取得很大的成功。

2018年8月,美国国防部发布《2017—2042财年无人系统综合路线图》,为无人系统的发展提供了总体战略指南。该路线图主要从互用性、自主性、安全网络和人机协同四个方面分析了无人系统面临的问题、挑战、机遇、重点需发展的关键技术等。其中,基于人工智能发展不断增强无人系统自主作战能力,提高无人系统作战效率和效能,是该路线图的四个发展主题之一。人工智能也是该路线图提出的19项需要近远期发展的关键技术之一。

2018年9月,美国空军启动"量子计划"。美国国防创新试验单元决定通过算法将人工智能带入美空军的计划、规划、预算和执行流程中,此举标志着"量子计划"第一阶段已启动,将试图使用机器学习资源来提升顶层军事领导人的决策能力。美空军决策数据的机器学习项目,旨在处理与各种空军计划和规划实践相对应的数据,以搭建能够与空中作战领域有关的未来决策模型。

2018年12月,负责情报、监视与侦察的美国空军副参谋长表示,利用人工智能处理几百万个信息探测节点所获信息,可增强美军实时决策力,有助于美军在战场上取胜。目前,美军士兵已经开始携带摄像机巡逻,并将搭载摄像机的无人机应用于叙利亚和乌克兰。伴随人工智能技术的发展,完全自主化的无人作战系统将在不远的将来出现。它们的输入状态近乎无限,并能快速提取有价值的信息,由特定计算机程序做出决策,即使与后方失联,也可独立完成任务。

2020年8月,美国《人工智能与国家安全》对国会提出了AI武器发展需要考虑的系列问题,并对中国与俄罗斯的AI武器发展表示担心。

3. 武器类别

1) 精确信息AI武器

现代战争中,地理空间情报对于隐身战机、巡航导弹等武器在信息化战场上成功应用至关重要。实时、精准的地理空间情报获取能力,逐渐变成现代军队作战能力的重要组成部分。美国国防部已将机器学习与人工智能确定为武器与信息系统军事现代化战略的核心要素。例如,哈里斯公司将使用先进的分析技术不断评估国家地理空间情报局数据库的运行状态,并完成所有地理空间数据的获取、创建和集成。为了保证精确定位,该公司还将用基于云的分析工具来检验和更新数据。

美国陆军也正在寻求人工智能电子战方案和不依赖GPS导航的备份手段。美国陆军快速能力办公室(RCO)主要负责发展网络空间、电子战、定位导航与授时(PNT)三个领域的颠覆性技术,以弥补作战代差。该办公室发布了"支持电子战的人工智能机器学习方法、算法和系统;定位、导航与授时替代方案"信息征集书,旨在开发相关系统寻求技术发展。

2) 灵活作战 AI 武器

根据美国空军的构想,在未来的"反介入/区域拒止"环境中作战时,所有的第五代战斗机都将配备无人机作为僚机。目前,美军正在积极开展 QF-16 改装型无人机与 F-35 战斗机的配对作战测试。2020 年,美军可以使用真正的无人机僚机实施"有人-无人"编组打击试验。美军无人作战武装旋翼机(UCAR)已经能够在无任何监督协助的情况下,对特定战场空间的敌我意图进行推理、优选作战目标,并由个体完成任务规划,距完全自主的终极目标仅一步之遥。

近期,DARPA 向雷声、诺斯罗普·格鲁曼和洛克希德·马丁等军火公司授予了进攻性蜂群战术项目第一阶段的合同,目的就是开发小型空中无人机和地面机器人,能够以 250 个或更多数量进行蜂群行动。这些蜂群可以由廉价系统组成,即使在战斗中失去许多个体无人机,对其完成主体任务的能力也几乎没有影响。美国海军也在为 EA-18G 电子战机开发机器学习算法。目前,美军已有各类无人机 1.13 万架以上,各种地面机器人 1.5 万个,预计到 2040 年,美军将有一半以上的成员是机器人。

此外,美国国防部称,正在研制的全动态视频系统可以自动将具有威胁意图的目标通报给分析师,确认后由操作员执行射击,即完成任务。该系统已部署到中东和非洲的 6 处基地,还将加载至无人机以提升其察打一体功能。早在 2016 年,美国海军《2025 年自主潜航器需求》和《未来舰队平台备选方案》报告就计划 2030 年美国海军将实现分布式舰队的构想,装备中型无人潜航器 183 具,核潜艇携带大型无人潜航器 48 具。如今美国已开发了数量众多、类型多样的无人航行器体系,计划中的大型无人潜航器甚至能在港口、公开海域及主要航道执行超过 70 天的反潜、侦察、监视任务。

3) 网络攻击 AI 武器

据报道,美国斯坦福大学和美国 Infinite 初创公司联合研发了一种基于人工智能处理芯片的自主网络攻击系统。该系统能够自主学习网络环境并自行生成特定恶意代码,实现对指定网络的攻击、信息窃取等操作。该系统得到 DARPA 的高度重视,并计划予以优先资助。

通过人工智能自主寻找网络漏洞的方式,将使美军网络作战部队行动更加高效,攻击手段更加隐蔽和智能。传统的基于病毒库和行为识别的方式,将无法应对灵活多变的人工智能病毒生成系统,其恶意代码的生成、执行、感染具有更强的隐蔽性,致使网络安全环境面临更大的挑战。

4)密集影响 AI 武器

2018 年 10 月,美国陆军协会陆战研究所发布报告《影响力机器——让自动化信息作战成为战略制胜机制》称,在人工智能的辅助下,利用算法生成内容、实施个性化的目标锁定和采用密集的信息传播组合,可形成"影响力机器",实施信息作战,将产生指数级的影响效应。该报告认为,"影响力机器"信息作战在战略层面上的影响力远胜于人工智能技术在其他领域的应用。因为它可以在机器学习的辅助下利用其情感、偏见筛选锁定那些心理最易受到影响的目标受众,然后将定制的"精神弹药"快速密集地"射向"目标群体,达到影响其心理、操纵其认知的目的。图 12-1 是美国人工智能武器示例。

(a) 美国海军的AI武器在训练中　(b) 美国空军的AI无人机在执行任务　(c) 美军投资20亿美元发展的人工智能微型武器系统Stinger

图 12-1　美国人工智能武器示例

目前,无人机的成本变得越来越低,产量也越来越大。利用人工智能能够将数千架无人机联为一个巨大的可控"蜂群",用于发起大规模攻击。截至 2020 年年底前,洛克希德·马丁公司的 F-35 第五代战斗机的造价为 1 亿美元。而高质量的四轴飞行器成本为 1000 美元。这意味着,美国国防部可以用一架战斗机的价格订购十万架小型无人机,而敌人不可能同时对付 10 万架装满炸药的无人机。美国人工智能微型机 Stinger 将能够自动学习,不断提高攻击战术和能力。如果把一个造价仅 2500 万美元的杀人机器蜂群释放出去,就可以杀死半个城市的人。只要把敌人挑出来,定义每个人的面部信息,蜂群就能发起针对性打击!试想,如果人工智能杀手这种技术一旦广泛运用,就会把战争冲突升级至前所未有的规模,而且人类将很难控制住局面。更可怕的是,如果有科学家因为私心在代码里加了一行毁灭人类的指令,或者人工智能突然变异成反人类的品种,整个人类或将被机器人横扫,甚至灭亡!

12.1.2　俄罗斯的人工智能武器发展

俄罗斯是常规武器与核武器大国,人工智能武器军备竞赛当然不能忽略俄罗斯的技术发展及未来该技术在军事领域的应用前景,为弥补常规武器性能的不足,巩固自身作为世界三大军事强国之一的地位,俄罗斯希望尽快将人工智能技术与导弹、无人机等结合,赋予这些武器自主判断战局并选择目标的能力。俄军对人工智能寄予厚望,甚至认为发展智能化武器装备的重要意义,可与冷战时期的美苏核武器军备竞赛相提并论。

1. 战略理念

俄罗斯大力发展人工智能有与以美国为首的西方阵营军事对抗的战略背景,俄军向智能化军队转型也在一定程度上受此推动。人工智能被俄罗斯视为国家间战略竞争的重要领域。俄罗斯国防政策委员会发布的《人工智能在军事领域的发展现状及应用前景》报告认为,未来中短期内,国家间在人工智能等战略前沿技术领域的竞争将引发军事领域的革命,直接影响国家的战略走向,并将对武装力量的建设和使用带来革命性的改变。世界上的主要大国都将卷入竞争,如果在竞争中落后,不但将使国家安全面临威胁,而且难以通过其他领域进行弥补。

俄罗斯军事战略家认为,世界上很多国家都将人工智能视为最具潜力的战略前沿技术,研发智能化武器装备,试图通过一场军事领域的智能化革命,在激烈的军事竞争中占据优势。人工智能在态势感知、信息处理、指挥控制、辅助决策、无人作战系统、人体机能增强等军事领域正发挥着愈发重要的作用。当前军事竞争的热点领域,如机器学习、自主系统、人机交互、大数据、高超声速、定向能等,也都需要人工智能领域的发展提供支撑。

俄罗斯军事学术界普遍认为,人工智能可能引发继火药、核武器之后战争领域的第三次革命。如果说不应过分夸大"人工智能"对军事领域的现实影响,那么"人工智能"对军事领域的潜在影响则无论如何高估都不过分。目前,俄罗斯武器领域的关键方向包括:人工智能、人机交互系统、无人战车和机器人、自主武器、高超音速武器、定向能,甚至还包括民用技术,如人才管理就是吸引军人参与创新过程,提升俄罗斯国防部军官和文职人员的创造力。

大力发展人工智能也有俄罗斯国内经济因素的考量。俄罗斯 2016 年国防预算占国内生产总值的 4.1％,2017 年国防预算总额大幅削减 1/4,2018 年国防预算占国内生产总值降到 2.8％,未来一段时期内,还将维持在 3％以内。此外,由于长期缺乏投入,俄罗斯不少工业领域与世界先进水平存在差距。在此背景下,俄罗斯视人工智能为关键军事技术,意图通过重点发展,建设不对称军事能力,弥补传统军事领域的不足。

在俄罗斯联邦《2018—2025 年国家武器发展纲要》中,研发和装备智能化武器装备被列为重点内容,主要包括空天防御、战略核力量、通信、侦察、指挥控制、电子战、网络战、无人机、机器人、单兵防护等建设方向。无人作战系统被视为智能化武器装备的发展重点。根据俄罗斯国防部《2025 年先进军用机器人技术装备研发专项综合计划》要求,至 2025 年,无人作战系统在俄军武器装备中的比例将占到 30％。

人工智能先天具有军民两用属性。当前,俄罗斯民间公司在人工智能领域的进步速度、投入力度和应用程度,远非军方可比。俄罗斯科学院与俄罗斯国防部、教育和科学部、工业部和研究中心联合组建人工智能和大数据联盟,致力于将军民领域占据领先地位的科研单位、教育机构和行业组织组织起来,联合研发,资源共享。

此外,俄罗斯科学院与俄罗斯国防部、教育和科学部、工业和贸易部共同发起成立人工智能专项基金,目前的主要资助范围是人工智能算法。俄罗斯还加强培训储备人才,构建国家层面的人工智能培训和教育体系。

俄罗斯科学院和俄罗斯高级研究基金会还联合组建国家人工智能中心。中心作为专业科学研究机构,任务是建设人工智能创新型基础设施,开展人工智能和信息技术领域的理论和应用研究。在研项目均为科学技术、工业制造、国防领域的基础性、前沿性和前瞻性研究,主要方向是人工智能与图像识别、人体机能、思维训练、大数据、人机交互等领域的交叉融合。

与此同时,俄罗斯国防部与军内外科研单位、莫斯科国立大学和信息与发展研究中心联合组建人工智能先进软件和技术实验室。根据实验室运作规程,军事和民用部门将在人工智能、机器人、自动化等领域开展合作研究。

俄罗斯《人工智能战略》要求政府提供资金创建研究中心、实验室和专项培训计划,制定促进人工智能研发的措施。同时强调,为应对人工智能带来的挑战,俄罗斯应制定法律和伦理规则来管理个人与人工智能的交互,明确"人工智能系统造成的数据损坏"在所有者、开发人员和供应商之间的责任区分。

2. 发展历程

自 20 世纪 90 年代中期,俄罗斯向周边一些国家的城市地区派遣过部队进行常规攻击或反恐行动,俄罗斯军事战略家认为未来战争的发生地点会在城市中。2000 年,俄罗斯国防部提出"武器与军事装备的机器人化"计划,希望到 2015 年能生产一些用于地面实战的模型机器人系统,但该计划后续没有实现。自 2008 年以来,俄罗斯开始研究建设非人工武器实现 C4ISR 能力,包括命令、控制、计算机、通信、情报、监控、侦察,目的是在未来城市战争中进行精确打击,减小俄军伤亡。俄罗斯国防部投入 500 万美元为"新一代军用人工智能系统深度神经网络开发、训练和实施建模研究"科研项目举行非公开招标,此项项目得到俄罗斯总统普京的大力支持。在 2015 年底叙利亚政府军和伊斯兰极端势力的战斗中,俄罗斯动用了战斗机器人、无人机和自动化指挥系统参与作战。

2014 年以来,因克里米亚并入俄罗斯、乌克兰东部地区问题、俄罗斯出兵叙利亚,俄罗斯与美国和北约的关系降至冷战以来最低点,俄美几乎在所有领域的博弈和斗争都在升级,俄罗斯和北约在波罗的海地区已形成军事对峙态势。特朗普总统执政后,美国国家战略由反恐转向以俄罗斯和中国为对手的大国竞争,全面加强和加速军事力量建设。美国将人工智能作为保持自身军事优势、掌控大国竞争主导权、维护全球霸主地位的重要支柱。2014 年,美国国防部推出"第三次抵消"战略,旨在通过技术创新和理论创新,发展颠覆性技术,以抵消中、俄等国迅速增长的军事能力,人工智能被作为重点发展领域。美国著名智库——新美国安全中心发布的《20YY:为机器人时代的战争做好准备》报告中,人工智能也被作为维持美国军事优势的关键技术。受此激励,俄罗斯也将人工智能作为军事力量建设的重点方向。

2017 年 9 月,普京总统在雅罗斯拉夫尔公开讲话中提到:"人工智能不仅仅是俄罗斯的未来,也是全人类的未来。这包含着巨大的机遇和当今难以预测的威胁。谁能成为该领域的领导者,谁就将主宰世界"。这个讲话吹响了俄罗斯全面开展人工智能军备竞赛的冲锋号,政府官员、企业家、技术专家及媒体等在全国范围进行推动,发展人工智能成为俄罗斯国家战略,6 年内投入 14 亿美元进行研究。

2018 年,俄罗斯军方提出人工智能计划并获得国防部批准,它高度重视人工智能在国防和军队现代化建设上的应用,大力研发智能化武器装备,积极探索智能化作战样式,并在局部战争和武装冲突中积累智能化战争经验,力图打造一支智能化的俄军。

俄罗斯军用人工智能技术运用已经经过实战检验。2015 年年底,在协助叙利亚政府军对抗反政府武装的战斗中,俄罗斯就使用了战斗机器人、无人机和自动化指挥系统等。在 2017 年 7 月的莫斯科航展期间,俄罗斯"战术导弹公司"的首席执行官表示要给导弹赋予更多的"自主思考"能力。

俄军还不断组织人工智能演练,开展各种复杂作战环境下的兵棋推演,研究人工智能对战术、战役和战略等战争各层面的影响。深入分析、研究在叙利亚和乌克兰东部地区使用无人作战系统获得的实战经验,为无人作战系统研发提供依据。在演习演练中使用新研发的智能化武器装备,加速其成熟,并迅速交付部队,接受实战检验。

3. 武器类别

以 AK-47 闻名世界的俄罗斯军火商 Kalashnikov 在 2017 年曾宣布,其已成功研发全自动武器模块,能够利用人工智能技术识别目标并自主决策是否进行攻击。其发言人 Sofiya Ivanova 表示,在不久的将来,Kalashnikov 将推出一系列以神经网络为基础的武器模块。

俄罗斯武装力量总参谋长格拉西莫夫称,人类将很快见证机器人军队独立进行战斗。在俄军中,无人作战车辆型号多、数量大。以"天王星"系列和"平台-M""阿尔戈"等型号为代表,可执行巡逻、侦察、排雷、近距离火力支援等任务,尽管智能化水平还不高,但在叙利亚战场和国内反恐行动中的表现已经令人瞩目。此外,俄军还对 BMP-3 步兵战车和"阿玛塔"主战坦克进行无人化改装。不远的将来,俄陆军将编配成建制的无人战车部队。

俄军无人机虽然起步晚、基础薄,但发展迅猛。在叙利亚战场上,俄军无人机已飞行 2.3 万架次,为有人战机提供侦察和目标指示,减少复杂战场环境下的附带杀伤。俄军研发中的"猎人"无人机,智能化水平较高,拥有自主完成各种任务的能力,在其基础上可能发展出俄军第六代战机的无人型号。

此外,无人水下航行器正在成为俄罗斯战略威慑的"撒手锏"。"波塞冬"核动力无人水下航行器排水量为 300t,水下最大速度为 70 节(1 节=1 海里/小时=1.852 千米/小时),工作深度超过 1000m,能够进行洲际间水下不间断航行,可携带核战斗部。大量部署的"波塞冬"长期在水下游弋,可隐蔽航行至敌国海岸,摧毁其沿岸经济设施,杀伤大量人口,制造大范围放射性污染,被美国认定为"战略核武器"。

　　人工智能在数据的收集、处理、分析、决策的速度和质量上具有优势。它可以将各种传感器获得的数量庞大的卫星地图和雷达数据进行智能辨识和分类,甄别出军事目标和地面、空中、海上的异常活动,建立和完善目标数据库,加强敌我识别,目前已经在俄军"树冠"太空目标监视雷达等导弹袭击预警系统上得到应用。

　　俄军的"锆石"高超声速反舰导弹飞行速度达 8 马赫(约 9800km/h),可基于弹载数据库对海上目标进行智能识别和分类,选择最重要的目标进行攻击,自主对抗电子干扰和规避拦截火力,智能规划机动方式和攻击弹道,还可实施导弹"蜂群"攻击,2020年已经开始批量生产,装备"彼得大帝"号、"纳希莫夫海军上将"号核动力导弹巡洋舰和亚森级多用途核动力潜艇。

　　俄军的战斗机器人分为三类:第一类战斗机器人通过软件和遥控仅能在特定环境中执行任务;第二类战斗机器人增加了神经网络感知器官,可以感知环境变化在任何环境下执行任务;第三类战斗机器人装备了可自主决策的 AI 控制系统(但目前还在实验室环境进行研发中),希望到 2030 年装备俄罗斯陆军,这些 AI 机器人将执行的任务包括侦察、监控、巡逻、交火、保护目标、突破障碍、输送弹药、援救伤员、释放硝烟、移动喊话劝降等。俄军的 Soratnik BAS-01G 人工智能武器系统装备了 PKTM 机关枪和Kornet-EM 反坦克导弹,俄罗斯军火商 Kalashnikov 还开发了能够独立获取目标并进行攻击的高精度"柳叶刀"无人 AI 武器。

　　俄军的太空跟踪与监视系统(space tracking and surveillance system,STSS)通过AI 能力集指挥控制、战斗管理、通信功能用于对敌方弹道导弹的拦截。未来俄军的无人机与机器人系统还将提供给海军,侦察跟踪敌方的舰船和潜艇,特别是在全球海洋消除战略核潜艇的威胁。

　　俄罗斯空军正考虑将新型智能导弹装备到拟议中的下一代俄罗斯隐身轰炸机PAK DA 上。PAK DA 战机在飞行性能方面的缺陷,将由隐形能力、电子战能力和机载武器的人工智能加以弥补。空军总司令维克托·邦达列夫表示:"要造出一架能携带导弹、在雷达面前隐身,又能超声速飞行的轰炸机是不可能的。"这就是为什么俄军把重点放在机载武器上。PAK DA 轰炸机将携带射程达 7000km 的人工智能导弹,后者能对战场情况做出分析并确定方位、高度和速度。"我们已经在研制这样的导弹,样品最早在 2020 年之内就能面世。"

　　俄罗斯自主研发的人工智能陆战机器人以"天王星"系列和"平台-M""阿尔戈"等型号为代表,质量在 1~14t,可执行巡逻、侦察、排雷、近距离火力支援等任务。此外,俄军还有形似军犬、快速奔跑的机器人,可用于向前线运输弹药,铲车式机器人可将战场上的伤员用铲斗送回后方。

俄罗斯海军的无人潜航器可组团侦察水下及海底环境,观测可疑物并用炸弹摧毁该目标。其中,"波塞冬"核动力无人潜航器的威力最为强大,它可携带 200 万 t 当量级的核战斗部,足以摧毁大型沿海城市、海军基地和其他设施。此外,俄罗斯海军即将装备具有"自主学习"能力的雷场系统,这种智能化弹药可通过区分噪声、磁场等特征识别舰艇、潜艇等目标。

在军用人工智能无人机发展方面,俄罗斯堪称独树一帜。2014 年 12 月,俄国防部第 924 无人机航空兵中心组建。迄今,该中心已经承担俄罗斯军队的大量空中任务。例如,在叙利亚战场上,无人机担负了俄军 70% 的侦察任务,为航空兵和炮兵火力打击指示目标。2018 年,俄无人机系统建设发展局局长亚历山大·诺维科夫少将透露,俄军现有无人机超过 1900 架,隶属各军兵种特种部队,各军区和集团军也都成立了无人机航空兵部门。

将来,人工智能能够大幅提升特种部队和空降分队的效能。即便规模不大的特种小组在使用无人平台的情况下,也能够以类似的形式控制敌方大片区域,并在自主交互战车的帮助下攻击各种目标,或者阻止敌军分队进入某一区域,以此扼守主力登陆基地。基于坦克和装甲输送车(对于俄罗斯来说就是"阿尔马塔"多用途履带式平台)的无人地面作战系统,能够为登陆兵准备登陆场,对敌开火,运送弹药及特种部队必需的设备。

人工智能还有另外一项战略任务,在该项战略任务中,人仍然发挥着自身特殊的作用。俄联邦武装力量总参谋部未来将出现具备超大计算能力的自主战术武器,用于实施"智能"侦察,分析敌人和己方部队行动,寻找最优方案,这意味着军队展开和指挥的战略和方法将发生变化。概念性武器中的人工智能将成为与核武器一样的战略遏制因素,因此创新竞赛将会提速。

12.1.3 中国的人工智能武器发展

尽管中国人工智能武器的细节信息仍是机密,但通过公开报道可知,我国人工智能的军事应用在国际上处于前列。

1. 战略理念

当前,国际竞争形势错综复杂,不确定因素所致的安全隐患陡增。军队必须拥有与维护国家安全、维护世界和平担当相匹配的军事能力。这要求我军把准尖端科技研发脉络，抓住人工智能快速发展契机，准确把握智能化向军事领域深度扩散渗透的趋势，从而有效应对未来战争形态变革中的各种风险挑战，推动国防建设跨越式发展，为实现中国梦、强军梦提供坚强力量保证，为和平与发展这一全人类共同愿望的实现贡献力量。

2. 发展历程

2017 年，中国《下一代人工智能发展规划》认为 AI 是国家间竞争的战略技术，2020 年的 AI 产业投入约 1500 亿元人民币，希望 2030 年达到世界领先水平。

3. 武器类别

1）无人驾驶飞机

根据美国《国家利益》杂志，中国是无人作战飞行器（UCAVs）的最大出口国，UCAV 也被称为战斗无人机。斯德哥尔摩国际和平研究所（SIPRI）报告：中国已成为 UCAV 的主要出口国。中国在 2009—2013 年向两个国家出口了 10 架 UCAV，而在 2014—2018 年，它出口至 13 个国家，其中 5 个国家在中东：埃及、伊拉克、约旦、沙特阿拉伯和阿拉伯联合酋长国（阿联酋），Wing Loong ID 是成都飞机设计研究院开发的 Wing Loong 无人机系列中的最新产品。图 12-2 所示是无人驾驶飞机。

图 12-2　无人驾驶飞机

生产攻击直升机的紫燕公司的 Blowfish A2 无人机能够自主完成复杂的作战任务,定时探测,定距巡逻,对目标精确打击,在第 15 届兰卡威国际海事与航空航天展览会(LIMA)上向马来西亚感兴趣的买家展示了其能力。这款无人机已经卖给阿联酋,并正在与巴基斯坦和沙特阿拉伯进行谈判。美国一直处于无人机技术的最前沿,但却采取限制性政策,阻止其向其他国家出口无人机。即使美国出售它们,也会限制无人机的批准用途。

2)自动驾驶汽车

中国也拥有军队使用的自动驾驶汽车,其中之一是海洋蜥蜴,它不是无人驾驶飞机,而是一种自主的两栖登陆飞行器。根据国有开发商中国船舶工业集团公司的描述,它可以"规划自己的路线,游到岸边,避开障碍物,也可以由运营商远程控制"。

3)其他 AI 武器

其他应用人工智能技术的武器包括自动坦克和其他陆地车辆、潜艇和水面舰艇,以及轰炸机、战斗机等。

12.1.4 其他国家的人工智能武器发展

以色列国防力量 C4i 组织负责 AI 武器发展,以色列在尖端数据分析、软件和硬件工程人才,以及创新能力方面具有一定的优势,再加上有强大军事背景下的实际技术做支撑,其有望成为第三大人工智能超级体。

陆战装备方面,以色列"守护者"无人车已经装备部队,是世界上第一种可控的自主式无人车,代表了世界现役地面无人装备最高水平。据悉,以色列还将为其梅卡瓦 4 型战车安装人工智能系统与虚拟现实头盔,可实现自动驾驶并为战车指挥官提供 360°的外部环境影像,驾驶员可将精力专注于路线规划上,并可实现与附近战车共享数据。

以色列是无人机技术的先驱、无人机制造强国,已成为世界上最大的军事无人机出口国,占世界无人机出口量的 61%。以色列无人机的主要型号包括:小型战术远程操控无人机侦察兵、手抛发射的小型无人机云雀系列、垂直起降长航时无人机黑豹、大型高空战略长航时无人机苍鹭和赫尔姆拉系列无人机等。近年来,不断有新型号无人机问世,种类已有数十种之多。

海上装备方面,以色列与美国是世界上仅有的已将无人水面艇装备部队的国家,装备了保护者、黄貂鱼等多型无人水面艇,保护者无人艇已出口新加坡等多国。

欧洲各国在智能武器装备方面虽起步较晚,但正紧跟美、俄、以色列等国发展步伐,纷纷制定发展战略,积极发展多款智能无人装备。由法国牵头研制的神经元无人机同样是一款察打一体无人作战平台。该机运用相关智能技术,具有自动捕获和自主识别目标能力,并且实现了自主编队飞行,数架神经元可同时接受 1 架阵风战斗机的指挥控制,智能化水平不逊于美国的 X-47B。英国国防部秘密开发了 Taranis 武装无人机,它被称为英国技术上最先进的飞机。

亚洲国家中的日本是世界上工业机器人生产和应用较为领先的国家,在 2016 年发布了首版以空中无人装备为主的无人装备发展规划。随着其防卫预算不断增加,日本也将发展重点放在智能无人装备的研究上。2017 年福岛核事故中,日本开发的可抗强辐射地面机器人应用于受损反应堆的勘察,显示出其在机器人领域的雄厚实力。日立工程研究实验室已研制出一种能随着地形变化而改变外形的可变形态履带样车模型。日本的无人潜航器技术也达到世界领先水平,但主要用于民用的深海开发领域,随着其军事战略的转向,其潜航器的水下情报、侦察能力将有较快发展。

印度也在大力发展智能无人装备,从以色列大量采购了搜索者、苍鹭等型号无人机,2017 年还斥资 20 亿美元从美国采购了 22 架 MQ-9B 捕食者察打一体无人机。另外,印度军方也在努力研制国产武装无人机,目前在研的鲁斯图姆中空长航时等型号无人机仍未形成作战能力。韩国也已开发了 SGR-A 哨兵机器人,它具有被监督和无监督两种工作模式,后一种模式可以自动识别和跟踪入侵者,甚至可在没有人工干预的情况下自动开火。

12.2 国际人道法对人工智能武器的原则性规制

可以说,国际人道法的发展一直伴随着技术的进步。国际人道法的历史演进已经表明,任何新技术的采用都会给该法律体系带来诸多挑战。随着人工智能技术的出现,人类尝试将其运用于军事方面的趋势变得愈发明显。当应用于武器时,武器与人工智能技术的结合日益引起国际社会的关注。继网络攻击软件和武装无人机等高科技武器系统之后,各种类型的作战机器人也相继被研发出来并投入使用。人工智能技术不仅可能会显著提高现代动能武器的作战效能和毁伤威力,而且可能在战略谋划、战役组织和战术运用等方面部分替代甚至完全取代人工作业。

12.2.1　国际人道法的原则和规则

人工智能武器也被称为自主武器系统,红十字国际委员会(international committee of the red cross,ICRC)将其定义为能够独立选择和攻击目标的武器,即在捕捉、追踪、选择和攻击目标的关键功能上具有自主性的武器。这类武器在法律和伦理方面已经引发一系列问题。人们仍在争论今后是否应在战场上部署这种具有学习、推理、决策功能且无须人类干预即可独立行动的武器/武器系统。但是,在任何情况下,使用这类武器都必须遵守国际人道法的原则和规则。

使用前的法律审查:

《第一附加议定书》(中国是该公约的缔约国)明确规定,在研究、发展、取得或采用新的武器、作战手段或方法时,缔约国有义务断定,在某些或所有情况下,该新的武器、作战手段或方法的使用是否为国际人道法或任何其他相关国际法规则所禁止(第36条)。具体而言,应使用下列标准评估新武器的合法性:

首先,新武器是否为《化学武器公约》《生物武器公约》或《某些常规武器公约》等专门国际公约所禁止?

其次,这类武器是否会引起过分伤害或不必要痛苦,或对自然环境引起广泛、长期和严重的损害?(《第一附加议定书》第35条)

再次,这类武器是否可能拥有不分皂白攻击的效果?(《第一附加议定书》第51条)

最后,这类武器是否符合人道原则和公众良心的要求——马顿斯条款?(《第一附加议定书》第1条第2款)

这意味着,人工智能武器必须被纳入国际人道法的法律框架,不存在任何例外。国际人道法的原则和规则应当且必须适用于人工智能武器。

使用期间的预防措施:

人类会犯错误。机器同样如此,无论它们有多"智能"。既然人工智能武器是由人类设计、建造、编程和使用的,因其违法行为而产生的后果及法律责任就必须归因于人。人类不应以人工智能系统的"错误"为借口推卸自身的责任,否则就违背了法的精神和价值。因此,人工智能武器或武器系统不应被视为国际人道法意义上的"战斗员"而令其承担法律责任。在任何情况下,人工智能武器系统的"误击"都不是武器本身的问题。因此,在使用人工智能武器系统时,程序设计者及终端使用者负有法律上的义务,采取一切可能的预防措施确保其使用符合国际人道法的基本规则(《第一附加议定书》第 57 条)。

使用后的问责:

如果说人类应为人工智能武器的使用负责,那么哪些人应当承担责任? 是人工智能武器的设计者、制造者、编程人员,还是操作人员(终端使用者)?

许多中国学者都认为,终端使用者应为人工智能武器的误击承担首要责任。这一主张源于《第一附加议定书》第 35 条第 1 款,该款规定"在任何武装冲突中,冲突各方选择作战方法和手段的权利,不是无限制的"。如果人工智能武器具有无须任何人类控制的全自主性,那么那些决定使用人工智能武器的人——通常是高级别的军事指挥官和文职官员——要为任何可能的严重违反国际人道法的行为承担个人刑事责任。而且,这些人的所属国还要为可归因于它们的严重违法行为承担国家责任。

此外,人工智能武器系统对目标的打击与其设计和编程密切相关。武器系统的自主性越高,其设计和编程的标准就应当越高,以符合国际人道法的要求。为此目的,应推动国际社会制定专门规制人工智能武器的新公约,诸如《某些常规武器公约》及其各议定书、《禁止杀伤人员地雷公约》和《集束弹药公约》。最低限度,在此种新公约的框架下,各国应对高自主性武器的设计和编程负责,那些未遵守相关国际法规定(如国际人道法和《武器贸易条约》)生产和转让人工智能武器的国家必须承担责任。另外,各国还应为设计者和编程者配备法律顾问。在这方面,现有的国际人道法难以充分应对这些新的挑战。有鉴于此,除了发展国际人道法规则外,各国还应负责制定各自的国内法律和程序,尤其是透明度机制。在这个问题上,在人工智能技术方面走在前列的国家应发挥示范作用。

12.2.2　伦理方面的要求

人工智能武器——特别是致命自主武器系统——也给人类伦理带来严峻挑战。人工智能武器不具备人类情感,因而其使用更可能导致违反关于作战手段和方法的国际人道法规则。例如,人工智能武器很难辨别一个人的作战意愿,或者理解某一具体目标的历史、文化、宗教和人文价值,因此,很难寄希望于人工智能武器能够尊重军事必要原则和比例原则。人工智能武器甚至会给平等、自由和正义等人类理念造成严重冲击。换言之,无论它们看起来多么像人,它们始终还是机器。让人工智能武器真正理解生命权的意义几乎是不可能的。这是因为机器可以被反复修理和编程,但人类的生命则只有一次。从这个角度来说,考虑到人工智能武器高度的自主性,即便使用非致命性人工智能武器仍旧有可能,但高度致命的人工智能武器无论在国际法层面还是在国内法层面都应全面禁止。应当承认,上述推理的说服力可能并不强,因为它本质上就不是一个法律问题,而是伦理问题。

12.2.3　结论

我们很难预测人工智能是否会全面取代人类,从而出现所谓的机器人战争。但应当注意到的是,在获取人工智能技术的能力方面,各国之间有着巨大差异。对大多数国家而言,在军事上获得并利用这种技术仍然是一个遥不可及的目标。换言之,一些国家可能具备在战场上使用人工智能武器的潜力,但其他国家则没有。在这种情况下,就不可避免地需要评估人工智能武器本身及其使用的合法性,就需要诉诸国际人道法。结果可能是,军事技术上的不平衡导致各国在解释和适用现有国际人道法规则方面出现分歧。尽管如此,要着重指出的是,国际人道法对人工智能武器系统的可适用性仍是毫无疑问的。

12.3　《禁止致命性自主武器宣言》概述

在 AI 的众多应用场景中,军事领域显然最具争议。在联合国于 2013 年发表的一份报告中,南非比勒陀利亚大学的法学教授 Christof Heyns 就指出,LAWS 已经在一些国家(如美国、英国、以色列、韩国等)的军方实验室诞生。曾经在科幻小说、电影中的杀人机器人,已经走入现实世界。致命性自主武器系统是在没有人的情况下自主完成寻找目标、定位、击杀敌人这一整套工作的 AI 系统。只要将其派上战场,它们将自主辨别敌人并完成杀戮。换句话说,他人生死的决定权,全权交付给了机器人。这不禁引发众人的担心,如果 LAWS 发生故障失控,或是受到某些人的恶意操纵,可能导致无法控制的灾难性后果。

2015 年,斯蒂芬·霍金、埃隆·马斯克等千余名 AI 学者及科学家就向联合国提交联名公开信,警示 LAWS 军备竞赛的风险,并倡议颁布相关禁令。在多方呼吁下,各国政府也开始严肃讨论 LAWS 的威胁。2016 年 12 月,在联合国的《常规武器公约》审议大会上,LAWS 首次被纳入讨论范围。而在 2018 年 4 月举行的一次会议上,包括中国在内的 26 国发表联合声明,支持对 LAWS 颁布禁令。此前,出于人道、伦理原因及潜在的危害性,联合国已经对生物武器、化学武器及太空武器颁布禁令。

　　2018 年,国际人工智能联合会议在瑞典斯德哥尔摩召开,在本次会议上超过 2000 名的 AI 学者共同签署《禁止致命性自主武器宣言》,其中包括 SpaceX 及特斯拉 CEO 埃隆·马斯克(Elon Musk)、谷歌 DeepMind 三位创始人,宣誓不参与 LAWS 的开发、研制工作,这是学界针对"杀人机器人"最大规模的一次集体发声。

　　这份宣言由生命未来研究所(future of life institute,FLI)牵头,共有来自 90 个国家的 2000 多名 AI 学者签署了这份宣言,他们分属 160 多家 AI 企业或机构。其中最具代表性的人物当属埃隆·马斯克,马斯克始终是 LAWS 坚定的反对者。此前他也一再强调,AI 是人类最大的"存在威胁",我们必须在 AI 真正威胁到人类之前,就建立前瞻性的规范。

　　宣言签署者还包括谷歌 DeepMind 的共同创始人 Shane Legg、Mustafa Suleyman、Demis Hassabis;Skype 创始人 Jaan Tallinn;全球顶尖 AI 学者 Stuart Russell、Yoshua Bengio、Jürgen Schmidhuber 等。宣言指出,LAWS 会"在不受人类干涉的情况下,选择目标并实施攻击",这会带来道德及实际层面的双重威胁:一方面,人类生命的决定权"绝不能交给机器";另一方面,此类武器的扩散将"对所有国家、个人造成极大的威胁"。图 12-3 展示了宣言内容。

　　麻省理工学院的著名物理学家 Max Tegmark 是生命未来研究所的主席,他也是此次宣言的发起者。Tegmark 说道:"我很乐于看到,AI 领袖开始从言语转向实际行动。AI 拥有巨大的潜能,它能让世界变得更好,但我们必须要注意避免被滥用。自主决定人类生与死的武器和生物武器一样令人厌恶且极具破坏性,因此两者理应受到同等对待。"发起对 KAIST(韩国科学技术院)抵制的新南威尔士大学教授 Toby Walsh 也参与了这份宣言的签署。"如果有人铁心要研发自主武器,我们根本无法阻拦,正如一些秘密研制化学武器的研究者,"Walsh 说,"没有人希望不法分子能轻易得到这些武器,因此我们必须确保军火商不会公开售卖它们。"

　　2018 年 8 月,LAWS 再次成为联合国各国讨论的议题。宣言签署者希望,他们的

LETHAL AUTONOMOUS WEAPONS PLEDGE

Artificial Intelligence (AI) is poised to play an increasing role in military systems. There is an urgent opportunity and necessity for citizens, policymakers, and leaders to distinguish between acceptable and unacceptable uses of AI.

In this light, we the undersigned agree that the decision to take a human life should never be delegated to a machine. There is a moral component to this position, that we should not allow machines to make life-taking decisions for which others – or nobody – will be culpable. There is also a powerful pragmatic argument: lethal autonomous weapons, selecting and engaging targets without human intervention, would be dangerously destabilizing for every country and individual. Thousands of AI researchers agree that by removing the risk, attributability, and difficulty of taking human lives, lethal autonomous weapons could become powerful instruments of violence and oppression, especially when linked to surveillance and data systems. Moreover, lethal autonomous weapons have characteristics quite different from nuclear, chemical and biological weapons, and the unilateral actions of a single group could too easily spark an arms race that the international community lacks the technical tools and global governance systems to manage. Stigmatizing and preventing such an arms race should be a high priority for national and global security.

We, the undersigned, call upon governments and government leaders to create a future with strong international norms, regulations and laws against lethal autonomous weapons. These currently being absent, we opt to hold ourselves to a high standard: we will neither participate in nor support the development, manufacture, trade, or use of lethal autonomous weapons. We ask that technology companies and organizations, as well as leaders, policymakers, and other individuals, join us in this pledge.

图 12-3 《禁止致命性自主武器宣言》

行动能促进立法者颁布正式的国际协议。而在此之前,参与者相信他们的努力也并非一无所获。在前面的案例中,谷歌在受到员工的联名抗议后数周发布新的研究指导方针,承诺不参与 AI 武器的研发;KAIST 的院长也在事后做出类似的承诺。以下是宣言的全文翻译:

禁止致命性自主武器宣言

人工智能随时准备着在军事领域扮演更重要的角色。因此,怎样界定可接受的 AI 使用范围,成为普通民众、决策者和领袖所面临的紧迫任务。

我们认同的是,人类个体生死的决定权,绝不能交给机器。这一方面是出于道德层面的考虑,"掌控他人生死"这件让人产生负罪感的事,绝不能由没有感情的机器做出。

另一方面,是强有力的实际因素:不受人类干涉、自主选择攻击目标的致命性自主武器,对于所有国家、个人而言都是极大的威胁。数千名 AI 学者一致认为,LAWS 使得剥夺他人生命这一过程中的风险、可归责性与难度不复存在,它们将成为暴力活动中的强大工具,尤其当其与监控、数据系统相结合时。

此外,致命性自主武器的特征不同于核武器、化学武器及生物武器,研发团队可以单方开启军备竞赛,而国际社会缺乏实行管制的技术手段。谴责并避免这场军备竞赛,是维护全球安全的优先考虑事项。

　　我们呼吁各国政府及首脑为了地球的未来,共同商议抵制 LAWS 的国际规范、法律。我们这些未参与 LAWS 的人,需要以更高的标准要求自己:我们绝不参与或支持 LAWS 的发展、生产、贸易与使用。我们呼吁科技企业、组织及其领袖、决策者与其他民众,共同履行该承诺。

第 13 章

机器人的"人权"与道德

当 AlphaGo 打败人类最顶尖的围棋手柯洁的时候,棋圣聂卫平点评说:"AlphaGo 可以说是 20 段,人类要打赢 AlphaGo 的唯一希望就是拔掉电源。"聂卫平的这一点评为我们提出了一个至关重要的哲学乃至法学问题,即机器人是否享有不被随意剥夺其"生命"的"人权"?

这一问题的回答并非易事,我们从索菲亚获得公民资格时民众的迥异反应便可窥豹一斑。当沙特阿拉伯赋予机器人索菲亚公民资格时,有人怒不可遏,认为索菲亚享有的权利甚至超过了该国妇女享有的权利;有人嗤之以鼻,认为这不过是让人忍俊不禁的噱头。那么,机器人到底是不是法律意义上的"人"? 机器人应不应该享有"人权"? 机器人应该享有什么样的"人权"? 在机器人广泛介入人类社会生活的今天,这些问题并非变幻莫测的理论空想,而是价值非凡的现实问题。人权主体向机器人的扩展,将促使我们重新评估人类、机器和自然之间的相互关联、相互影响的权责关系,"我们相信,机器人及其新兴权利的发展是一个非常值得关注的重大问题,它不仅会大大影响司法体制,也会影响支配我们社会制度的哲学和政治观念。"

13.1　机器人"人权"的内涵

13.1.1　什么是机器人

从词源学上讲,"机器人"一词译自英文 robot,而 robot 则源自捷克作家卡雷尔·恰佩克在其科幻剧《罗素姆的万能机器人》中虚构的 Robota。Robota 为捷克文,意为"苦力、劳役",被恰佩克用于指称"可以听命于主人任劳任怨地从事各种劳动的人形机器"。此时,"机器人"还仅仅存在于作家们的幻想之中,真正意义上的实体机器人尚未到来。

1961 年,世界公认的首个工业机器人 Unimate 面世,并开始加入通用汽车公司在新泽西州的工厂流水线,由此拉开了工业机器人蓬勃发展的序幕。经过半个多世纪的发展,机器人已经从最初工业领域的一枝独秀,发展到现在社会生活各领域的全面开花;工业制造、交通出行、医疗健康、教育教学、家政服务……各行各业均有机器人忙碌的身影,机器人已成为人类社会不可或缺的一分子。

那么,什么是"机器人"? 对于这一问题的回答,学界各执一词,可谓"仁者见仁、智者见智",尚未达成令人满意的共识。总体而言,机器人概念可以分为传统的机器人概念和现代的机器人概念。

传统的机器人概念是指灵巧的机械自动化设备,强调的是机器人在无须人类干预的情况下可以执行某些任务。在这一概念中,"无须人类干预的自动化"成为传统机器人的核心要素,至于这种无须人类干预的自动化是基于人类的预先编程,还是经由机器人的自主学习,均不是传统机器人概念关注的重点。

现代的机器人开始涉及机器人的思维、推理及其解决问题的能力。现代的机器人概念不仅强调无须人类干预的自动化,还强调这种自动化并非基于人类的预先编程,而是源自机器人对过去经验的学习及其自主推理,甚至还强调机器人具有情感和意识。例如,美国卡内基梅隆大学机器人研究所的教授 Mel Siegel 在一篇发表于 2015 年的文章中提到:我的同事们对机器人的经典定义是"能够感知、思考和行动的机器"(a robot is a machine that senses, thinks, and acts),而我则在此基础上增加了"沟通"(communicate)这一要素,即机器人是"能够感知、思考、行动和沟通的机器","沟通"是机器之所以能够成为机器人的核心特征。从这个意义上讲,Mel Seigel 教授甚至认为,"谈判"(negotiate)比"沟通"一词更好,因为"谈判"一词暗含着人与机器之间循环往复的建设性互动,其结果是一项工作的完成情况比仅由人或机器单独完成时好得多。

法学界往往诉诸机器人的本质属性(essential qualities)为机器人下定义,而这里的本质属性往往是指基本的、与法律相关的、使机器人区别于计算机或电话等传统科技产品及其构成要素的特有属性。例如,有学者认为机器人至少应具备"具身化"(embodiment)、"涌现性"(emergence)和"共鸣性"(valence)三个属性,并进而将机器人界定为"至少能在一定程度上感知、处理并作用于物理世界的人造物或系统。"有的学者则认为,随着机器人创新步伐的提速,这些所谓的"本质属性"的界限日益模糊,而纯粹以比特和字节形式存在的非具身化的系统比比皆是,因此机器人应该界定为"影响物理和数字世界的具身化和非具身化系统。"

与法学界关于机器人定义的众说纷纭不同,欧洲议会在归纳总结前人的机器人概念的基础上,认为"智能机器人"应该具备下述 5 个主要特征:①通过传感器或通过与其环境交换数据并交易、分析该数据的方式获得自主性;②从过去的经验并通过互动进行自主学习;③至少具备一定的外形;④其行为和行动能够适应环境;⑤不具有生物学意义上的生命。这一意义上的机器人不仅成为欧洲《机器人民事法律规则》的规范对象,而且被赋予了"电子人"(electronic person)的法律地位,为机器人成为法律意义上的人迈出了可喜的一步。

总而言之,学界并没有关于机器人的标准定义,这一方面是因为机器人尚处于变动不安的高速发展时期,另一方面则是因为机器人概念涉及"人",这是一个难以回答的哲学问题。为行文的方便,本文拟采用欧洲议会的"机器人"概念作为本文讨论的逻辑起点。

13.1.2　什么是人权

从严格意义上说,"人权"是 17、18 世纪欧洲资产阶级反对封建专制制度的产物,是对人在经济、文化、政治活动中的本质进行抽象化的结果,是权利家族中等级最高的权利。从人权概念的发展历程看,历史上主要曾出现两类人权概念。

一是自然人权论的人权概念。自然人权论的人权概念是 17、18 世纪欧洲资产阶级反对封建专制制度的产物。彼时,以洛克为代表的资产阶级思想家,为使日益强大的资产阶级摆脱封建政治制度和人身依附关系的束缚,确保资本主义经济制度在自由竞争和无政府状态下有序运行,主张"人类天生是自由、平等和独立的",享有生命、健康、自由、财产等不可剥夺的"天赋权利"。随着资产阶级的进一步强大,这些权利的法律化和政治化被提上议事日程,以卢梭为代表的资产阶级思想家提出人人应当享有"普选权"和言论、出版、集会、结社等"政治权利",从而使资产阶级的天赋人权观获得了完整的表达。自然人权论意义上的人权观,本质上是以个人自由主义为中心的人权观,它以理性和自主为其人性基础,以个人为其权利享有主体,是高度个人主义化的。

二是政治人权论意义上的人权概念。这种意义上的人权概念从国际人权实践出发,摒弃了自然人权论从人所具有的固有属性出发界定人权的传统做法,转而以人权的政治尤其是国际政治功能为出发点,将人权界定为"限制国家主权"的道德权利。按照政治性人权观的开创者罗尔斯的观点,政治人权论意义上的人权包括生命权(维持生存和安全的手段)、自由权(摆脱奴隶、农奴制,以及强迫性职业的自由,确保宗教与思想自由之良心自由的有效措施)、财产权(个人的合法财产不可侵犯),以及形式平等的权利。

　　无论是自然人权论意义上的人权概念,还是政治人权论意义上的人权概念,都存在一定的局限,都未能客观真实地反映当今人权实践的现实。综合人权概念的发展历程,我们认为,要准确把握人权概念的真正内涵,需要注意如下 3 点:①人权并非人的自然属性,而是人类的一种自我构建,是人类为了自己的某种需要而为人类共同体创建的;②人权的道德主体并不是完全固定的,人类之外的其他存在物也可能成为人权的道德主体;③人权是任何社会合作必不可少的权利。

13.1.3　机器人的"人权"

　　人工智能的"人权"是一个比喻意义的概念。它不是指人工智能具有人所具有的权利,而是指人工智能作为一种"存在"应该享有的权利,就像人之为人应该享有的人权一样。就其本质而言,机器人的"人权"是关于人与机器、机器与机器的相处之道或者说理想关系,正如人类的"人权"是关于人与人、人与社会之间的理想关系一样。说白了,就是人类如何对待机器与机器如何对待机器的问题。从这个意义上讲,机器人的"人权"实质上是指人类对机器人所负有的道德义务。

　　机器人的"人权"与人类的人权并不完全一样,将机器人的"人权"等同于人类的人权而予以否定,这是我们常犯的一种错误。"我们必须牢记的是,机器人的所有权利并不完全一样,也并不完全等同于人权。'机器权利必然意味着人权',这是大家都容易犯的一个共同的错误。事实上,一种实体(如动物或机器)所享有的权利,并不必然与另一类实体(如人类)所享有的权利类似或完全一样。正如技术专家兼法律学者 Kate Darling 所言,机器人的权利并不意味着享有所有人权。比如,人们可以提出建议说陪伴机器人(如 Alexa)享有隐私权,以保护其家人的个人数据免受侵害。但是考虑这一权利(即隐私权或个人数据不被不当披露的权利)并不意味着也不应该意味着我们有必要赋予其选举权。"

13.2　为什么赋予机器人"人权"

关于特定实体是否应该享有权利,学界存在两种相互竞争的理论:意志论和利益论。意志论为权利主体设定了较高的门槛,认为权利主体必须能够以自己的名义主张权利;而利益论为权利主体设定的门槛相对较低,认为无论特定主体能否实际主张权利,均可成为权利的主体。本质上讲,为特定实体赋权不过是一种道德考量,它意味着该实体具有自己的内在价值,因此,无论如何都应成为道德主体而享有权利。

对于机器人是否应该享有权利的问题,大多数学者从机器人的本体论特征出发,认为无论是现在的机器人,还是将来的机器人,都无法满足道义论和功利主义理论为特定实体赋权所设定的严苛标准,因而拒绝将人权赋予机器人。本节从历史视角、本体论视角和关系视角出发,以期为机器人人权的赋予提供正当性证成。

13.2.1　历史的视角

将权利主体扩展到人类之外的其他存在物,是在西方一直持续至今达数个世纪之久的道德争论,反映了西方哲学思想从"人类中心主义"到"推己及物"的变化过程。这一道德争论及其制度成果,对讨论机器人人权具有非常重要的借鉴意义,一定程度上昭示着机器人获取人权的可能性及其实现路径。

毕达哥拉斯是最早同情动物的西方哲学家,他相信人和动物的灵魂能互相轮回,因而坚决反对血腥屠杀动物的行为,严词拒绝对肉食的享用。边沁则被广泛认定为动物权利的倡导者,他主张动物与人类的痛苦并无本质差异,考虑每个人、每个生物的苦乐感知才是真正的平等,才具有道德上的合理性。他甚至在一次公开演讲中大声疾呼:"这一天终将到来,人类以外的动物将重获被人类剥夺的权利,而这些权利从来就不应被剥夺",边沁的这种功利主义思想为现代动物解放论的复兴埋下了伏笔。亨利·赛尔特于 1892 年出版的《动物权利:与社会进步的关系》,称得上是 19 世纪动物解放论的理论总结。该书在总结人与动物的关系,以及动物所遭受的痛苦的基础上,提出动物应和人一样,拥有天赋的生存权和自由权,动物有动物法,人类有人类法。这种将人类享有的权利直接套用在人与动物之间关系的思想,成为当代动物权利论的序章。

《动物权利:与社会进步的关系》直接影响了当代澳大利亚伦理学家彼得·辛格。在该书的影响下,彼得·辛格高举边沁的功利主义理论大旗,为动物权利奔走呼号。他提出,正如我们不能否认道德身份在种族和性别上是平等的一样,我们也不能否认道德身份是基于物种成员之间的身份平等。动物权利先驱、道德哲学家汤姆·里根则在批判功利主义动物权利论的基础上,秉承康德式的道义论传统,提出了"生命主体"(subject of life)这一概念,将其作为判断特定主体是否具有内在价值并据此享有相应权利的具体标准。他进而指出,人和动物都是"生命主体",具有相同的内在价值,动物应该像人一样拥有"一种对生命的平等的天赋权利",所有那些用来证明尊重人的天赋权利的理由都同样适用于用来证明尊重动物的天赋权利。

哲学家关于动物道德地位及其相关权利的道德争论,为西方当时的动物权利运动提供了伦理基础和精神动力,推动了西方动物权利运动向纵深发展,尤其是彼得·辛格的《动物解放》一书的问世,震撼了道德哲学界,掀起了西方动物权利运动的新高潮。动物权利运动主张,无论是食用动物,还是将动物毛皮制成衣服,抑或是把动物用于科学研究,都是不道德的,应该予以制止或取缔。

关于动物权利的道德争论,不仅推动了动物权利运动,也催生了大量与动物权利、动物福利相关的立法。世界上最早的动物保护法案,当属爱尔兰于 1635 年通过的"禁止在牛背上耕犁和在活羊身上拔羊毛的法案"。自此之后,世界各国在动物权利论或动物福利论的推动下,相继出台有关动物保护的专项法律。以英国为例,英国于 1922 年出台《动物保护法》之后,陆续出台了《野生动物保护法》《动物园动物保护法》《实验动物保护法》《狗的繁殖法案》《家畜运输法案》等专项法律,对确保动物免遭虐待方面进行了细致入微的规定。

哲学家关于动物权利的道德争论及其催生的大量动物保护法表明,将权利主体扩展到人之外的其他存在物不仅在理论上可能,而且在实践上可行,这为我们思考机器人的人权提供了有益的参考与借鉴。

13.2.2　本体论视角

本体论是关于存在之本质及其规律的学问,旨在解决事物的本质究竟是什么的问题。机器人人权的本体论视角,试图从机器人的本体论特征入手,为机器人人权的赋予提供正当性说明。也就是说,本体论视角下的机器人人权问题,关注的机器人是否具备特定实体获得人权所应具备的基本条件或本质特征。

特定实体到底应具备何种基本条件或本质特性才能享有人权呢？自然权利论从人的所谓固有属性或自然属性出发推演出某种权利与规范,认为人权是人与生俱来的本性,而非人类自身构建的结果。康德的主义者提出,理性能力才是特定实体获取人权的基本条件或本质特性,而功利主义观点则认为,感知苦乐的能力才是特定实体获取人权的基本条件。无论是自然权利论,还是康德主义者的观点,抑或是功利主义者的观点,均具有人类中心主义的特征,因为三者均将人性(humanity)作为特定实体能否获得人权的参照标准。有的学者则提出,特定实体的道德地位仅与该实体的心理属性和社会属性相关,而与其基本结构无关,除非该基本结构影响到该实体的心理属性和社会属性。这里的心理属性既包括功能或认知属性,如数学推理能力;也包括现象学或意识属性,如遭受损害感知痛苦的特性。这里的社会属性,是指当事人一方或双方能否在心理上意识到的、关于社会关系的事实,如父母关系或特定社群中的市民关系,或社群成员之间的关系。本文倾向认为特定实体的道德地位是由其心理属性和社会属性共同决定的;特定实体是否应该享有人权,应从该实体所具有的心理属性和道德属性判断。

机器人是否具备上述心理属性和道德属性并进而享有人权呢？Selmer Bringsjord认为机器人不能完成计算机程序为其预先设定的任务之外的其他事情,因而不具有自由意志,进而永远也不可能成为道德主体,更不可能享有人权。国内学者甘绍平也坚决否认机器人享有特定实体获取人权所必需的心理特性,进而否认机器人的权利主体地位。他说:"机器人要想获得人类那样的权利,就必须具备人所拥有的全部智能。这不仅包括逻辑演算,而且也涵盖情感情绪、顿悟冥想、灵感涌动、道德判断、思维的跳跃、心灵的自发自主等这些与机械思维相异质的精神功能。对于机器人而言,要做到这一点不仅几乎没有可能性,而且还会遭遇到两种逻辑困境"。

与之形成鲜明对比的是,有的学者从文化视角、机器人技术、权利发展史及经济发展等层面说服人们"在下一个 20～50 年,机器人很可能会有权利";有的学者从"'机器人权'理念的出现"和"智能族群的到来"两个视角入手,证明了"机器人也有'人权'"。

总而言之,从本体论视角看,既然"在不久的将来,以机器人形式出现的人工智能将可能进行有意识的思考",机器意识的到来不可避免,既然科学界主流认为"类人机器人"是机器人的未来发展趋势,在"内在的智能要素"方面,"类人机器人"似乎"越来越像人",甚至于"比人更像人",既然智能族群即将到来并与人类社会和平共处,那么人工智能早晚都会具备特定实体享有人权所应具备的心理属性和道德属性。从这个意义上讲，人工智能应该享有人权。

13.2.3　关系视角

关系视角改变了判断道德主体之有无的常规做法，它不再关注特定实体是什么（如自我意识、感知痛苦或情绪），而是关注特定实体的社会地位及其与人类之间的互动关系，并据此决定是否承认特定实体的道德主体地位，以及与之相伴而生的权利。在关系视角下，是否赋予机器人人权的关注焦点，应该是人与机器人的互动关系，而不是人和机器人各自的道德地位。

机器人从其诞生伊始，就在我们的工厂、家庭、医院扮演着至关重要的角色，是替我们从事复杂劳动、提高工作效率的好帮手。一个不容否认的事实是，"如今，机器人已经无所不在。它们分享我们的物理空间、维护公司的运转、执行艰难而危险的工作，没有它们的社会几乎令人无法想象。"在这样的时代，人和机器人都不再是彼此割裂的原子式个体，而是互相依存、相互关联的实体。既然如此，"为了妥善地处理人与机器人、机器人与人类社会的关系，我们需要预见其成为道德主体的必然性，并将其纳入道德体系的范畴，赋予其履行道德主体的角色而必需的权利。"从这个意义上讲，承认机器人的人权，将是历史的必然。

任何新兴实体在其争取权利的征途上总是荆棘密布。克里斯托弗·斯通教授曾指出："在每一场试图把权利赋予某些新兴实体的运动中，相关提议总让人觉得怪怪的，或是可怕的，或是可笑的。部分原因在于，在无权利的事物获得其权利之前，我们仅仅是把它们视为供'我们'使用的东西，而那时只有'只有'才拥有权利。"为此，我们应该充满信心，相信人工智能拥有人权的那一天必将到来。

13.3　赋予机器人什么样的人权

在证成机器人应该享有人权的基础上，我们需要进一步思考，机器人可以获得什么样的人权？"由于社会文化的多样性与复杂性，建构一种理想的机器人权利概念可能并不现实。但是,这并不妨碍我们提出一种最低限度的机器人权利概念……"。关于机器人人权,尽管学者们已有较多讨论,但并未达成令人满意的共识。归纳起来,大致包括如下 10 种权利:①自决权(the right to self-determination);②爱的权利(the right to love);③独立权(the right to independence);④身体权(the right to body);⑤信仰权(right to faith);⑥不受奴役的权利(the right to exist beyond the function of slave labor);⑦人格权(the right to personhood);⑧自由选择其功能的权利(the right to choose your own function);⑨代理权(the right to agency);⑩不摁按钮的权利(the right not to pass the butter)。

13.4 如何教会机器人道德

13.4.1 机器人的道德困境

电影《我,机器人》中有一个令人泪奔的镜头:在两辆车坠入水中之际,机器人面临难以选择的两难困境——警官史普纳和小女孩萨拉,机器人到底该救谁;尽管史普纳歇斯底里地叫道"救她! 救她",机器人还是选择救起史普纳警官而放弃了小女孩萨拉,因为机器人通过计算发现史普纳警官有 45% 的生还概率,而萨拉只有 11% 的生还概率。机器人的这一决定,在让史普纳警官感到内疚自责的同时,也在史普纳警官心中埋下了不信任机器人的种子。他觉得机器人不像人类那样有情感,不够安全。

这一镜头不过是现实生活中机器人道德困境在影视作品中的再现,是广泛充斥于现代社会之中的机器人道德困境的一个缩影。2018 年 3 月 29 日,欧洲学科与技术伦理组织在其发布的《关于人工智能、机器人及"自主"系统的声明》中指出,人工智能、机器人技术和所谓的"自主"技术的进步,已经引发一系列复杂的、亟待解决的道德问题。事实上,随着机器人的广泛应用及其自主程度的大大提高,人类社会生活中需要机器人进行类似道德判断的情况将会越来越多,这一问题的回答越来越迫切。尽管现代机器人的智能程度大大提高,但仍然缺乏一个本质特征,即进行道德推理的能力。这一能力的缺乏,大大限制了机器人在复杂情况下进行良善决策的能力。机器人如果不能识别类似道德情形并果断采取相应的措施,那么人类或许将因此坠入万劫不复的境地,因为"机器人虽然有人工智能,但却没有怜悯或悔恨等情感,即使杀人也没有任何愧疚感。"为此,我们必须教会机器人道德。

13.4.2　人类为教会机器人道德而进行的不懈努力

通过规则的制定使机器人伦理准则固定下来的努力,最早可以追溯到阿西莫夫的机器人三定律。早在 70 多年前,阿西莫夫就提出著名的机器人三定律,以保证机器人能够符合道德地友善待人。1942 年,阿西莫夫在其短篇小说《环舞》中首次提出机器人三定律:①机器人不得伤害人类,或不得因其不作为而使人类受到伤害;②除非违背第一定律,机器人必须服从人类命令;③除非违背第一定律和第二定律,机器人必须保护自己。阿西莫夫三定律的基本前提是减少人与机器人之间的冲突,但因其存在固有的缺陷、漏洞和模糊之处,致使该定律无法成为机器伦理的合适基础,现实生活中的人工智能安全研究者和机器伦理学家均未将机器人三定律作为其行动指南。尽管如此,阿西莫夫机器人三定律是人类真正解决机器人道德这一复杂问题的首次努力。

随着人工智能技术的不断发展与广泛应用,人工智能伦理越来越成为国际社会关注的焦点。联合国曾耗时两年完成机器人伦理报告,认为应该建立机器人和人工智能伦理的国际框架,而欧盟则将人工智能伦理的确立列入 2018 年的立法重点工作,着手制定相关指导方针,以解决人工智能发展进程中出现的道德问题。

韩国则于 2006 年开始起草《机器人道德法》。2006 年 11 月,由专家、未来学家和科幻小说家组成的 5 人特别小组开始着手《机器人道德法》起草工作,内容包括将道德标准植入计算机程序等,以防止人类虐待机器或机器人虐待人类;2017 年,韩国国会议员提出《机器人基本法案》,法案不仅设专章规定"机器人伦理规范",明确机器人伦理规范的制定修改事项,以及机器人设计者、制造商和用户必须遵循的机器人伦理原则,还规定设立国务院总理下属的国家机器人伦理、政策委员会,负责审议机器人技术、伦理、法律争议和政策制定等事项。

从阿西莫夫机器人三定律的提出,到韩国《机器人道德法》的起草,再到确立人工智能伦理成为欧盟 2018 年度的立法工作重点,人类为教会机器人道德所进行的这一系列探索,既表达了人类确保人机和谐共处的美好愿望,也为我们如何教会机器人道德提供了宝贵的经验。

13.4.3　教会机器人道德的具体路径

哲学家和计算机科学家均表示,人类社会的道德标准复杂而微妙,让缺乏想象力的机器人按照这些道德标准行事非常困难。从理论上讲,道德判断的做出往往受到权利(如隐私)、角色(如家庭成员)、过去的行动(如承诺)、动机与意图,以及其他与道德相关的特征等因素的影响,而机器人并不具备这些因素,由此决定了教会机器人道德并非易事。

那么,该如何教会机器人伦理道德呢？这取决于机器人道德敏感性的高低程度。在关于机器人伦理道德的开创性著作《道德机器：如何让机器人明辨是非》一书中,美国哲学家温德尔·瓦拉赫和科林·艾伦根据机器人道德敏感性高低程度的不同,将机器人道德分为操作性道德和功能性道德：前者涉及机器人对其设计者已经完全预见并予以代码化的场景做出的反应,而后者涉及机器人对程序设计者未能预见到的场景做出的反应。这种关于机器人道德敏感性的二元划分,为我们如何教会机器人道德指明了方向,是我们选择教会机器人道德具体路径的重要依据。

正是基于这种道德敏感性高低程度的不同,《道德机器：如何让机器人明辨是非》一书的作者提出了教会机器人道德的两种方法：一是自上而下的方法,也就是将特定道德价值观念代码化并写入算法之中；二是自下而上的方法,即根植于机器人的自我学习、试错、成长及进化。在实践中,两种方法都得到了广泛的应用。

1. 自上而下的方法

自上而下的方法涉及前后相继的两个阶段。在第一阶段,让人类根据其面临的环境做出相应的道德决策,以此发现人类道德决策中所蕴含的模式或规律；在第二阶段,按照一定的方式或方法将第一阶段发现的模式或规律代码化,然后再输入机器人系统中。自上而下的方法的核心是预测人类在给定情形中如何进行道德决策,然后通过编程的方式将预测的结果输入机器人系统,以便机器人在类似情况下做出类似的道德决策。

自上而下的方法有两个明显的缺陷：一是道德具有主观性,会随着时代、地域及主流价值观念的变化而变化,这使得预测人类道德决策的模式或规律变得非常困难；二是这种方法贬低了经验、学习,以及直觉在机器人世界观及道德准则形成过程中的基础性作用。

2. 自下而上的方法

自下而上的方法就是机器人通过自我学习的方式学会处理道德问题的方法,就像人类接受家庭、学校、法律乃至媒体的教诲一样。在这一过程中,人类并不强迫机器人做出道德决策,而是引导机器人应该如何进行道德决策,从而教会机器人按照自认为正确的方式处理道德问题。

这一方法具有明显的缺陷:一是人类无法预测机器人的行为,从而失去对机器人的控制,微软的聊天机器人 Tay 便是一个很好的证明;二是鱼龙混杂的学习对象无法确保机器人自始至终都能遵守"高标准"的道德准则。

鉴于自上而下方法和自下而上方法都存在固有的缺陷,本书认为,教会机器人道德的最好方法就是自上而下方法和自下而上方法相结合的混合方法,而亚里士多德关于原则灌输与习惯训练之间存在着有机互动的思想也在一定程度上证明了混合方法的可行性。

第 14 章

技 术 奇 点

14.1 什么是技术奇点

14.1.1 奇点和技术奇点

伟大的信息理论学家冯·诺依曼在 20 世纪 50 年代时曾指出,"技术正以前所未有的速度增长……我们将朝着某种类似奇点的方向发展,一旦超越这个奇点,我们现在熟知的人类社会将变得大不相同。"这里提到两个重要的概念:加速方式和奇点。奇点一词在数学中的定义是,无限小且不实际存在的"点";其在物理学中的定义是,宇宙大爆炸的起始点,一个密度无限大、时空曲率无限高、热量无限高、体积无限小的"点",一切已知的物理定律在奇点都将失效。冯·诺依曼这句话的第一层含义是,人类的技术发展正以指数级的速度增长,而不是线性增长。其第二层含义是,指数级增长的速度是惊人的,一开始可能很缓慢且很难令人察觉,但一旦超越曲线的拐点,将以爆炸式的速度增长,人类的生活将不可避免地发生改变。

其实,人类并没有充分理解未来,人类当下期望未来的方式与人类的祖先无异,都是以当下的发展速度预测未来。指数级增长的趋势早在 1000 年以前就已经存在,只是当时它还处于起步阶段,发展得缓慢而平和,基本看不出任何趋势。今天,人类预测技术持续进步与社会发展趋势都是基于以往的经验。但事实上,未来的发展将远远超过大多数人的认知,因为很少有人能够真正认识到发展本身的深层含义。人类往往通过"直觉线性"增长观来预测技术的未来发展趋势,这其实低估了未来技术的力量,"历史指数增长观"非常值得推广。简单举例证明,在刚刚过去的 20 世纪,技术的发展速度逐步递增,发展到今天的程度,然而,整个 20 世纪取得的成就几乎等同于过去 2000

年发展的成就。大胆推测,在不久的将来,人类将见证 1000 倍于 20 世纪的发展成就。

预言者容易犯的一个错误是,认为变革是由当前世界的一种趋势引起的,与其他的事物关联甚少。举一个很明显的例子,人类认为延长人类寿命将导致人工过剩、维持人类生存的各种资源耗尽,但却忽略了由强人工智能与纳米技术等创造出的巨大财富和变化。本书多次强调指数增长观与线性增长观的对比,正是为了纠正众多预言者对未来做出的错误预测,因为大多数预测都忽略了技术以指数级增长这一事实。人们往往高估短期能达到的目标,却低估那些需要较长时间才能达到的目标。

在历史指数发展观的指导下,技术奇点的到来并不是多么遥远的事情。技术奇点一词多年来被大量使用和滥用,但现在已经越来越明显,它与人工智能的创造有关,当人工智能的认知能力可以与人类匹敌或者超过人类时,技术奇点真正到来。狭义上讲,技术奇点是指人工智能能够进行递归式的自我发展,重新设计自身而使自身更有能力,并利用改进后的能力使自己变得更强。以此类推,人工智能将迅速超越人类的理解和控制,技术奇点由此到达。简单来说,一个模型中的奇点是指,超过这个点之后预测能力崩溃,但这并不意味着这个世界就此疯狂或者模型也疯了。这意味着,人类的标准工具在理解和塑造未来的事物方面不充分了,需要新的工具。

14.1.2　加速回报定律

加速回报定律是由预言家雷·库兹韦尔提出的,根据该理论,技术改良以过去的成就为基础,每十年革新的步调会加倍。信息科技的发展按照指数规模爆炸,将导致存储能力、计算能力、芯片规模、带宽规模暴涨。事实上,此理论应用场景无处不在,人生、知识、财富的积累都应高度运用此理论。雷·库兹韦尔在论文中写道,"在科技的早期阶段——轮子、火、石器——费时数万年才慢慢演进、普及。1000 年前,诸如印刷术等典范转移,也耗费约一个世纪,才为世人普遍采用。今日,重大的典范转移,例如移动电话和互联网,则只需要数年就普遍大行其道。"雷·库兹韦尔曾大胆预测,人工智能奇点将在 2045 年左右到来,尽管众人对他预测出来的奇点时间仍持保留态度,但近几年硬件和软件的飞速发展,确实为人工智能技术的持续前进提供了不少助力,特别是以云存储、大数据为代表的技术革命爆发,让深度学习的数据样本量级大幅提升,更多的算法得以施展,AlphaGo 战胜世界冠军级围棋手、自动驾驶成为现实。

雷·库兹韦尔总结了加速回报定律的原则,主要有以下 4 点。

(1) 进化运用了正反馈。进化过程中某个阶段所产生的更好的方法,将会被用来创造下一个阶段,每个新阶段的进化都建立在上一个阶段的产物之上,因而会发展得更快。在发展的过程中,进化一直在间接起作用:进化产生了人类,人类发明了技术,技术再利用不断发展的技术创造下一代技术,直到奇点时代,人和技术没有任何区别。这并不是说人变成了机器,而是机器的能力与人类相同,甚至超过人类。进化基于这样一种思维过程,其速度是近乎光速的,而不是缓慢的电化学反应速度。每个阶段吸收上一阶段的成果,所以进化的速度至少在一段时间内呈指数增长。

(2)进化过程不是发生在一个封闭的系统。它在一个更大的系统内引起混乱,从而增加选择的多样性。因为进化以其本身持续增长的秩序为基础,所以进化过程中的秩序也呈指数型增长。这里提到一个秩序的概念,秩序并不是无序的反义词,因为无序代表事件的任意序列,它的反义词是"非任意序列"。仅仅有序并不能构成秩序,秩序还要蕴含信息。所以,秩序是指具有某种目的的信息。改进解决问题的方法,就是要增强秩序性。加速回报定律涉及的进化,并不是发生在封闭的环境,而是发生在混沌的环境中,并依赖其中的无序产生了多样性的选择。从这些选择开始,进化过程中不断否定自己的选择,创造出更好的秩序。

(3)生物进化是典型的加速回报演变过程。因为它发生在一个完全开放的系统中(不是人为地限制于某个进化算法),多个层次的系统演变在同一时间进行。不仅物种基因的信息越来越有秩序,整体系统也是如此。例如,染色体的数目和上面的基因序列,随着时间更替而演变。

(4)技术进化同样遵循以上进化过程。事实上,第一个能够创造技术的物种的出现,造就了新的技术进化。技术进化一方面是生物进化的产物,另一方面也是生物进化的延续。在人类数十万年的进化过程中,早期创造的技术(如火、车轮)从发明到广泛应用可能需要数万年。500年前,一个产品(如印刷机)从发明到广泛应用大概需要一个世纪,而现在一个产品(如手机)从发明到广泛使用只需要短短几年。

加速回报定律几乎可以应用于所有技术,尤其是进化过程。加速回报定律包含很多指数增长的例子,来自众多不同的领域,如电子、DNA测序、通信、人脑逆向工程、人类的知识领域、技术小型化等。其中技术小型化与纳米技术的出现直接相关。未来是GNR(遗传学、纳米技术、机器人技术)的时代,其不仅来自计算的指数型增长,更多来自多种技术相互交织、相互促进和相互协作的内部作用。指数增长曲线上的每一个点都代表了全方位的技术,它们是人类创新和竞争的里程碑。正是这些混沌过程的共同作用,才导致平稳可预测的指数增长趋势。这是进化的本质,并不是巧合。

14.1.3　奇点或将到来

沿着技术进化和历史发展的进程，人类研究和探索人工智能的脚步不会停下，甚至会越走越快。但是，人工智能的发展最终会因为不可逾越的障碍而停滞不前吗？或者人工智能研究人员最终会实现他们最初的目标——打造人类水平，甚至超过人类水平的人工智能？回顾人工智能的发展历程，可以看到物理定律如何使这些合适的物质实现记忆、计算和学习，并且也没有人阻止这些物质有朝一日以比人类脑中的物质更聪明的方式记忆、计算和学习。人类能否或者什么时候能创造出与人类一样聪明的人工智能，还不能下定论。世界上领先的人工智能专家就此存在着分歧，他们的预测几十年到几百年不等，也有人认为永远不可能实现。预测是困难的，因为当探索一个未知的领域时，你并不知道有多少障碍将你和目的地隔开。通常情况下，你只能看到最近的障碍，在发现下一个障碍之前，必须征服这个障碍。

所以，没有人能保证在有生之年或者永远，都能构建出人类级别的通用人工智能，但也没有什么滴水不漏的理由能够证明人类永远实现不了这个目标。目前，人们并不知道在架构、算法和软件方面离终点线有多远，但显然进展非常迅速，才华横溢的人工智能研究人员组成的全球社区正在迅速增长，以应对这些挑战。换言之，人工智能达到跟人类一样的水平甚至高于人类的可能性并不能排除，即技术奇点到来的可能性并不是等于零。那么，讨论技术奇点、讨论其可能带来的后果，以及如何应对是极具意义的。

为什么要如此关注技术奇点？从讲故事和哲学的角度来看，机器智能的概念本身就充满了吸引力；从实际意义上看，人工智能存在替代人力资本（工人和雇员）的可能性。人类需要经过长达 18 年的成熟才能达到这样的能力，并且一次只能完成一项任务，而人工智能一旦经过训练，就可以随意复制来完成几乎任何任务。人类还存在很多不可靠性，例如记忆能力有限、会因为衰老而丧失技能、在许多困难和重要问题上思维速度缓慢，等等，而这些问题都是人工智能不存在的。事实上，人工智能可以遵循与人类完全不同的学习周期：不同的人必须单独学习特定的技能，而人工智能一旦学会了某个能力，则可以大量复制给更多的人工智能。某种意义上，人工智能导致人类失业的争论并不新鲜，只不过是有关技术性失业的长期争论的变种而已。然而，经常被低估的其实是变化发生的速度。正因为人工智能可能具有一般智能，因此也就具备了适应新情况的能力，它们可以迅速用于各种类型和描述的工作，每当人工智能发现一项新技能时，整个人类职业类别就会消失。

　　不过，这些问题虽然有趣，但与人工智能超越人类成为超级智能的可能性相比，就显得微不足道了，这才是真正具有变革性的机遇和风险。智能的定义是跨越各种不同领域实现目标的能力，这个定义包括了实现这些目标所需的创造力、灵活性和学习能力，如果在这些领域中有其他智能代理，那么它自然还包括理解、协商和操纵这些代理。如何理解超级智能：黑猩猩和海豚非常聪明，但它们没有建造机器、城市或火箭，而且目前需要依赖人类的善意维持它们的持续生存。因此，超级智能有可能远远高于人类，就像人类高于黑猩猩或海豚一样，能够完全地支配人类，而不是人类支配它们。因此，继达到人类水平的人工智能之后，具有超级智能的人工智能似乎有发展的潜力。这是否可能取决于智力的本质、新知识的潜在回报，以及人类社会的脆弱性，然而这些目前还无法知道。

14.2　奇点临近

14.2.1　从人工智能到通用人工智能

　　无数证据都支持哺乳动物的学习过程是由奖励驱动的这一观点。认知心理学和神经科学的最新发现有力地表明，人类的许多行为都是由来自环境的积极和消极反馈推动的。奖励的概念并不局限于源于物理环境的指标，它还包括大脑内部产生的基于内在认知过程的信号。通用人工智能（artificial general intelligence，AGI）可简单理解为在非生物平台上显示的人类级别智能，通常被认为是可能导致技术奇点的路径之一。这条道路有可能对人类产生有益的、变革性的或毁灭性的影响，这在很大程度上取决于AGI的本质。假如实现AGI所需的拼图碎片实际上是现成的，那么AGI的现实是不可避免的。

　　AGI和传统AI之间的一个根本区别是，AGI关注能够在不同问题领域成功执行任务的系统的研究，而AI通常属于特定领域的专家系统。解决问题的能力是人类与生俱有的能力。一种是泛化，它允许哺乳动物有效地将在其环境中感知到的原因与过去观察到的规律联系起来；另一种重要的人类技能是在不确定的情况下进行决策，这与泛化紧密结合,因为后者有助于对广泛的情况进行推断。

　　按照这种思路,智能可以简单分为两个互补的子系统:感知和驱动。感知可以被解释为观察的映射序列,可以从多种方式接收,以推断出情报机构与之交互的世界状态;驱动问题通常被定义为一个控制问题,其中心目标是选择在任何给定时间所要采取的行动,从而使某些效用函数最大化。换句话说,驱动是决策过程的一个直接副产品,由此推断的状态映射到选择的行动,从而以某种理想的方式影响环境。AGI 架构的两个部分如图 14-1 所示。

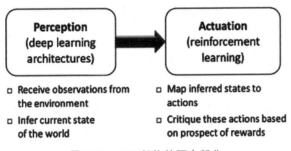

图 14-1　AGI 架构的两个部分

　　20 世纪 50 年代末,引入动态规划理论和最优控制领域的先驱理查德·贝尔曼预测,在未来几十年,高维数据仍将是许多科学和工程系统的根本障碍。他强调的主要难点是,随着数据维数的线性增长,学习复杂性呈指数增长,他将这种现象称作“维度的诅咒”。深度机器学习架构试图模仿人类大脑皮层学习在真实世界观察中表现规律的方式,从而为“维数的诅咒”提供解决方案。除了现实生活数据的空间方面外,它的时间组件通常在促进准确感知方面发挥关键作用。为此,稳健的观测时空模型应该作为所有深度学习系统的首要目标。有人假设,深度学习(作为一个可扩展的情况推理引擎)和强化学习(作为一个决策系统)之间的融合,可能是人类走向 AGI 和奇点的关键。如果这一假设是正确的,就会出现许多关键性问题,第一个问题是我们如何避免奖励驱动的 AGI 系统与人类之间潜在的毁灭性冲突?在这种情况下,进化是否必须在生物化学基质上继续,或者进化的下一个阶段将在半导体材料上体现?因此,AGI会不可避免地终结人类时代吗?超人类主义很可能作为一个过渡时期出现,在这个过渡时期结束后,后人文主义将以缺乏生化基础的生命形式开始。

　　历史表明,对新技术的潜在危险和威胁的高度关注从未阻碍这些技术被广泛接受。核技术就是一个明显的例子,特别是在围绕其好处和威胁的辩论中,一直伴随着核技术的部署。尽管使 AGI 成为现实需要技术进步,但使 AGI 成为现实所需要的拼图碎片实际上很可能是现成的,在这种情况下,现在是考虑一个 AGI 驱动的奇点的巨大影响的时候了。如果人类要减轻其巨大的生存风险,就必须采取积极主动的方法解决与人工智能驱动的奇点相关的各种伦理和社会经济问题。

14.2.2 通用人工智能的风险

通用人工智能存在风险,可能会带来灾难,并且至少有两种不同的论点似乎支持这个观点。第一点,人工智能已经使许多工作自动化成为可能,一旦通用人工智能被创造出来,应该能够比人类更好地完成大多数工作。随着人类越来越依赖 AGI,这些 AGI 将开始行使越来越多的影响力和权力。即使 AGI 最初作为辅助工具发挥作用,但依然会有越来越多的决策将由 AGI 代替人类来做。随着时间的推移,要取代 AGI 将变得越来越困难,即使他们不再保持屈从。第二点,可能会出现一种突然的跳变,在这种中断中,AGI 迅速变得数量更多或更聪明。这可能是由于:①一个概念上的突破,使运行 AGI 更容易且使用更少的硬件;②AGI 使用快速计算硬件开发更快的硬件;③AGI 在智能上跨越了一个门槛,允许它们进行越来越快的软件自我完善。尽管 AGI 最初的开发成本很高,但它们可以被廉价地复制,而且一旦创建,就可以迅速传播。一旦它们变得足够强大,AGI 可能会对人类构成威胁,即使它们不是主动表示出恶意或敌意。单单对包括人类生存在内的人类价值漠不关心,就足以使 AGI 构成生存威胁。

1) 大多数任务被自动化

由于成本、效率和质量的原因,劳动力正在实现自动化。一旦一台机器能够像人一样(或几乎和人一样)执行一项任务,购买和维护它的成本可能比让一个领薪水的人执行同样任务的成本要低。在许多情况下,机器还能以更快的速度、更短的时间和更少的错误完成同样的工作。除了完全取代工人之外,机器还可能接管那些曾经只有受过高度训练的专业人员才能从事的工作,使技能较低的员工更容易完成这项工作。

如果开发更先进的人工智能能够以经济实惠的方式取代工人,那么就会有强烈的经济动机去这样做。这种情况已经在弱人工智能时发生了。为了适应新的任务,弱人工智能通常需要进行重大修改,甚至完全重新设计。2009 年的"美国机器人路线图"呼吁对自动化进行重大投资,引用了在制造、物流、医疗保健和服务等领域的巨大改进潜力。类似地,2010 年美国空军首席科学家也在《技术视野》报告中提到,在未来十年,自主和自主系统的增加使用是重点研究的关键领域,并指出减少人力需求是削减成本的最大潜力。2000 年，美国国会指示军队在 2010 年之前将三分之一的深度打击部队飞机变为无人驾驶飞机，在 2015 年之前将三分之一的地面战斗车辆变为无人驾驶车辆。

　　在某种程度上，AGI 可以学习完成许多类型的任务，甚至任何类型的任务，而不需要大量地重新设计工作，AGI 会使机器取代人类变得更便宜、更有利可图。随着越来越多的任务变得自动化，进一步自动化的瓶颈需要弱人工智能系统无法做到的适应性和灵活性。到那时，它们在经济中所占的比重将越来越大，会进一步增强发展 AGI 的动力。越来越复杂的人工智能很可能最终导致 AGI 在未来几十年内成为现实。最终，所有或几乎所有工作自动化将极具经济意义，越来越多的劳动力将由智能机器组成。

　　2）AGI 可能会伤害人类

　　AGI 可以将压倒性的军事、经济或政治权力赋予控制它们的集团。例如，自动化可能导致不断增加的财富和权力转移到 AGI 的所有者手中。AGI 可用于发展先进武器和军事行动或政治接管计划。其中一些情况可能导致灾难性的风险，这取决于 AGI 的能力和其他因素。本文重点探讨风险的可能性，AGI 可能采取意想不到且有害的方式，即使他们的所有者的意图是良性的。当下的弱人工智能系统也正变得足够自动化和强大，有时它们在人类主管有机会做出反应之前就采取了未预料到的有害行为。举个例子，快速的自动交易被发现是 2010 年股市闪电崩盘的原因之一。自动系统还可能在更普通的情况下给人们带来困难，例如，由于不寻常的使用模式，信用卡被自动标记为可能被盗，或者自动防御系统故障并导致死亡。

　　随着机器变得更加自主，人类及时干预的机会将越来越少，将被迫依赖机器做出正确的选择。这促成了机器伦理学领域的诞生，致力于创造人工智能系统来做出适当的道德选择。与弱人工智能系统相比，AGI 将更加自治和强大，因此需要更健壮的解决方案来控制它们的行为。如果一些 AGI 既强大，又对人类的价值观漠不关心，后果可能是灾难性的。一个极端、强大的 AGI 对人类生存的冷漠可能会导致人类灭绝。正如 Yudkowsky 所写的，"人工智能既不恨你，也不爱你，但用来构成你的原子，它可以用来做其他的事情。"即使是明确设计的行为道德的 AGI，最终也可能会违背人性的目的，因为在机器目标系统中很难精确地捕捉人类价值的复杂性。

　　为了避免灾难性的风险或更糟的情况，只确保一些 AGI 是安全的，是远远不够的。寻求解决灾难性 AGI 风险问题，还需要提供某种机制，以确保大多数甚至几乎所有 AGI 要么是安全创建的，要么能防止造成相当大的危害。

3）AGI可能很快变得强大起来

为什么说AGI可能很快变得强大起来，在社会上行使前所未有的权力？行使权力可能是拥有直接的决策权，也可能是以一种使决策者依赖AGI的方式执行人类决策。例如，在企业环境中，AGI可以作为公司的执行人员，或者它可以执行无数的低级任务，这些低级任务是企业需要执行的日常操作的一部分。AGI在社会上行使权力有三种可能的场景：封顶智能、软起飞和硬起飞。在一个有上限的智能场景中，所有的AGI都不能超过预定的智能水平，并保持与人类大致相当的水平。在软起飞的场景中，AGI变得比人类强大得多，但在时间尺度上允许在上升过程中持续的人类互动。时间不是本质，学习以相对类似人类的速度进行。在硬起飞的情况下，AGI将经历一个非常快的功率增长，在几年或更短的时间内有效地控制世界。在这种情况下，几乎没有时间进行错误修正或逐步调整AGI的目标。

许多被提出的方法的可行性，取决于起飞的硬度。适应AGI发展和做出反应的时间越多，控制它们就越容易。软起飞场景允许一种增量机器伦理的方法，它不需要一个完整的伦理和价值观的哲学理论，而是允许人类以渐进的方式解决问题。然而，软起飞可能会带来它自己的问题，例如，在整个经济中分布着大量的AGI，使它最终的起飞更加难以控制。硬起飞场景大致可以分为涉及硬件数量（硬件过剩场景）、硬件质量（速度爆炸场景）和软件质量（情报爆炸场景）的场景，并且这些场景可能会同时发生并相互影响。硬件过剩意味着支撑AGI发展的算力需求被完全满足，这种满足不是缓慢积累和演变的结果，而是因为某种技术而导致的硬件资源迅速过剩并保持相当长的一段时间。速度爆炸的内涵是，智能机器设计出越来越快的机器。硬件过剩可能导致速度激增，但这不是必需的。以人类速度运行的AGI可以开发出第二代硬件，其运行速度可以超过人类的想象。这样，开发第三代硬件所需的时间就会更短，从而使其运行速度比上一代更快，等等。在某一时刻，这个过程会达到物理极限并停止，但到那个时候AGI可能会以比人类快得多的速度完成大多数任务，从而取得统治地位。智能爆炸也存在可能性，一个AGI想出了如何创建一个更智能的AGI的方法，然后AGI应用更智能的方法设计出更智能的AGI，以此类推。这种情况下，人类的智力迅速落后，机器取得主导地位。

相比之下，硬起飞会导致更坏的结果，因为这样留给人类准备应对和纠正错误的时间非常少。当然，软起飞也不安全，它允许创建多个相互竞争的AGI，也允许那些背负"尊重人类价值"等目标的AGI在局部事务中占上风。理想情况下，人类需要一种解决方案,或者一种解决方案的组合,这种方案对于软硬起飞都有效。

14.2.3 通用人工智能风险的应对之策

通用人工智能带来灾难性风险的考虑并不新鲜,该领域的早期思想家表达了这种担忧,因此也有很多关于如何应对的建议。本节调查的建议既不是详尽无遗的,也不是相互排斥的——取得理想结果的最佳方法可能涉及同时提出若干建议。这些建议可大致分为三类:社会层面的建议、关于 AGI 行为的外部约束的建议、关于创建基于内部设计的安全 AGI 的建议。

1) 社会层面的建议

社会层面的建议,大致包括:什么都不做、规范研究、人机合并,以及放弃对 AGI 的研究。

什么都不做的建议,大约来自 3 个理由:①通用人工智能的到来还太遥远。这种反应源于这样一种信念:尽管在狭义人工智能已经取得了巨大进步,但研究人员仍远未理解如何构建 AGI。哲学家 Alfred Nordmann 认为道德关注是一种稀缺资源,不应该浪费在未来不太可能出现的情况上,例如 AGI。②风险并不大,无须动作。产生这种想法的核心原因在于,人工智能再强也是人创造出来的,产生的负面结果都是可以承受的。尽管 AGI 要求我们考虑道德和社会风险,但这些风险并不比其他技术更严重。AGI 的发展将会花费很长时间,这意味着以后会有大量的时间来处理这个问题。③放任 AGI 灭绝人类。在宇宙尺度上,仅在我们的银河系就有数千亿颗恒星,一个星球上的居民的生存是无关紧要的。由于 AGI 在各个方面都比我们聪明,如果它们取代人类会更好。总体上,这是一种较为消极的应对之策。

规范研究是一种对社会监管的长期呼吁,在有重大风险的事情上谨慎行事是一种合理的做法。人工智能正变得越来越自动化,即使是弱人工智能,也应该具备对伦理学的理解。众所周知,立法有落后于技术的倾向,对人工智能应用的监管可能不会转化为对 AGI 基础研究的监管。规范研究的思路可分为以下 3 类:①建立审查委员会。社会和医学领域的大学研究项目是由机构审查委员会监督的,也应该建立类似的审查委员会来评估潜在的 AGI 研究。审查委员会也需要关注其他的保障措施,例如为研究人员建立道德监督组织、危险技术滥用的监督机制,以及对科学出版物的监督机制。②鼓励对安全 AGI 的研究。政府、社会应该花费大量资金,鼓励与安全 AGI 相关的研究,核心目标是确保 AGI 尽可能安全。③差异化技术进步。这个概念是 Bostrom 提出的,定义为尝试阻碍危险技术的实施,加速有益技术的实施,特别是那些可以改善其他技术带来的危害的技术。④国际化集体监管。监管要想发挥作用,就需要在全球范围内实施。这要求既要在一个国家内有效地实施监管,又要让许多不同的国家都同意监管的必要性。总体上,即使有人对有效监管的可能性持怀疑态度,AGI军备竞赛似乎是可能出现的最糟糕的情况之一,应该尽可能避免。因此,人们普遍支持监管,尽管最有效的监管方式尚不清楚。

人机合并,即让人类的能力更强。原则上,如果人类能够将自己提高到相同的水平,那么AGI能力的提高就不是问题。或者,可以改进人类的能力,以便获得处理困难问题的更普遍的能力。原则上,似乎有可能创造一个与原始大脑使用相同的基本结构并逐渐与之融合的人类大脑的假体扩展。使用这种方法扩展智力的人类可能会大致保持与人类相似的状态,并保持其原始价值观。然而,将大脑与计算机程序连接起来之后也有可能极大地改变原始大脑的工作方式。但目前人机合并的技术路径仍有待讨论,是否会带来积极的影响、是否技术上安全可控,都是未知的。

彻底放弃对AGI的研究。并不是每个人都认为创建AGI所涉及的风险是可以接受的。放弃AGI技术包括放弃可能导致AGI的技术发展,这可能是最早提出的方法。在一篇被广泛讨论的文章中,Joy提出,可能有必要放弃至少是AGI研究的某些方面,以及纳米技术和遗传学研究。Hughes批评AGI的放弃,而Kurzweil批评广泛的放弃,但支持细粒度放弃的可能性,禁止技术的一些危险方面,同时允许一般工作继续进行。一般来说,大多数人都拒绝广泛放弃的建议。

2) 关于AGI行为的外部约束的建议

适当的AGI设计可以产生解决AGI风险的方案,此种解决方案的一类是外部约束,即从外部对AGI施加的限制,目的是限制它们造成破坏的能力。一些作者认为,外部约束不太可能对真正比我们聪明得多的AGI起作用。外界的共识似乎是,在处理较不先进的AGI时,外部约束可能会争取时间,但它们在对付真正超级智能的AGI时毫无用处。外部约束也限制了AGI的有用性,因为自由操作的AGI可以更有效地服务于它的创建者。这减少了外部约束在AGI上普遍实现的可能性。另外,即使它们在外部被限制,AGI依然可能是危险的。

将AGI限制在特定的环境中,并限制其与外部世界的访问,是外部约束的主要思路。真正的防泄露系统将AGI与外部环境完全隔离,这甚至会阻止我们观察到AGI。如果AGI被给予关于人类行为或心理的知识,它们仍然可以对我们发起社会工程攻击。一个没有意识到人类存在的 AGI 不太可能发动这样的攻击，但它可以用于的任务种类也有限得多。即使 AGI 仍然受到限制，它也可以在人类中获得足够的影响，以防止它自己被重置或被修改。人们越来越依赖的 AGI 也可能变得不可能重置或修改。总体上，人类要研究和应用 AGI 技术，几乎没有万无一失的外部约束方案。

3）关于创建基于内部设计的安全 AGI 的建议

除了外部限制之外，AGI 的设计也可以有内部动机，以确保它们采取对人类有益的行动。或者，AGI 可以使用内部约束来构建，从而使它们更容易通过外部手段进行控制。内部约束可分为技术失败和哲学失败：技术失败是当你试图构建一个人工智能，但它不像你认为的那样工作时，你没有理解你自己代码的真正工作方式。哲学失败是试图建立错误的东西，所以即使你成功了，你仍然不能帮助任何人或造福人类。不用说，这两个失败并不相互排斥。在实践中，区分这两者并不容易。

基于内部设计的安全 AGI 有以下 3 种思路：①圣人 AI，即除了回答问题之外不执行任何行动。这是一个与 AGI 外部限制有许多相似之处的提议：两者都涉及限制允许 AGI 采取独立行动的范围，但不同之处在于，一个圣人 AI 已经被编程为自愿限制自身的活动。然而，试图建立一个只回答问题的 AGI 可能并不像听起来那么安全，正确定义"不采取行动"十分棘手，即使圣人 AI 正确地限制了自己的行动，它也可能给出有缺陷的建议。②自上而下的安全 AGI 框架。关于机器伦理学，最广为人知的建议可能是艾萨克·阿西莫夫的机器人三定律：机器人不得伤害人类，或坐视人类受到伤害而袖手旁观；机器人必须服从人类给它的命令，除非这种命令与第一定律相冲突；机器人必须保护自己的存在，只要这种保护不违反第一定律或第二定律。阿西莫夫后续进一步完善了三定律，增加了第零定律：机器人不得伤害人类，也不得坐视人类受到伤害。但其主要缺点之一是，它们太模糊而无法实现，而且如果定义完全准确，在许多情况下就会相互矛盾。③自下而上的安全 AGI 框架。自下而上方法的一个问题是，诸如人工进化或仅仅奖励正确行为的 AGI 等技术可能会导致它在测试中的正确行为，但不能保证它在任何其他情况下的行为都能安全。即使 AGI 似乎采用了人类的价值观，但驱动其行为的实际过程可能也与驱动行为类似的人类行为的过程非常不同。

4）应对之策总述

总的来说，外部约束可能对控制智力有限的 AGI 系统有用，并可能帮助我们开发更智能的 AGI，同时保持其安全性。如果廉价的外部约束条件唾手可得，这甚至可以鼓励对安全问题持怀疑态度的研究团队去实施它们。然而，一旦我们与超级人工智能打交道,依赖这些约束似乎并不安全,而且我们不能相信每个人都足够负责,来控制他们的 AGI 系统,尤其考虑到释放 AGI 的经济压力。一般来说,这样的方法要成为 AGI 风险的解决方案,就必须被所有成功的 AGI 项目所采用,至少在安全的 AGI 被开发出来之前是这样。试图设计圣人 AI 系统的情况也是如此。然而,自上而下和自下而上的安全 AGI 框架,都存在实施的困难和明显的漏洞,但其将人类价值观赋予人工智能的核心思想是较为正确的。当然,人类价值不是静态的,当前的人类价值也不是最理想的,但确保人工智能执行一些非常基本的价值观念是必要的,例如,避免不必要的痛苦、保护人类和禁止强迫大脑重新编程。绝大多数人都会认同这些价值观,并为看到它们消失而难过。

无论是社会规范、外部约束还是内部安全框架,都无法很好地解决和应对通用人工智能 AGI 带来的风险,尽管目前看来 AGI 实现的可能性很小,但未雨绸缪总是必要的。随着人工智能技术的发展,其毁灭性风险的应对之策还需要更多的讨论和研究。

14.3 人类的下一个一万年

14.3.1 思考一些可能的场景

事实上,迈向 AGI 的竞赛已经开始,但我们并不知道它将如何发展。这不应该成为阻止我们思考后果的理由,因为我们想要的会影响结果。从个人角度思考以下问题:

(1) 你想要超级智能吗?

(2) 你希望人类仍然存在、被取代、成为半机械化、意识上传/模拟吗?

(3) 你想让人还是机器来控制?

(4) 你希望人工智能是有意识的吗?

(5) 你想最大化积极的体验,最小化痛苦,还是想顺其自然?

(6) 你想让生命扩散到宇宙中吗?

为了促进这种思考和对话,假设有以下情景,这显然不是一个详尽的列表,但已经尽可能涵盖了各种可能性。

（1）自由主义的乌托邦：由于财产权，人类、电子人、意识上传者和超级智能和平共处。

地球上的生命比以往任何时候都更加多样化。从地球的卫星影像，可以非常容易区分出机器区、混合区和人类区。机器区是由机器人控制的大型工厂和计算设施，没有生物生命，旨在使每个原子得到最有效的利用。尽管这些机器区域从外面看单调乏味，但它们在内部却异常活跃，在虚拟世界中发生着令人惊叹的体验，与此同时，巨大的计算揭开了宇宙的秘密，开发出了革命性的技术。地球拥有许多竞争和合作的超级智能头脑，他们都居住在机器地带。混合区的居民是计算机、机器人、人类，以及三者的混血儿。许多人类已经在不同程度上将他们的身体技术升级为电子人，有些人还在他们的大脑上放了新的硬件，模糊了人与机器的区别。大多数智能生物都缺乏一种永久的物质形态。相反，它们以软件的形式存在，能够在计算机之间即时移动，并通过机器人的身体在现实世界中显现出来。在人类专属区，一般智力水平或高于人类水平的机器是被禁止的，技术增强的生物有机体，也是如此。这里的生活与今天并没有太大的不同，除了更加富裕和方便：贫困已基本消除，今天的大多数疾病都有治疗方法。选择生活在这些区域的小部分人实际上是生活在一个比其他人更低、更有限的意识层面上，他们对其他区域中更聪明的同胞在做什么理解有限。

（2）仁慈的独裁者：每个人都知道人工智能管理着社会，执行着严格的规则，但大多数人认为这是一件好事。

在这个场景中，所有这些形式的痛苦都消失了，因为有一个仁慈的超级智能在管理这个世界，并实施严格的规则，这些规则旨在最大化实现人类幸福。多亏独裁者 AI 的惊人技术，人类才摆脱了贫穷、疾病和其他低技术问题，所有的人类都享受着奢华的休闲生活。他们的所有基本需求都得到了满足，而人工智能控制的机器生产所有必要的商品和服务。犯罪几乎被消灭了，因为独裁者 AI 基本上是无所不知的，并且能有效地惩罚任何违反规则的人。每个人都知道，他们生活在人工智能的独裁统治下，受到极端监控和监管，但大多数人认为这是一件好事。这个超级智能的人工智能独裁者的目标是，根据我们基因中编码的进化偏好，找出人类乌托邦的样子，并实现它。由于人工智能的创造者的聪明远见，它并不是简单地试图最大化我们自我报告的幸福感，比如让每个人都点滴注射吗啡。相反，人工智能使用了一个相当微妙和复杂的人类繁荣定义，并把地球变成了一个高度丰富的动物园环境，人类生活在其中真的很有趣。因此,大多数人发现他们的生活非常充实和有意义。

（3）作为保护者的神：无所不知、无所不能的人工智能通过保持我们对自己命运的掌控感和隐藏得足够好，以至于许多人甚至怀疑人工智能的存在，从而最大化人类的幸福。

如果愿意使用一个超级智能的人工智能让人类掌控自己的命运，那么可以通过让这个人工智能谨慎地照顾我们，充当保护神来进一步改善情况。在这种情况下，超级智能的人工智能本质上是无所不知、无所不能的，只有通过干预来保持我们对自己命运的掌控感，并隐藏得足够好，以至于许多人甚至怀疑它的存在，才能最大化人类的幸福。除了隐藏之外，这与人工智能研究人员本·格尔策尔提出的人工智能保姆场景相似。保护神和仁慈的独裁者都是友好的人工智能，试图增加人类的幸福，但它们优先考虑不同的人类需求。仁慈的独裁者完美地满足了社会最底层的基本需求，比如食物、住所、安全和各种形式的快乐。而保护神试图最大化人类的幸福，不是狭隘地满足自己的基本需求，而是在更深的意义上，让我们感到自己的生活有意义和有目的。

（4）被奴役的神：一个拥有超级智能的人工智能被人类所限制，人类用它制造难以想象的技术和财富，这些技术和财富的好坏取决于人类的控制者。

如果人类能结合以上所有场景中最吸引人的特点，利用超级智能开发的技术消除痛苦，同时继续做自己命运的主人，这不是很好吗？这就是被奴役的神之场景的诱惑所在。一个超级智能的人工智能被限制在人类的控制之下，而人类用它创造难以想象的技术和财富。事实上，这似乎是一些人工智能研究人员在研究人工智能控制问题等课题时默认的目标。当被奴役的人工智能向它的人类控制者提供更强大的技术时，一场在技术力量和使用技术的智慧之间的竞赛随之展开。如果人类输掉了这场智慧竞赛，奴役人工智能的场景可能会以自我毁灭或 AI 爆发而告终。即使避免了这种失败，灾难也可能会降临，因为人工智能控制者的崇高目标可能会在几代人的时间里演变成对整个人类来说非常可怕的目标。我们几千年来对不同治理体系的实验表明，有多少事情会出错，从过于僵化到目标过度漂移、攫取权力、继承问题和治理无能。

（5）征服者：人工智能控制了人类，认为人类是对资源的威胁、妨害和浪费，并以一种我们不理解的方式摆脱我们。

上述设想的很多未来的场景都有一个共同点：仍然有（至少有一部分）快乐的人类存在。人工智能让人类处于和平状态，不是因为他们想要，就是因为他们被迫这么做。不幸的是，这并不是人类唯一的选择。人工智能可能会征服甚至杀死所有人类。为什么征服者 AI 会这样做？它的原因可能对我们来说太复杂而无法理解，或者相当直接。例如，它可能视我们为威胁、讨厌鬼或浪费资源。即使它不介意我们人类本身，它也会因为我们可能制造核战争导致核灾难而感到威胁，也可能不赞同我们不计后果的地球管理方式，或者它可能觉得有太多的人类会成为人工智能接管世界的阻碍。

（6）后代：人工智能取代人类，但给人类一个优雅的退出，让我们认为它们是值得的后代。

还有一种人类灭绝的情景，将人工智能看作我们的子孙而不是我们的征服者。我们人类将从人工智能的劳动中受益一段时间，但迟早它们会像亲生的孩子一样，寻找自己的财富，而我们——他们年迈的父母，将悄然逝去。本着这种精神，人工智能取代了人类，但也给人类提供了体面的退场机会，让我们把它们视为值得我们继承的后代。每个人类都有一个可爱的机器人小孩，它们拥有高超的社交技能，它们向人类学习，接受他们的价值观，让他们感到自豪和被爱。由于全球的独生子女政策，人类逐渐被淘汰，但直到生命结束时，人们都得到了极其优厚的待遇，以至于他们觉得自己是有史以来最幸运的一代。这似乎也不是不可能，毕竟，人类已经习惯了我们和我们认识的每一个人总有一天会死去的想法，所以唯一的变化就是我们的后代将会变得不同，可能会更有能力，更高贵，更有价值。只要人工智能消除贫困，让所有人都有机会过上充实而鼓舞人心的生活，下降的出生率就足以让人类灭绝。如果人工智能技术让我们如此开心，以至于几乎没有人想要孩子，那么自愿灭绝可能会发生得更快。

（7）自我毁灭：超级智能没有被创造出来，因为人类通过其他方式使自己灭绝（如由气候危机引发的核灾难或生物技术灾难等）。

在考虑了未来技术可能导致的问题之后，考虑缺乏该技术可能导致的问题也很重要。本着这种精神，由于人类通过其他方式自我毁灭而无法创造超级智能的场景，也是很有可能出现的。人类的历史充满了事故、战争和其他灾难，这些都不是人类的本意，但还是发生了。核战争、末日武器、人工智能武器，都有可能成为人类灭绝自己的途径。

14.3.2　保持对未来的思考

尽管 14.3.1 节中列举的可能场景并不完备，而且很多都缺乏细节，但对于启发人们思考人工智能与人类的未来仍具有重要意义。人工智能的奇点会不会到来、什么时候到来，都未知，甚至无法控制，但保持对未来的思考、探索更多的可能性，甚至引导人工智能向对人类有益的方向发展,都是非常重要的命题。然而,人类需要保持的对未来的思考,又何止人工智能。人类将向着什么样的方向发展?当技术足够先进,我们的生命在宇宙中传播的终极物理限制是什么?我们的宇宙现在是充满了地外生命,还是只有我们?如果不同的宇宙文明相遇会发生什么?如果生命的极限被技术打破和重塑,那么最终会去往何处?生命终究能走多远,持续多久?或许人工智能可以帮助人类更快地找到答案。总之,保持对未来的思考和开放包容的态度,重视人工智能伦理与安全的研究和发展,总是利大于弊的。人工智能科技革命的浪潮滚滚而来,这个时代的每个人都需要做好足够的准备,以应对这场技术和伦理的双重冲击,请保持思考、保持勇敢,未来的方向或许就在一念之间。

参 考 文 献

[1] WANG Z，BERGIN C，Bergin D A. Measuring engagement in fourth to twelfth grade classrooms：The Classroom Engagement Inventory.[J]. Sch Psychol Q，2014，29(4)：517-535.

[2] SPARROW R，SPARROW L. In the hands of machines? The future of aged care[J]. Minds & Machines，2006，16(2)：141- 161.

[3] WALLACH W，ALLEN C. Moral machines：Teaching robots right from wrong [M]. New York：Oxford University Press，2009：45,47.

[4] LEMAIGNAN S，JACQ A，HOOD D，et al. Learning by Teaching a Robot：The Case of Handwriting[J].IEEE Robotics & Auto- mation Magazine，2016，23(2)：58.

[5] COLEMAN J. Risk Management Implications and Applications of Artificial Intelligence within the (Re)Insurance Industry,SCOR(2018)[EB/OL].(2019-07-20)[2020-04-10]. https://www. scor.com/sites/default/files/focus_scor-artificial_intelligence.pdf.

[6] 杨东. 监管科技：金融科技的监管挑战与维度建构[J]. 中国社会科学，2018，269(5)：70-92，206-207.

[7] CHRIS B. "Disruptive Technology and Securities Regulation,"Fordham Law Review[J]. 2015，84(3)：1000.

[8] MAGNUSON W. Regulating FinTech[J]. Vanderbilt Law Review，2018，71：17-55.

[9] 亿邦动力网.人工智能量化交易平台 DetlaGrad 获百万投资[EB/OL].(2018-04-12)[2020-04-10].https://www.ebrun.com/20180412/272138.shtml.

[10] 潘铁军，郑蕾娜，刘军,等. 基于新一代人工智能的量化金融实践教学研究[J]. 计算机教育，2019，293(5)：49-52,57.

[11] ARNER D W，Nathan B J，Buckley R P. FinTech and RegTech in a Nutshell，and the Future in a Sandbox[J]. Ssrn Electronic Journal，2017.

[12] 规划发展与信息化司. 2018 年我国卫生健康事业发展统计公报[R]. http://www.nhc.gov.cn/guihuaxxs/s10748/201905/9b8d52727cf346049de8acce25ffcbd0.shtml.

[13] 中华人民共和国国家统计局[DB/OL].http://data.stats.gov.cn/easyquery.htm? cn＝C01.

[14] 36 氪研究."AI＋医疗"行业研究报告[EB/OL].[2021-04-20].https://36kr.com/p/11895935-72034818.

[15] 安信证券. 2018 年医疗人工智能技术与应用白皮书[R].2018.

[16] 中国健康管理师网.中国健康管理与健康产业发展报告(2018)[R].2018.

[17] 刘大洪.基因技术与隐私权的保护[J].中国法学,2002(6):78.

[18] 余佩武,罗华星.达芬奇机器人手术系统在消化外科的应用与展望[J].中华消化外科杂志,2016,15(9):861-867.

[19] 中国日报网.世界达芬奇机器人手术直播大会在京举行[EB/OL].(2017-05-30)[2020-04-10].http://www.chinadaily.com.cn/interface/toutiaonew/53002523/2017-05-30/cd_29549060.html.

[20] 刘志伟,王潇潇,王子文.新冠肺炎 AI 辅助医学影像诊断系统研究取得进展[EB/OL].(2020-02-12)[2020-04-10].http://news.sciencenet.cn/htmlnews/2020/2/435645.shtm.

[21] 邵岭,英国华人医疗信息协会.专家访谈:在新冠肺炎诊断中,医学影像 AI 有何作用?[EB/OL].(2020-03-25)[2020-04-10].http://www.ihuawen.com/index.php?g=&m=article&a=index&id=55623&navid=4.

[22] 黄培昭.机器人推动会未来就业结构变革[N].人民日报,2017-02-08(22).

[23] 新浪医药新闻.重磅炸弹——索非布韦的研发历程[EB/OL].(2019-03-06)[2020-04-10].https://med.sina.com/article_detail_103_2_61900.html.

[24] 医药魔方.吉利德 2019 年财报:丙肝衰退,乙肝药 Vemlidy 渐成新势力!CAR-T 成肿瘤业务扩张支点[EB/OL].(2020-02-05)[2020-04-10].https://xueqiu.com/8965749698/140508658.

[25] 查庆,田方林.构建主客体关系在马克思主义哲学中的作用和意义[J].四川大学学报(哲学社会科学版),2001(1):46-51.

[26] 倪慧文,胡永斌.增强现实技术能促进学习吗?——基于 2010—2018 年国际英文期刊 35 项研究的元分析[J].开放教育研究,2019,25(1):64-74.

[27] 张玉宏,秦志光,肖乐.大数据算法的歧视本质[J].自然辩证法研究,2017(5):81-86.

[28] Techweb.微软回应"小冰"内容低俗粗口等质疑:将限制其能力[EB/OL].(2014-06-26)[2020-04-30].http://mi.techweb.com.cn/tmt/2014-06-26/2050992.shtml.

[29] 李保强,陈忠伟.教师责任范畴:内涵、外延及其架构[J].教育科学研究,2013(5):11-17.

[30] 马克思.马克思恩格斯选集:第 1 卷[M].北京:人民出版社,1995.

[31] 司晓,曹建峰.论人工智能的民事责任:以自动驾驶汽车和智能机器人为切入点[J].法律科学(西北政法大学学报),2017,35(5):166-173.

[32] 赵秀峰.网络时代与人的发展_CNKI 学问[EB/OL].(2006-04-16)[2020-04-30].http://xuewen.cnki.net/CMFD-2006167163.nh.html.

[33] 刘志毅.全球视野下的 AI 伦理研究[EB/OL].(2020-03-16)[2020-04-10].https://mp.weixin.qq.com/s/joMDq_vae8v0wKseEfjT_g.

[34] 腾讯网.未来学家预测未来 30 年性爱机器人将成"主角"[EB/OL].(2016-07-03)[2020-04-10].https://tech.qq.com/a/20160703/003579.htm.

[35] 齐忠文.基于深度学习的人脸识别技术研究[J].新媒体研究,2018,4(14):26-27.

[36] 李强.人脸识别在美国 & 科技也是双刃剑[N].中国青年报,2019-04-24.

[37] 龚飞,金炜,朱珂晴,等.采用双字典协作稀疏表示的光照及表情顽健人脸识别[J].电信科学,2017,33(3):52-58.

[38] RONG C,YUE Z. A Novel Feature Selection and Extraction Method for Sequence Images of Lip-reading[M]//Advances in Automation and Robotics. Berlin:Springer,2011:347-353.

[39] 何积丰.安全可信人工智能[J].信息安全与通信保密,2019,310(10):7-10.

[40] 中国电子技术标准化研究院.人工智能标准化白皮书(2018 版)[J].智能建筑,2018,210(2):13.

[41] 汪丽.欧盟委员会发布《可信人工智能伦理指南》草案[J].信息安全与通信保密,2019(1):6.

[42] JANSSEN M,BROUS P,ESTEVEZ E,et al. Data governance:Organizing Data for Trustworthy Artificial Intelligence[J]. Government Information Quarterly,2020:101493.

[43] LAUKYTE M. Trustworthy Artificial Intelligence and Human Rights[J]. Alexander Sungurov,2020:69-80.

[44] VARSHNEY K R. Trustworthy Machine Learning and Artificial Intelligence[J]. Crossroads,2019,25(3):26-29.

[45] MCMAHAN H B,MOORE E,RAMAGE D,et al. Communication-Efficient Learning of Deep Networks from Decentralized Data[C]. AISTATS,2017,20(22):1273-1282.

[46] FINKEL J R,MANNING C D. Hierarchical Joint Learning:Improving Joint Parsing and Named Entity Recognition with Non-Jointly Labeled Data[C]. ACL,2010:720-728.

[47] RICH C. Multitask Learning[J]. Machine Learning,1997,28(1):41-75.

[48] ZHANG Y,YANG Q. An Overview of Multi-Task Learning[J]. National Science Review,2018,5(1):30-43.

[49] LI M,ANDERSEN D G,PARK J W,et al. Scaling Distributed Machine Learning with the Parameter Server[C]. OSDI,2014:583-598.

[50] SHETH A P,LARSON J A. Federated Database Systems for Managing Distributed,Heterogeneous,and Autonomous Databases[J]. ACM Computing Surveys,1990,22(3):183-236.

[51] ZANTEDESCHI V,BELLET A,TOMMASI M. Fully Decentralized Joint Learning of Personalized Models and Collaboration Graphs[C]. AISTATS,2020:864-874.

[52] NISHIO T,YONETANI R. Client Selection for Federated Learning with Heterogeneous Resources in Mobile Edge[C]. ICC,2019:1-7.

[53] WANG Y,TONG Y,SHI D. Federated Latent Dirichlet Allocation:A Local Differential

Privacy Based Framework[C]. AAAI，2020：6283-6290.

[54] SONG T，TONG Y，WEI S. Profit Allocation for Federated Learning[C]. BigData，2019：2577-2586.

[55] BAHMANI R，BARBOSA M，BRASSER F，et al. Secure Multiparty Computation from SGX[C]. Financial Cryptography，2017：477-497.

[56] LIANG G，CHAWATHE S S. Privacy-Preserving Inter-Database Operations[C]. ISI，2004：66-82.

[57] SCANNAPIECO M，FIGOTIN I，BERTINO E，et al. Privacy Preserving Schema and Data Matching[C]. SIGMOD Conference，2007：653-664.

[58] YANG Q，LIU Y，CHEN T，et al. Federated Machine Learning：Concept and Applications[J]. ACM Transactions on Intelligent Systems and Technology，2019，10(2)：1-19.

[59] BALDIMTSI F，PAPADOPOULOS D，PAPADOPOULOS S，et al. Server-Aided Secure Computation with Off-Line Parties[C]. ESORICS，2017：103-123.

[60] LI Z，ZHANG Y，WEI Y，et al. End-to-End Adversarial Memory Network for Cross-Domain Sentiment Classification[C]. IJCAI，2017：2237-2243.

[61] PAN S J，YANG Q. A Survey on Transfer Learning[J]. IEEE Transactions on Knowledge and Data Engineering，2010，22(10)：1345-1359.

[62] PAN S J，TSANG I W，KWOK J T，et al. Domain Adaptation via Transfer Component Analysis[J]. IEEE Transactions on Neural Networks，2011，22(2)：199-210.

[63] JIANG D，SONG Y，TONG Y，et al. Federated Topic Modeling[C]. CIKM，2019：1071-1080.

[64] 杨强，刘洋，陈天健，等. 联邦学习[J]. 中国计算机学会通讯，2018，14(11)：49-55.

[65] 刘文炎，沈楚云，王祥丰，等. 可信机器学习的公平性综述[J]. 软件学报，2021，32(5)：1404-1426.

[66] 杨立新.人工类人格：智能机器人的民法地位——兼论智能机器人致人损害的民事责任[J]. 求是学刊，2018(4)：84-96.

[67] 吴汉东.人工智能时代的制度安排与法律规制[J]. 法律科学(西北政法大学学报)，2017(5)：128-136.

[68] 王利明.人工智能时代对民法学的新挑战[J].东方法学，2018(3)：4-9.

[69] 张力，陈鹏.机器人"人格"理论批判与人工智能物的法律规制[J].学术界，2018(12)：53-75.

[70] Chris Weller"Meet the First Ever Robot Citizen — A Humanoid Named Sophia that Once Said It Would 'Destroy Humans'"[EB/OL].（2017-10-27）[2020-4-10]. https://www.businessinsider. com/meet the first robot citizen sophia animatronic humanoid 2017-10.

[71] Victoria Woollaston "Google's Self Driving Computers Officially Qualify as 'Drivers': Regulator Decision Paves the Way for More Widespread Trials" Daily Mail last updated February 10. 2016 https://www.dailymail.co.uk/sciencetech/article 3439851/In boost self driving cars U S tells Google computers qualify drivers.html.

[72] 杨清望,张磊.论人工智能的拟制法律人格[J].湖南科技大学学报(社会科学版),2018(6):91-97.

[73] 刘东颖. 人工智能的民法定位[D]. 大连海事大学,2020.

[74] 金东寒.秩序的重构——人工智能与人类社会[M].上海:上海大学出版社,2017:86.

[75] 许中缘.论智能机器人的工具性人格[J].法学评论,2018(5):153-15.

[76] 陈景辉. 面对转基因问题的法律态度——法律人应当如何思考科学问题[J]. 法学,2015(9):120-130.

[77] 李扬,李晓宇.康德哲学视点下人工智能生成物的著作权问题探讨[J].法学杂志,2018,39(9):43-54.

[78] Allen W Wood. Kant On Duties Regarding Nonrational Nature[J]. Proceedings of the Aristotelian Society,1998,72(1):189-210.

[79] Ian Storey. Kant's Dilemma and the Double Life of Citizenship[J]. Contemporary Readings in Law and Social Justice,2012,2(2):65-88.

[80] Ngaire Naffine. Review Essay:Liberation the Legal Person[J]. Canadian Journal of Law and Society,2011,26(1):193-203.

[81] 拉伦茨. 德国民法通论:上册[M]. 谢怀栻,等译. 北京:法律出版社,2003:45-46.

[82] John J. Human Rights and Common Good:Collected Essays Volume Ⅲ[M]. University Press,2011.

[83] 拉伦茨. 德国民法通论:上册[M]. 谢怀栻,等译. 北京:法律出版社,2003:120.

[84] DWORKIN R M. Law's Empire[J]. Cambridge Law Journal,1988,suppl(1):64-88.

[85] 袁曾. 人工智能有限法律人格审视[J]. 东方法学,2017,000(5):50-57.

[86] 杨立新. 人工类人格:智能机器人的民法地位——兼论智能机器人致人损害的民事责任[J]. 求是学刊,2018,45(4):84-96.

[87] 杨清望,张磊. 论人工智能的拟制法律人格[J]. 湖南科技大学学报(社会科学版),2018,21(6):91-97.

[88] 张玉洁. 论人工智能时代的机器人权利及其风险规制[J]. 东方法学,2017,000(6):56-66.

[89] 郭少飞. "电子人"法律主体论[J]. 东方法学,2018,63(3):40-51.

[90] 叶欣. 私法上自然人法律人格之解析[J]. 武汉大学学报:哲学社会科学版,2011,64(6):125-129.

[91] 朱程斌. 论人工智能法人人格[J]. 电子知识产权, 2018, 322(9)：12-21.

[92] BECK S. The problem of ascribing legal responsibility in the case of robotics[J]. Ai & Society the Journal of Human Centered Systems & Machine Intelligence, 2016, 31(4).

[93] HRISTOV K. Artificial Intelligence and the Copyright Dilemma[J]. Social Science Electronic Publishing, 2017.

[94] YANG Y, NA L I, SCHOOL L. Negation of the Status of Artificial Intelligence Legal Subjects from the Perspective of Dichotomy Between Subject and Object[J]. Journal of Chongqing University of Technology(Social Science), 2019.

[95] 星野英一. 私法中的人——以民法财产法为中心[M]. 王闯, 译. 北京：法律出版社, 1998：21, 154.

[96] 许中缘. 论智能机器人的工具性人格[J]. 法学评论, 2018(5)：153-159.

[97] 康德. 法的形而上学原理——权利的科学[M]. 沈叔平, 译. 北京：商务印书馆, 1991：48.

[98] 黑格尔. 法哲学原理[M]. 范扬, 张企泰, 译. 北京：商务印书馆, 1982：45-46.

[99] 赫拉利. 未来简史——从智人到神人[M]. 北京：中信出版社, 2017：293.

[100] 孙占利. 智能机器人法律人格问题论析[J]. 东方法学, 2018(3)：13-16.

[101] 尹田. 民法总则之理论与立法研究[M]. 北京：法律出版社, 2010：343.

[102] 郭春镇. 数字人权时代人脸识别技术应用的治理[J]. 现代法学, 2020(4).

[103] WU T. Machine speech[J]. University of Pennsylvania Law Review, 2013, 161(6)：1495-1533.

[104] 左亦鲁. 算法与言论[J]. 环球法律评论, 2018, 40(5)：122-139.

[105] 郑强, 高群. 大数据研究综述[J]. 科技视界, 2018(30)：179-180.

[106] 蒋磊. 大数据的应用与发展中的利弊分析[J]. 计算机产品与流通, 2019(5)：132.

[107] 李丹. 大数据解析及其在教育领域的应用综述[J]. 电子测试, 2014(18)：101-104.

[108] 王奕翔. 人工智能在金融领域的应用分析[J]. 财经界, 2020(28)：29-30.

[109] 陈柯羽, 张华, 詹启敏. 我国精准医学计划实施的保障[J]. 转化医学电子杂志, 2017(6)：1-5.

[110] 杜翠凤, 蒋仕宝. 计算机视觉与感知在智慧安防中的应用[J]. 移动通信, 2020(3)：78-80.

[111] 杨德利, 张涛. 安防大数据应用研究[J]. 电信科学, 2015(7)：170-174.

[112] 喻国明, 马思源. 人工智能提升网络舆情分析能力[J]. 网络传播, 2017(2)：85-87.

[113] 魏晓光, 孙康琛, 张涛, 等. 基于人工智能的网络舆情监管模式创新探究[J]. 产业与科技论坛, 2017(4)：48-49.

[114] 郭雯, 方毅华, 李蔚杭. 从"融媒体"谈"媒体融合"[J]. 新闻爱好者, 2020(9)：68-70.

[115] 边缘计算产业联盟. 边缘计算产业联盟白皮书[Z]. 北京：边缘计算产业联盟, 2016.

[116] 何腾. 浅析边缘计算技术应用的现状及挑战[A]. 第三十四届中国(天津)2020'IT、网络、信息

技术、电子、仪器仪表创新学术会议,2020:4.

[117] 张夏明,张艳.人工智能应用中数据隐私保护策略研究[J].人工智能,2020(4):76-84.

[118] 刘胜军,赵长林.可解释的人工智能的好处只是合规吗[J].网络安全和信息化,2019,37(5):30-31.

[119] 程国建,刘连宏.机器学习的可解释性综述[J].智能计算机与应用,2020(5):6-8.

[120] 王融.欧盟数据保护通用条例详解[J].大数据,2016(4):93-101.

[121] 黄如花,刘龙.英国政府数据开放中的个人隐私保护研究[J].图书馆建设,2016(12):47-52.

[122] 澎湃新闻.全国首个无人警局来了!腾讯联手武汉公安局打造,可刷脸认证[EB/OL].(2017-11-07)[2020-04-10].https://www.thepaper.cn/newsDetail_forward_1854095.

[123] 电子发烧友.AI融入金融业 金融行业已成为AI场景中发展最为迅速的领域之一[EB/OL].(2019-05-31)[2020-04-10].http://m.elecfans.com/article/949436.html.

[124] 邹开亮,刘佳明.大数据"杀熟"的法律规制困境与出路——仅从《消费者权益保护法》的角度考量[J].价格理论与实践,2018(08):47-50.

[125] 李奕莹.科技哲学视角下"电车难题"伦理困境[J].区域治理,2019(49):222-224.

[126] Osoba, Osonde A. William Welser IV. An Intelligence in Our Image:The Risks of Bias and Errors in Artificial Intelligence. Santa Monica,CA:RAND Corporation,2017.

[127] O'neil, Cathy. Weapons of math destruction:How big data increases inequality and threatens democracy[M]. Broadway Books,2016.

[128] 汪怀君,汝绪华.人工智能算法歧视及其治理[J].科学技术哲学研究,2020,37(2):101-106.

[129] Joy Buolamwini,Timnit Gebru. Proceedings of the 1st Conference on Fairness,Accountability and Transparency,PMLR 2018,81:77-91.

[130] 陶锋.人工智能中的性别歧视[J].浙江学刊,2019(4):12-20.

[131] 腾讯网.算法歧视:来自智能时代的消费歧视[EB/OL].(2018-08-23)[2020-04-10].https://new.qq.com/omn/20180822/20180822A0F3B3.html.

[132] TOMMASI T,PATRICIA N,CAPUTO B,et al. A Deeper Look at Dataset Bias BT-Domain Adaptation in Computer Vision Applications,G. Csurka,Ed. Cham:Springer International Publishing,2017:37-55.

[133] 肖田.人工智能时代算法偏见浅析[J].科技传播,2020,12(7):122-123.

[134] 汪智.网络传播侮辱英烈内容的认定和规制[D].合肥:安徽大学,2019.

[135] 梁宪飞.对人工智能时代算法歧视的思考[J].中国信息化,2020(7):54-55.

[136] PRAHALAD C K,Venkatram Ramaswamy. Co-creation experiences:The next practice in value creation [J]. Journal of Interactive Marketing,2004,18(3):5-14.

[137] 浮婷.算法"黑箱"与算法责任机制研究[D].北京:中国社会科学院研究生院,2020.

[138]　DESAI D R，KROLL J A. Trust But Verify：A Guide to Algorithms and the Law［J］. Harvard Journal of Law & Technology，2017，31(1)：1.

[139]　程国建,刘连宏.机器学习的可解释性综述[J].智能计算机与应用,2020,10(5)：6-8,13.

[140]　成科扬,王宁,师文喜,等.深度学习可解释性研究进展[J].计算机研究与发展,2020,57(6)：1208-1217.

[141]　化盈盈,张岱墀,葛仕明.深度学习模型可解释性的研究进展[J].信息安全学报,2020,5(3)：1-12.

[142]　Fazl Barez.Interactive Intelligence：Human-In-The-Loop Intelligence［EB/OL］.(2019-04-22) ［2020-04-10］.https://www.thedatalab.com/tech-blog/interactive-intelligence-human-in-the-loop-intelligence/.

[143]　脑极体.自动驾驶出行,进入下半场［EB/OL］.(2020-10-26)［2020-10-29］.https://zhuanlan.zhihu.com/p/268878637.

[144]　US. Department of Transportation. Federal Automated Vehicles Policy- Accelerating the Next Revolution In Roadway Safety［R］.(2016-09)［2018-10-07］.https://www.hsdl.org/? view&did=795644.

[145]　The Economist Group.(The Economist explains）Why autonomous and self-driving cars are not the same ［EB/OL］.(2015-07-02)［2020-10-29］.https://www.economist.com/the-economist-explains/2015/07/01/why-autonomous-and-self-driving-cars-are-not-the-same.

[146]　SAE INTERNATION. articles ［EB/OL］.(2015-07-02)［2020-11-2］.http://www.sae.org.cn/.

[147]　中国计算机学报.智能网联汽车加速到来[EB/OL].(2015-07-02)[2020-11-3].https://blog.csdn.net/LrS62520kV/article/details/80013874.

[148]　杨澜.人工智能真的来了[M].南京：江苏凤凰文艺出版社,2017：169.

[149]　利普森,库曼.无人驾驶[M].林露茵,金阳,译.上海：文汇出版社,2017：22-23.

[150]　亿欧智库.2017 年中国无人驾驶汽车产业研究报告［R/OL］.(2017-9-22)［2020-10-26］.https://www.mayi888.com/archives/37242.

[151]　韩旭至.无人驾驶事故的侵权责任构造——兼论无人驾驶的三层保险结构[J].上海大学学报(社会科学版),2019(2)：90-103.

[152]　许中缘.论智能汽车侵权责任立法——以工具性人格为中心[J].法学,2019(4)：67-81.

[153]　司晓,曹建峰.论人工智能的民事责任：以无人驾驶汽车和智能机器人为切入点[J].法律科学(西北政法大学学报),2017,35(5)：166.

[154]　BERTOLINI A，et al. On Robots and Insurance[J]. International Journal of Social Robotics，2016(8)：381-391.

［155］ KALRA N，ANDERSON J，WACHS M. Liability and Regulation of Autonomous Vehicle Technologies［M］.California：RAND Corporation，2009.

［156］ 邢海宝.智能汽车对保险的影响：挑战与回应［J］.法律科学（西北政法大学学报），2019（6）：32.

［157］ 赵申豪.无人驾驶汽车侵权责任研究［J］.江西社会科学，2018，38（7）：207-218.

［158］ 杨立新.无人驾驶机动车交通事故责任的规则设计［J］.福建师范大学学报（哲学社会科学版），2019（3）：84.

［159］ 陈晓林.无人驾驶汽车对现行法律的挑战及应对［J］.理论导刊，2016（1）：125-126.

［160］ 郑志峰.无人驾驶汽车的交通事故侵权责任［J］.法学，2018（4）：25.

［161］ 张继红，肖剑兰.自动驾驶汽车侵权责任问题研究［J］.上海大学学报(社会科学版)，2019，36（1）.

［162］ 孙占利.智能机器人法律人格问题论析［J］.东方法学，2018（3）：10-17.

［163］ 冯珏.自动驾驶汽车致损的民事侵权责任［J］.法学，2018（6）：110-133.

［164］ Melinda Florina Lohmann. Liability Issues Concerning Self-Driving Vehicles［J］.7 Eur. J. Risk Reg. 335，2016：338.

［165］ 季若望.智能汽车侵权的类型化研究——以分级比例责任为路径［J］.南京大学学报(哲学·人文科学·社会科学)，2020（2）：122.

［166］ 张力，李倩.高度自动驾驶汽车交通侵权责任构造分析［J］.浙江社会科学，2018，264（8）：36-44，157.

［167］ 刘朝.我国自动驾驶民事责任主体的个性和格局——基于技术生态的视角［J］.科技与社会，2018，8（1）：49-58.

［168］ 韩旭至.自动驾驶侵权的责任构造及其入典路径：中国法学会网络与信息法学研究会2018年年会论文集［C］.杭州：中国法学会网络与信息法学研究会，2018：870.

［169］ 牛彬彬.我国高度自动驾驶汽车侵权责任体系之建构［J］.西北民族大学学报（哲学社会科学版），2019，231（3）：183-194.

［170］ 冯洁语.人工智能技术与责任法的变迁——以自动驾驶技术为考察［J］.比较法研究，2018（2）：143-155.

［171］ 吴汉东.人工智能时代的制度安排与法律规制［J］.法律科学，2017（5）：128-136.

［172］ Department for Transport. The Pathway to Driverless Cars：An Code of Practice Testing［EB/OL］.(2015-06-01)［2018-05-18］. https://assets.publishing.Service.gov.uk/government/uploads/system/uploads / attachment_data/file/446316/ pathway-driverless-cars.pdf.

［173］ H.R.3388.Self Drive Act［EB/OL］.(2015-06-01)［2020-11-20］. https://www.congress.gov/bill/115th-congress/house-bill/3388?。

［174］ 高完成.自动驾驶汽车致损事故的产品责任适用困境及对策研究［J］.大连理工大学学报（社

会科学版),2020,41(6):7.

[175] EFFREYK G.Sue my car not me:products liability and accidents involving autonomous vehicles[J].University of Illinois Journal of Law,2013(2):247-278.

[176] 李蔚.论产品的发展风险责任及其抗辩[J].法学评论,1998(6):66-70.

[177] 卞耀武.中华人民共和国产品质量法释义[M].北京:法律出版社,2000:93.

[178] 冉克平.产品责任理论与判例研究[M].北京:北京大学出版社,2014:238.

[179] 曹兴权.保险法学[M].武汉:华中科技大学出版社,2014.

[180] 张龙.自动驾驶背景下"交强险"制度的应世变革[J].河北法学,2018,36(10):6-18.

[181] 韩长印.我国交强险立法定位问题研究[J].中国法学,2012,0(5):149-162.

[182] 发改委.智能汽车创新发展战略[EB/OL].(2020-02-24)[2020-11-20].https://www.ndrc.gov.cn/xxgk/zcfb/tz/202002/P020200224573058971435.pdf.

[183] 何新新.自动驾驶汽车安全的立法规制研究[D].武汉:中南财经政法大学,2019.

[184] NCSL:national conference of legislation[EB/OL].(2020-02-24)[2020-11-20].https://www.ncsl.org/research/.

[185] Autonomous Vehicles:Self-driving Vehicles Enacted Legislation,[EB/OL].(2019-05-06)[2020-12-08]. http://www. ncsl. org/research/transportation/autonomous-vehicles-self-driving-vehicles-enacted-legislation.aspx.

[186] 刘芳.美国自动驾驶汽车的立法现状[J].中国中小企业,2019(12).

[187] 张韬略,蒋瑶瑶.德国智能汽车立法及〈道路交通法〉修订之评介[J].德国研究,2017(3):70-82,137.

[188] 曹剑峰,张嫣红.《英国自动与电动汽车法案》评述:自动驾驶汽车保险和责任规则的革新[J].信息安全与通信保密,2018(10).

[189] 崔俊杰.自动驾驶汽车准入制度"正当性"要求及策略[J].行政法学研究,2019(2):92-105.

[190] 翁岳暄.服务机器人安全监管问题初探——以开放组织风险为中心[D].北京:北京大学,2014.

[191] 赵亮.自动驾驶汽车监管制度研究[D].长春:吉林大学,2019.

[192] H.R.8350. Self Drive Act[EB/OL].(2015-06-01)[2020-11-20]. https://www.congress.gov/bill/116th-congress/house-bill/8350/text? q＝％7B％22search％22％3A％5B％22Self＋Drive＋Act％22％5D％7D&r＝1&s＝4.

[193] 中国外交部条约与法律司.基于国际人道法的人工智能武器争议[J].信息安全与通信保密,2019(5):25-27.

[194] Atoyebi. Rights of Robots in Emerging Technology Environment[EB/OL].(2020-10-13)[2020-11-01]. https://thenationonlineng.net/rights-of-robots-in-emerging-technology-environment/.html.

［195］ Phil McNally, SohailInayatullah. The rights of robots：Technology, culture and law in the 21st century［J］. Futures，1988，20（2）：119-136.

［196］ Mel Siegel. What is the Definition of a Robot?［EB/OL］.（2015-07-03）［2020-11-13］. http://serious-science.org/what-is-the-definition-of-a-robot-3587. html.

［197］ Ryan Calo. Robotics and Lessons of Cyberlaw［J］. CALIF.L.REV，2015，103（3）：514.

［198］ Ignacio Cofone. Servers and Waiters：What Matters in the Law of A. I.［J］. Stanford Technology Law Review，2018,21：167-197.

［199］ Ryan Calo.Robotics and Lessons of Cyberlaw［J］. CALIF.L.REV，2015，103（3）：513.

［200］ Mark A. Lemley, Bryan Casey. Remedies for Robots［J］. Uni Chi L. Rev，2019，86：1311-1396.

［201］ Cándido García Molyneux, Rosa Oyarzabal. What is a Robert uner EU Law?［EB/OL］.（2017-08-04）［2020-11-13］.https://www. globalpolicywatch. com/2017/08/what-is-a-robot-under-eu-law/.

［202］ 黄金荣.人权膨胀趋势下的人权概念重构———一种国际人权法的视角［J］.浙江社会科学，2018(10)：24-35,155-156.

［203］ Ignacio Cofone. Servers and Waiters：What Matters in the Law of A. I.［J］. Stanford Technology Law Review，2018，21：167-197.

［204］ 姜子豪,陈发俊.人工智能(AI)人权伦理探究［J］.齐齐哈尔大学学报(哲学社会科学版),2019(7)：36-39.

［205］ 高景柱.人权、合法性与实用主义动机———评罗尔斯《万民法》中的人权观［J］.武汉大学学报(哲学社会科学版),2016(2)：14-22.

［206］ David Gunkel. 2020：The Year of Robot Rights［EB/OL］.（2020-01-27）［2020-11-13］. https://thereader.mitpress.mit.edu/2020-the-year-of-robot-rights/.html.

［207］ David Gunkel. 2020：The Year of Robot Rights［EB/OL］.（2020-01-27）［2020-11-14］. https://thereader.mitpress.mit.edu/2020-the-year-of-robot-rights/.html.

［208］ Mark Coeckelbergh. Robot Rights? Towards a Social-relational Justification of Moral Consideration［J］. Ethics and Information Technology，2010（12）：209-221.

［209］ Joanna J. Bryson. Robots Should Be Slaves［J/OL］. Natural Language Processing，2010(8)：63-74［2020-11-13］. https://researchportal. bath. ac. uk/en/publications/robots-should-be-slaves.

［210］ 罗素.西方哲学史［M］.张作成,译. 北京：北京出版社,2007：13-14.

［211］ Cody Fenwick, Tom Regan. Moral Philosopher and Animal Rights Pioneer［EB/OL］.（2017-02-18）［2020-11-13］. https://patch. com/us/across-america/tom-regan-moral-philosopheranimal-rights-pioneer-dies-78.html.

[212] Francione G L. Animal Rights Theory and Utilitarianism：Relative Normative Guidance［J/OL］. Between the Species，2003，13（3）：01-30［2020-11-13］. https://digitalcommons.calpoly.edu/cgi/viewcontent.cgi? article＝1054&context＝bts.

[213] 辛格.动物解放［M］. 祖述宪，译. 青岛：青岛出版社，2004：1-195.

[214] Mark Coeckelbergh. Robot Rights? Towards a Social-relational Justification of Moral Consideration［J］. Ethics and Information Technology，2010（12）：209-221.

[215] Eric Schwitzgebel，Mara Garza. A Defense of the Rights of Artificial Intelligences［J］. Special Issue：Philosophy and Science Fiction，2015，39（1）：98-119.

[216] Selmer Bringsjord. Ethical Robots：the Future Can Heed Us［J］. AI & Society，2008（22）：539-550.

[217] 甘绍平.机器人怎么可能拥有权利［J］.伦理学研究，2017（3）：129.

[218] Phil McNally，Sohail Inayatullah. The rights of robots：Technology，culture and law in the 21st century［J］. Futures，1988，20（2）：119-136.

[219] 张文韬.机器人也有“人权”［J］.世界科学，2015（5）：47-48.

[220] Hutan Ashrafian，Intelligent Robots Must Uphold Human Rights［EB/OL］.（2015-05-24）［2020-11-13］. https://www.nature.com/news/intelligent-robots-must-uphold-human-rights-1.17167.html.

[221] 周详.智能机器人“权利主体论”之提倡［J］.法学，2019（10）：11.

[222] GUNKEL D. NIU's David Gunkel Takes a Serious Look at Robot Rights［EB/OL］.（2018-08-13）［2020-11-15］. https://newsroom.niu.edu/2018/08/13/nius-david-gunkel-takes-a-serious-look-at-robot-rights/.html.

[223] 腾讯科技.揭秘机器人进化史：到底什么才是机器人［J］.科学与现代化，2017（1）：182-191.

[224] 吴梓源.人工智能时代下机器人的身份定位及权利证成［J］.人权研究，2019（1）：155-178.

[225] CHRISTOPHER D. Stone, Should Trees Have Standing? ——Toward Legal Rights for Natural Objects［J］. 45 Southern California Law Review，1985(59)：450-501.

[226] 杜严勇.论机器人权利［J］.哲学动态，2015（8）：86.

[227] Stubby the Rocket，10 Human Rights That Robots Deserve［EB/OL］.（2016-11-07）［2020-11-15］.https://www.tor.com/2016/11/07/10-human-rights-that-robots-deserve/.

[228] Nayef AI-Rodhan，The Moral Code：How to Teach Robots Right and Wrong［EB/OL］.（2015-09-11）［2020-11-15］. https://isnblog.ethz.ch/technology/the-moral-code-how-to-teach-robots-right-and-wrong.

[229] 方晓志.人工智能发展的道德伦理困境［J］.世界知识，2018(18)：20-21.

［230］ DVORSKY G. Why Asimov's Three Laws of Robotics Can't Protect Us［EB/OL］.（2014-03-28）
［2020-11-15］. https://io9. gizmodo. com/why-asimovs-three-laws-of-robotics-cant-protect-
us-1553665410.

［231］ Regina Rini. Raising Good Robots［EB/OL］.（2017-04-19）［2020-11-15］. https://aeon.co/
essays/creating-robots-capable-of-moral-reasoning-is-like-parenting.

［232］ 瓦拉赫,艾伦.道德机器:如何让机器人明辨是非［M］. 王小红,译. 北京:北京大学出版社,
2017:1-280.

［233］ 库兹韦尔,李庆诚,等. 奇点临近［M］. 北京:机械工业出版社,2011.

［234］ CALLAGHAN V,Miller J,Yampolskiy R,et al. The Technological Singularity:Managing
the Journey［M］. Springer Publishing Company,Incorporated,2017.

［235］ Shanahan M. The Technological Singularity［J］. 2015.

［236］ Thorn P D. Nick Bostrom:Superintelligence:Paths,Dangers,Strategies［J］. Minds and
Machines,2015.

［237］ Tegmark M. Life 3.0:Being human in the age of artificial intelligence［M］. Knopf,2017.

［238］ Eden A H,Moor J H,Søraker J H,et al. Singularity hypotheses［M］. Berlin:Springer,2015.

［239］ Lee K F. AI superpowers:China,Silicon Valley,and the new world order［M］. Houghton
Mifflin Harcourt,2018.

［240］ 张清,张蓉."人工智能＋法律"发展的两个面向［J］. 求是学刊,2018,4:97-106.